华南师范大学哲学社会科学优秀学术著作出版基金资助出版

元认知教学
理论与实践

施澜 郑志强 著

上海社会科学院出版社
SHANGHAI ACADEMY OF SOCIAL SCIENCES PRESS

图书在版编目(CIP)数据

元认知教学理论与实践 / 施澜,郑志强著. -- 上海：上海社会科学院出版社,2025. -- ISBN 978-7-5520-4636-6

Ⅰ.B842.1

中国国家版本馆 CIP 数据核字第 20252J8X53 号

元认知教学　理论与实践

著　　者：施　澜　郑志强
责任编辑：路　晓
封面设计：徐　蓉
出版发行：上海社会科学院出版社
　　　　　上海顺昌路 622 号　邮编 200025
　　　　　电话总机 021-63315947　销售热线 021-53063735
　　　　　https://cbs.sass.org.cn　E-mail:sassp@sassp.cn
照　　排：上海碧悦制版有限公司
印　　刷：上海景条印刷有限公司
开　　本：787 毫米×1092 毫米　1/16
印　　张：19.75
字　　数：342 千
版　　次：2025 年 3 月第 1 版　2025 年 3 月第 1 次印刷

ISBN 978-7-5520-4636-6/B·546　　　　　　　　　　　定价：96.00 元

版权所有　翻印必究

序　言

在 21 世纪这个人工智能科技快速发展与变革的时代，知识不断更新，技术层出不穷，竞争愈发激烈。个人需要持续更新知识，以适应新的发展形势。在此背景下，我国将课程改革提升至"学会学习"时代，旨在培养学生核心素养。这一教育理念强调以学生为中心，丰富学习经历，促进全人发展和学习能力的提升。"学会学习"期望学生具备更强的学习能力，学校必须从知识传授型转变为能力培养型，这一转变指向学生的认知层面。而在认知层面之上，元认知就成为关键。如果说"授人以鱼不如授人以渔"强调认知，那么"自渔自乐"则代表了元认知的新价值，即自主构建生活和世界的意义。

元认知是成功学习的金钥匙。元认知知识和技能能提高学习、阅读和理解的效率，同时促进写作能力、问题解决能力和批判性思维。通过小组讨论，学生能够交流观点，促进沟通与合作，从而创造新知识。元认知与自主学习和终身学习密切相关，可以帮助学生理解学习任务的需求，识别潜在的学习困难，选择适合的认知策略，有效组织学习实践，并监控所用学习策略的有效性。

教师作为教育的实施者，在培养学生应对社会发展的能力方面发挥着重要作用。本书旨在介绍元认知理论、教学策略及其与教学的关系，为教师提供有效的思路和具体建议，以帮助学生提升元认知能力。通过本书的学习，教师将增加对元认知的理解，掌握教学技巧，从而提升学生的认知与思考能力，促进"学会学习"的效果和教学质量。

希望本书能够为教育工作者提供理论指导与实践参考，帮助教师们更好地运用元认知策略，提升教育质量与学生的学习成效。

郑志强
2024 年 10 月 11 日

目录

1 ▶ 序言

上篇　元认知教学理论部分

3 ▶ 第一章　元认知概念
　　一、元认知的源起 / 4
　　二、元认知概念的首次提出 / 5
　　三、元认知概念的发展 / 8
　　四、元认知与个体学习 / 18

25 ▶ 第二章　元认知教学与元认知教学策略
　　一、元认知教学 / 26
　　二、元认知教学与学习成就之间的关系 / 31
　　三、元认知教学策略 / 37
　　四、构建促进元认知教学的文化 / 54

58 ▶ 第三章　元认知评价
　　一、元认知评价方式 / 59
　　二、元认知评价量表 / 64
　　三、文本阅读的元认知评估工具包 / 69

77 ▶ 第四章　比较视阈下的元认知教学
　　一、职初教师和经验型教师元认知教学的比较 / 78
　　二、上海和香港教师元认知教学策略比较 / 89
　　三、学习困难学生与普通学生实施元认知教学 / 110

第五章 教师共同体支持的元认知教学 — 121

一、教师共同体与元认知教学 / 122

二、通过课例研究共同体促进元认知教学：一项语文案例研究 / 128

三、通过课堂学习研究打造元认知教学策略：一项教师教育研究 / 134

第六章 教师的元认知 — 147

一、教师元认知：自觉与专家角色 / 148

二、教师的元认知反思 / 153

三、人工智能合作教学中教育者的元认知技能 / 159

下篇 元认知教学实践部分

第一章 幼儿教育案例 — 167

案例 学前教育游戏教学个案 / 167

第二章 小学教育案例 — 179

案例 基于KWL模式的小学说明文教学策略优化的个案 / 179

第三章 中学教育案例 — 189

案例1 元认知教学策略在英语阅读教学的应用 / 189

案例2 自我检错教学法在初中数学课堂的应用 / 218

第四章 本科教育案例 — 236

案例 元认知教学对职教师范生教学能力的培养研究 / 236

259 ▶ **第五章 职业教育案例**
　　案例1　自我提问法在"网络技术基础"课程的应用 / 259
　　案例2　思考—结对—分享(TPS)教学策略在"Web前端开发"的应用 / 281

上篇　元认知教学理论部分

第一章　元认知概念

本章导语

　　为满足21世纪培养人才的需要，人们越来越认识到，仅教授知识不足以让学习者应对当前快速变化的社会挑战。教师不但要教授学生知识，更重要的是发展学生学习的能力。全球教育改革注重通过现代教学方法促进学生自我反思学习、培养创造力和解决问题的能力。改革的核心理念是提高教育质量和效果，从结构性改革转向强调建构主义和"以学生为中心"的教学；教师需要全面了解学生如何思考和学习，运用更有效的教学技能和可供选择的教学方法，培养学生在知识经济时代所需的学习能力。

　　我国正在推行以发展素质能力为基础的课程改革，学校要培养学生具备真正的学习能力。自2016年以来，开始实施基于能力的课程改革框架——发展学生的核心素养。促进学生自主发展、培养"学会学习"能力被认为是核心素养的重要内容之一。"学会学习"被视为一种元认知的能力，学习者可以主动反思和优化自己的学习过程。发展学生的元认知可以提升其自我调节能力和高阶思维能力。因此，元认知教学是一种可能的解决方案：为学生的学习能力发展提供实质性支持，并帮助学校应对新时代课程改革的挑战。

　　本章探讨元认知的起源、概念的提出、发展及其与个体学习的紧密联系。我们首先追溯教育先哲文著中蕴含的元认知思想，随后介绍元认知概念的首次提出和认知监控的四因素，进而梳理元认知内涵、模型不断发展和完善的过程，最后探讨元认知在个体学习过程中的影响。

一、元认知的源起

元认知（Metacognition）也被称为后设认知，是对认知的认知，"把思想放在桌子上"（putting ideas on the table）便是西方关于元认知的一种形象说法。元认知是学习者调控、监察、评价自己学习过程的能力，关系到学习者对自己学习过程的监控和管理。元认知的渊源很早，中国的孔子、古希腊苏格拉底的言论中均蕴含着元认知的萌芽。

孔子《论语·为政》中说道："由，诲女知之乎！知之为知之，不知为不知，是知也。"这句话的意思是：仲由啊，让为师教导你对待知与不知的态度吧！知道就是知道，不知道就是不知道，这样是智慧的。人应该正确地认识和辨别自己所知、所感、所悟，有自知之明。孔子的话强调学习者要感知到自己的认知状态和程度。但在很多时候，人们往往不知道自己不知、高估自己的知晓或是对问题不深入探求而是一知半解，这些情况均违背了孔子"知之为知之，不知为不知"的教诲。因此，在求索的过程中，要不断地反思、自问和自查，才能接近"智"。

苏格拉底说："未经审视的人生不值得活。"（柏拉图，《费多篇》）强调了人们应该对自己的信仰、价值观和行为进行深入反思和审视。"审视"需要明确的自我认知，只有通过思考自己的生活，一个人才能真正理解自己和自己的行为。柏拉图的《苏格拉底的申辩》中写道，苏格拉底教育人们要自我反省和省察。

> 那些政治家认为自己知道他实际不知道的事；而我既然不知道，也就不认为我知道，所以觉得好像比"他"智慧一点。当走到匠人们当中时，"我知道，我是所谓的什么也不知道，而我也知道，我会发现他们知道很多美好的事情。"这些能工巧匠因为能漂亮地完成自己的技艺，就自认为在别的事情上也是最智慧的。我诘问自己，究竟是愿意这样是我所是，还是像他们那样，兼有二者。我对我自己和神谕回答说："是我所是，对我更好些"。

所以苏格拉底得出：只有知道自己无知的人才是聪明的人，才会去进行思考、求知，进而知道自己的局限，从而提升自己。苏格拉底强调了自我认识和自省的重要性。人们应该努力了解自己的无知，通过提问和反思深化理解，从而更好地生活。

约翰·杜威在《我们怎样思维：再论反省思维与教学的关系》一书中，认为反省思维(reflective thinking)是对某个问题进行反复的、严肃的和持续不断的深思。① 对于任何信念或者假设性的知识,主动进行持续性的考察、检定和探究,就形成了反省思维。反省思维具有三个特点:首先它是一个持续的、有步骤的过程。其次,反省通常有一个明确的目标或信念(理智或实际的信仰),而非漫无目的的胡思乱想。再次反省的过程是有证据支撑的理性思考。例如两个人都在说"我相信大地是球形的",可其中一人根本不能拿出证据,他的观念只是人云亦云。而另一个人则运用反省思维进行检验或调查研究,证明这个判断是正确的,如哥伦布和他的同伴在质疑前人"将大地视为平面"观点的基础上,提出一系列其他的设想并采取行动——从欧洲海岸一直向西航行,就可以到达东方。

杜威强调,思维受到目的的控制。树立起一个目标后,观念会沿着一定的渠道流动。通常,每一个暗示的结论都由目标来检验。"问题的性质决定思维的目的,而思维的目的则控制思维的过程。"思考始于可称之为模棱两可的交叉路口的状态,它于进退两难中任选其中之一。如果我们的行动顺畅无阻地从一事物进行到另一事物,如果我们任意想象,沉浸幻想中,那便不需要反省思维。可是,当我们树立一种目的(信念)而遇到困难时,便需要暂时停顿一下,在暂停和不确定的状态中进行反思,试图寻找某个立足点去审视事实,寻找某些证据,从而分辨、判断这些事实的彼此之间的关系。杜威进一步指出,反省思维和一般所谓的思想具有显著的不同。反省思维包括:其一,引起思维的怀疑、踌躇、困惑和心智上的困难等状态;其二,寻找、搜索和探究的活动,求得解决疑难、处理困惑的实际办法。

综上,从孔子提倡的"自知之明"到苏格拉底强调的"自我审视",再到杜威的"反省思维",这些伟大的思想家和教育家的理论,揭示了元认知在促进个体认知发展中的重要作用。人类在认识世界的过程中需要不断反思、评估和调整,才能成为一名更为出色的学习者、思考者和探索者。

二、元认知概念的首次提出

元认知一词由"元"和"认知"组成,结合起来翻译成"超越思考"。元认知概念是由美国教育心理学家弗拉维尔(Flavell)首创于20世纪70年代。他将之定

---

① Dewey J (1933). How We Think: A Restatement of the Relation of Reflective Thinking to the Educative Process, Boston: Heath.

义为注意自己的认知过程,并有能力利用这些知识有目的地调节认知过程(Flavell,1976)。[1] 在研究中(Flavell,1979),学龄前儿童和小学生被要求学习一组项目,直到他们认为可以完整地回忆起整个知识为止。[2] 年龄较大的受试者学习了一段时间,说他们已经准备好了。通常情况下,他们的确表现出完美的回忆。而学龄前儿童学习了一段时间表示他们已经准备好了,但通常没有很好地记忆。研究人员发现,是"元认知"的不同造成了不一样的研究结果,幼儿对元认知的知识和认知非常有限,并且对自己的记忆、理解和其他认知活动的监控相对较少。

弗拉维尔提出,对认知过程的监控是在四种因素的相互作用下发生的:元认知知识、元认知经验、目标和行动(策略)。元认知知识是个人存储的世界知识的一部分,它与作为认知主体的人及其多样化的认知任务、目标、行动和经验有关。例如一个孩子认识到自己更擅长算术而不是拼写,这个特质与他的许多朋友不同。元认知体验是任何有意识的认知或情感体验,与智力相关,例如学生自我觉察到自己不明白刚刚教师所讲的内容。元认知知识和元认知经验与其他因素不同之处在于它们的内容和功能,而不是它们的形式或质量。目标(或任务)指认知个体的目标。行动(或策略)是指用于实现认知的行为。

(一)元认知知识

元认知知识(Metacognitive knowledge)主要包括可以影响认知过程、结果或元认知体验的因素或变量,包括个人、任务和策略。1. 关于"个人",可以理解为个人所相信的自己作为认知主体具有独特性的所有内容,可以细分为个体内部差异、个体间差异和普遍性的认知常识。例如,您相信"通过阅读可以比通过聆听更好地学习到知识",这属于个体内部差异;而"您的一个朋友比另一个朋友在相处中更有耐心"这属于个体间差异;"他慢慢认识到存在着不同程度和种类的理解,诸如参与、记忆、交流、运用等",表示着儿童逐渐获得普遍性的认知常识。个人需要密切关注与留意,才能增长元认知知识。但我们仍然会遇到难以确定的情况,如难以确定我们对社会或非社会认知对象的了解程度,更进一步说,现在获得对某事的理解程度可能无法准确预测将来对其的理解程度。2. 关于"任

---

[1] Flavell, J. H. (1976). Metacognitive aspects of problem solving. In L. B. Resnick (Ed.), The nature of intelligence. Hillsdale, NJ: Erlbaum. 231 - 236.

[2] Flavell, J. H. (1979). Metacognition and cognitive monitoring: A new area of cognitive-developmental inquiry. American Psychologist, 34(10), 906 - 911.

务",一方面可以理解为认知某客体过程中的可用信息。个体需要理解如何管理这些信息,以及这些信息对实现认知目标的作用。例如,决策者需要了解可用信息的数量和质量以确保对情况作出正确判断。另一方面,任务还涉及有关任务目标或要求的元认知知识。对于掌握相同信息量的认知对象,任务目标不同,实现的过程和成功的可能性也不同,如准确复述内容要比概括故事大意难度更大。因此学习者会意识到一些任务比另一些任务要求更高,这会影响到如何定位、制订计划和付出努力。3. 关于"策略",是指个体知道哪些策略将有助于实现认知目标知识。例如,知道采用头脑风暴会比个人思考更快速地收集到不同观点。

"元认知知识"事实上涉及这三种类型变量中的两种或三种间的相互作用或组合。可以理解为:您(而非其他人)在某项任务(而不是其他任务)中使用特定策略(而不是另外策略)。例如一个学生想要考研,首先要进行自我分析,了解自身的优势与不足,是否有毅力坚持长期的枯燥学习等;接着需要确定考研任务(目标),打算考取什么专业、学校,考试科目、竞争程度、就业前景和奖助体系等;还要掌握复习备考的策略,时间安排、复习顺序、学习方法和工具使用等。元认知知识会储存在头脑中成为长期记忆的一部分,并会随着特定情境下特意、有目的的记忆搜索而被激活。我们相信元认知知识可以对儿童和成人的认知产生许多具体而重要的影响。它可以引导个体根据认知任务、目标和策略之间的关系以及人的能力和兴趣来选择、评估、修改和放弃认知任务、目标和策略。类似地,它可以导致关于自我、任务、目标和策略的元认知体验,并且还可以帮助人们解释这些元认知体验的含义和行动意义。

(二) 元认知体验

元认知体验(Metacognitive experience)是对认知的感受。当元认知知识进入人的意识层面,就形成元认知体验。元认知体验时间持续长短不定,内容繁简无常。个人可能会感到明显的困惑,却可能随后将之忘记。元认知体验也可能发生在认知过程的前期、中期或后期。一个人可能会觉得在即将到来的某项事业中遭遇失败,或者在之前的某项事业中确实做得很好。许多元认知体验与在认知中的角色责任和进展情况有关:作为项目负责人的身份会促进个人比其他普通参与者更为认真地听取工作任务和具体要求,并去理解与记住这些说明。元认知体验尤其可能发生在激发大量谨慎、高度自觉思考的情况中:在明确要求使用这种思维的工作或任务中;在新的角色或情境中,你所做的每一步都需要事先计划、事后评估;决策和行动既重要又有风险。

有些元认知体验被描述为进入了元认知知识领域。试想您离目标很远的感觉属于元认知体验,但这个看法和行动无疑会受到元认知知识(如目标为何、方法得当与否)的影响。因此,元认知知识和元认知体验在某些情况下存在部分重合:有些经验具有与其内容相同的知识,有些则没有(例如在阅读一篇复杂的文章时感到困惑,您意识到这种困惑与自己对文章内容的理解不够深入有关。这里,困惑的元认知体验与对自己理解水平的评估,即元认知知识是重合的);一些知识可能会变得有意识并包含这些经验,而另一些可能永远不会这样(例如保持平衡、控制方向这些技能对于自行车骑手来说习以为常,可当他教别人骑自行车时,这些原本无意识的技能会重新变得有意识,因为骑手需要用语言来描述和解释它们。而有些日常习惯,如走路、呼吸等,我们就不会停下来思考它们是如何运作的)。元认知体验对认知目标或任务、元认知知识产生非常重要的影响。首先,它们可以引导您建立新目标并修改旧目标。例如,困惑或失败的经历可能会促进个体加强学习。其次,元认知体验可以通过添加、删除或修改元认知知识来影响元认知知识储备。您可以观察认知目标与手段、元认知体验和结果之间的关系,并且将这些观察吸收到现有的元认知知识中。

(三)目标和行动(策略)

目标(metacognitive goals)是元认知练习的目标,人们会选择自我加强或外部加强目标,启动有助于此类目标实现的元认知知识和产生有意识的元认知体验,进而触发行动。它可以和一般认知目标区别开来。一个认知目标可以是阅读和理解一个章节,一个元认知目标是监控这个过程,评估此行为成功与否。元认知策略(metacognitive strategies)是指一系列有助于个人控制自己活动的方法,控制认知活动和实现认知目标的过程,并且是可以增强学习和记忆的真实活动。我们也需要将其和认知策略区分开。如泛读、跳读、精读属于认知策略,可以实现直接的认知目标——理解文意。但阅读者想知道(元认知体验)自己是否足够理解这一章以通过明天的考试,所以通过提问自己问题来找出答案,并注意到自己能回答这些问题。"自我提问"属于元认知策略,可以评估个人知识的元认知目标,从而产生另一种元认知体验。

三、元认知概念的发展

(一)元认知概念的发展

继弗拉维尔首次提出元认知概念,各国学者从认知心理学、发展心理学、教育心理学等角度探讨了元认知定义。布朗(Brown,1987)将元认知描述为：是一种高阶认知,关于思想的思考、关于知识的知识或关于行动的反思。① 斯托克斯(Stokes,2012)侧重从认知心理学视角进行界定：元认知是指个体对感知、记忆、思维、学习等心理过程的意识与认知。斯托克斯强调了元认知意识的关键作用,这是元认知概念的重要发展。② 阿科托克和萨欣(Akturk & Sahin,2011)从信息处理理论视角进行了界定：关于个体拥有关于其认知结构的信息并能够组织它。③ 郑志强和晏子(2015)将元认知界定为学习者对自己认知历程能够掌握、控制、支配、监督和评鉴,此定义侧重于个人如何执行元认知在教学中操作。④ 哈克等(2009)认为元认知是一种调节系统,它帮助人们理解和控制自己的认知表现,并使人们能够掌控自己的学习,包括了解他们如何学习,评估他们的学习需求,制定满足这些需求的策略,然后实施这些策略。⑤

（二）元认知与认知

元认知与认知不同但密切相关。认知是思维,包括记忆、处理信息、推理、解决问题和做出决定。由于元认知可以帮助学习者在学习前、学习中和学习后控制和调节这些认知过程,因此元认知可以促进个体深入把握自己的学习。施劳(Schraw,1998)也指出,认知技能是执行任务的必要条件,而元认知是理解任务如何执行的必要条件。⑥ 强化认知行为可以在没有自我判断或批判性思考的情况下完成;而元认知行为涉及通过比较和评价来批判性地判断和重新审视学习过程。认知过程帮助学习者知道如何实现目标;元认知过程帮助学习者确保成功实现目标并仔细检查正确答案。因此,认知涉及学生的学习,而元认知可以支持他们更好地学习。

---

① Brown, A. L. (1987). Metacognition, executive control, self-regulation, and other more mysterious mechanisms. In Weinert & Kluwe (Eds.), Metacognition, motivation and understanding. Hillsdale: Erlbaum Associates.

② Stokes, P. (2012). Philosophy has consequences: Developing metacognition and active learning in the ethics classroom. Teaching Philosophy, 35, 143–169.

③ Akturk, A. O., & Sahin, I. (2010). Analysis of community college students' educational Internet use and metacognitive learning strategies. Procedia Social and Behavioral Sciences, 2(2), 5581–5585.

④ 郑志强,晏子.元认知教学策略[A].黎国灿,严必友编.香港南京两地小班化教学的理论与实践[M].南京:南京师范大学出版社,2015:267–274.

⑤ Hacker, Douglas J., John Dunlosky and Arthur C. Graesser (Eds). Handbook of Metacognition in Education, 2009.

⑥ Schraw, G. (1998). Promoting general metacognitive awareness. Instructional Science, 26(1–2), 113–125.

元认知对于学生的学习和认知发展至关重要,有助于理解学习过程并及时调整学习。自我调节是学习者使用的一种更全面的控制机制,使他们能够反思、理解学习内容的含义。多兰斯基(Dunlosky,2009)提出,元认知调节可以通过多种方式提高表现,包括更好地利用注意力资源、利用现有策略以及提高对理解障碍的认识。[1] 当学生计划学习时,他们会明确目标并确定学习任务的子目标、选择策略、估计学习时间并在执行任务之前分配资源。当学生监控自己的学习时,他们倾向于调节正在进行的认知活动以实现学习目标,评估策略的有效性,并在需要处理问题时完善策略。他们通过暂停和思考来增进对学习任务的理解。在评估学习时,他们通常会反思自己努力的效果以及目标的实现程度。曼尼恩(Mannion,2018)指出,自我评价可以促进学生对优质学习标准的理解,激发学习行为,并影响后续学习周期的规划和监控。[2]

(三) 几种典型的元认知模型

1. 布朗和施劳的元认知模型

布朗(Brown,1987)发展了弗拉维尔的元认知理论并强调了元认知调节的重要性。[3] 他阐释了认知和元认知的差别:只有当以某种方式获得的知识和策略对个人产生有意识的影响,并影响随后的策略时,它们才会被视为"元认知"。布朗进一步提出关于元认知的两个不同的概念——认知知识(knowledge of cognition)和认知调节(regulation of cognition)。认知知识与认知过程中稳定的、有目的获取的信息有关。认知调节是指帮助控制一个人的思维或学习的元认知活动,包括规划活动(planning)、监控学习活动(monitoring)和检查结果(checking),而这些活动通常是不稳定的。其中,"监控"通常用来表示反馈的程序,此程序表示学习者会根据收到的信息做出决定。

施劳开发了被后来学者普遍沿用的元认知理论框架,他将弗拉维尔的元认知理论重新整合为两部分:认知知识和认知调节(参见图1-1)。[4]

---

[1] Dunlosky, J. (2009). Metacognition. Thousand Oaks, Calif.: Sage Publications. 205-227.

[2] Mannion, J. (2018). Metacognition, self-regulation, oracy: A mixed methods case study of a complex, whole-school Learning to Learn intervention. In: Apollo—University of Cambridge Repository.

[3] Brown, A. L. (1987). Metacognition, executive control, self-regulation, and other more mysterious mechanisms. In Weinert & Kluwe (Eds.), Metacognition, motivation and understanding. Hillsdale: Erlbaum Associates.

[4] Schraw, G. (1998). Promoting general metacognitive awareness. Instructional Science, 26(1-2), 113-125.

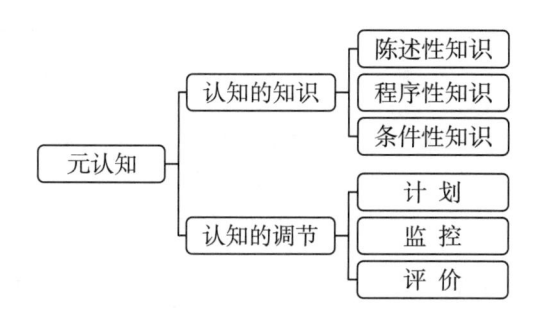

图 1-1 施劳的元认知模型图

认知知识由陈述性知识、程序性知识和条件性知识组成。陈述性知识,是指对事情的了解,包括自己作为一个学习者所掌握的知识以及影响个人表现的诸多因素。程序性知识,是指知道"如何"去做一件事,是关于做事的知识。这些知识中的大部分是发现学习方法或策略。条件性知识,是指了解"为什么"和"何时"方面的认知,是关于学习策略的具体目的,如何、何时以及为何实施特定策略的认识。一般而言,认知知识是关于以下方面的知识:学习方式、哪些策略和方法对学习有效、在哪些情况下认知活动最适合个人的学习。下面结合文本阅读中的学习策略对这三种知识进行解释。

表 1-1 学习策略的三种知识解释

陈述性知识 (学习策略)	程序性知识 (如何使用)	条件性知识 (何时使用)	(为何使用)
作批注	关注细节,在字段处写下自己的理解	对文本内容有所感悟时	记录自己的理解、思考或启发
划重点	关键词或关键句子下方划出标记	需要强调或重点记忆某些重要信息时	帮助阅读者在复习时更容易找到重要内容
思维导图	画图、拓扑图等方式	对复杂的知识点无法把握,或整体结构混乱时	整理、连接知识和结构的关系,形成整体认识
同伴讨论	结成小组,进行分工,与他人交流想法和观点	当需要深入理解某个概念或者解决问题时	帮助自己更全面地思考问题;促进互助学习和集体智慧的产生

(续表)

陈述性知识	程序性知识	条件性知识	
连接推理	对信息进行连接和推理,得出新结论	需要对某个概念或知识点进一步深化理解时	可以加深对知识的理解和应用

施劳模型中认知调节包括计划、监测和评价的一系列活动。(1)计划,包括选择适当的策略,规划如何分配影响业绩的资源,例如在阅读前做出预测,进行策略排序和分配时间或注意力。学生可以通过制定计划推进对认知的监测和调节。(2)监控,是个人对过程的理解和任务表现的认识。它发生在学生参与学习中或完成任务时,元认知通过让学生意识到思维过程并指导他们应用有效策略来调节和监控自己的认知。(3)评价,是重新评估结论和检查目标,判断学生的学习结果、答案以及学习效率。施劳强调教师可以利用特定的教学策略在课堂上教授元认知。

2. 纳尔逊和纳伦斯的元认知模型

在研究文献中被广泛引用的元认知调节理论是纳尔逊和纳伦斯(Nelson & Narens,1990)的元认知模型(参见图1-2)。① 此模型包括两个级别:客体层面(认知)和元层面(元认知)。

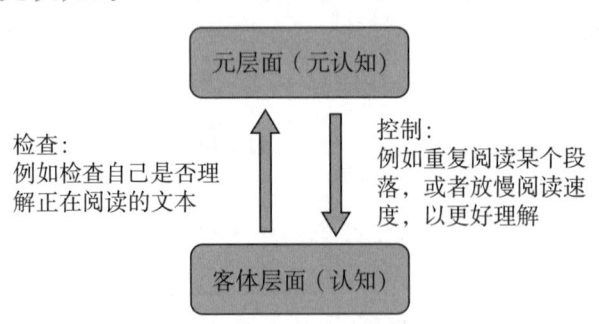

图1-2 纳尔逊和纳伦斯的元认知模型

客体层面是认知过程或思考发生的地方。在客体层面,认知策略用于帮助学习者实现特定目标。例如文本阅读中采用推敲词义的方法理解文章含义,这就是认知。元层次是关于考虑的思考发生的地方。在这个更高层次上,学习者

---

① Nelson, T. and Narens, L. (1990). Metamemory: A theoretical framework and new findings. Psychology of Learning and Motivation, 26, 125-173.

运用元认知策略确保自己可以达到设定的目标。例如阅读者会思考他们是否理解、理解了多少刚刚阅读的段落,这就是"监控"。如果他们对自己的理解程度满意,就会继续阅读;如果不理解,他们可能会重读这段话,或者决定使用字典或其他工具帮助其理解。这些行为被称为"控制过程",根据监测反馈改变学习者的认知过程或相关行为,这就是元认知。

基于这个模型,元认知学习者可以按不同层次分为四种:隐性学习者、有意识学习者、策略型学习者和反思型学习者(Perkins,1992)。[①]

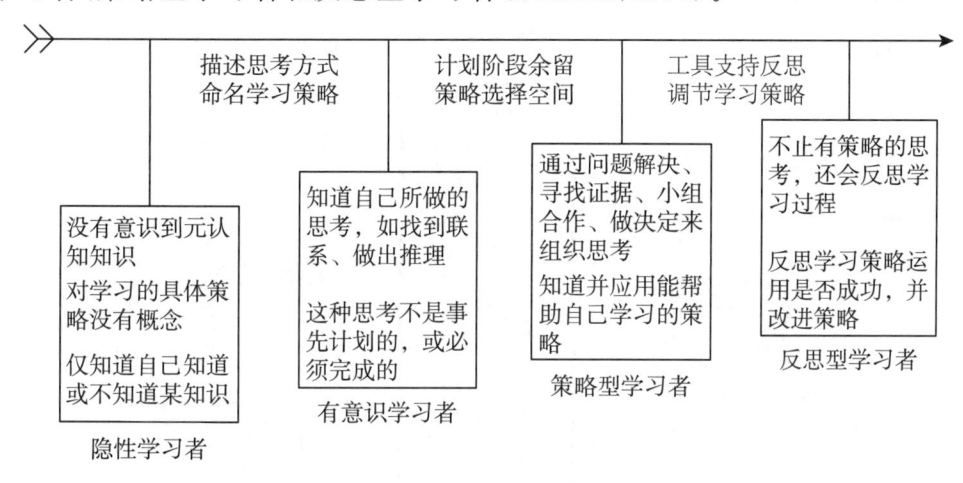

图 1-3 帕金斯(Perkins)元认知学习者模型

（1）隐性学习者。学习者没有意识到他们的元认知知识,他们不考虑任何特定的学习策略,只是接受他们知道或不知道的东西。例如,在阅读中,读者不会过多思考内容的意义,而且经常读不懂,他们读一次故事只是为了完成它。

（2）有意识学习者。他们能够意识到部分的思考过程、有时需要寻找证据等,但通常不会做出计划。例如,读者足够关注,知道什么时候有什么不合理,但他们并不总是知道如何解决问题。他们读了一遍故事,只是为了记住一些可能会在考试中出现的东西。

（3）策略型学习者。学习者能考虑全部思考过程。通过解决问题、寻找证据、分类、决策等方式组织思维,他们知道并运用有所帮助的学习策略。例如,读者积极监督自己阅读,可以使用多种策略纠正错误,探索挖掘,以便深入了解故事。他们会阅读两三遍来记忆和理解这个故事。

---

① Perkins, D. (1992). Smart Schools: Better Thinking and Learning for Every Child. New York: Free Press.209-220.

(4) 反思型学习者。学习者会计划、思考使用的策略,而且在学习过程中会反思自己的学习,监控策略的效果,然后做出适当改变。例如读者积极、有策略、灵活地根据需要调整阅读内容。他们会根据自己的需要反复阅读故事,每次重读思维都会发生变化,理解能力也会提高。

3. 齐默尔曼和申克的自主学习模型

齐默尔曼和申克(Zimmerman & Schunk,2011)将自主学习的三个方面——学习动机、学习行为及元认知思考结合起来,根据社会认知视角,提出自主学习过程的三个阶段:先备阶段、表现阶段和自控阶段(参见图 1-4)。[①]

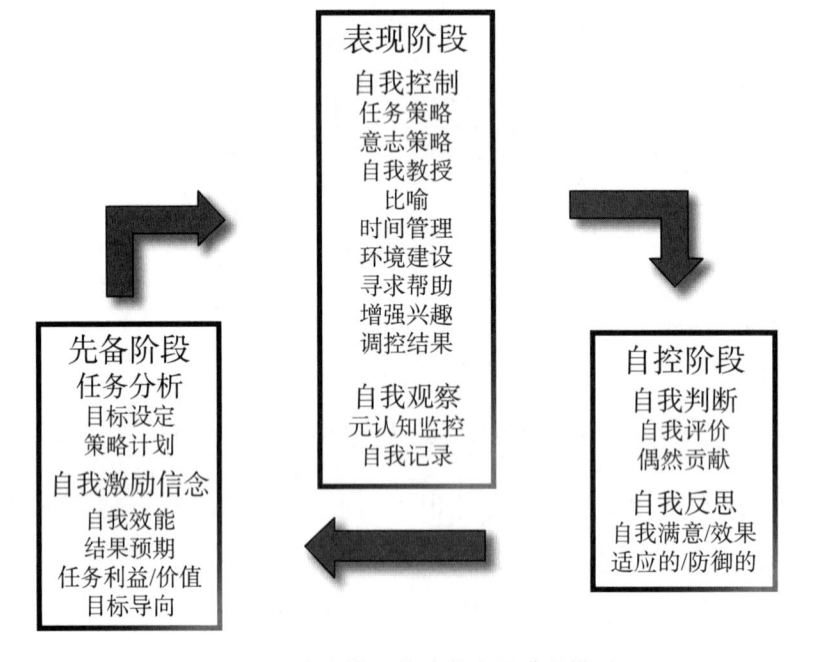

图 1-4 自主学习的阶段和子进程模型

(1) 在先备阶段,元认知过程和动机的情感/信念先于个人努力和调控行为而产生。要巩固和提升学习动机,建立学习习惯及态度。具体目标是:理解学生性格的强弱项和学习类型,通过活动提升自信及自我效能感,建立短期可达的学习目标和长远期望,养成良好生活作息、时间管理和情绪及压力控制等。策略包括:手册形式的学生学习概述、定期的师生关怀式对话、班级经营的针对性活动等。(2) 在表现阶段,元认知进程和动机情感/信念发生在学习努力与影响注意

---

① Zimmerman, B., & Schunk, D. (2011). Handbook of self-regulation of learning and performance. New York, NY u.a.: Routledge. 54.

力和行为之时。要培育认知学习策略及行为。学习各种学习技巧,例如做笔记、搜集及整理资料、联系不同的学习概念,以及以不同形式(文字、图表、数据)记录所学,就成为这一阶段的行动计划;同时,思维能力的培育也应在各学习领域中体现,包括逻辑、水平、系统、扩散、创意思考,以及解难和批判等能力。(3)到自我反思阶段,元认知进程和动机情感/信念发生在学习努力和个人对这些经历做出反应之后。要进行反省、监控、调整目标、自我探究、评鉴学习及工作效果等,这已经不是仅靠学习策略等便能成就,而是随知识的大量增长,要有渴求知识的学习欲望及强烈好奇心。即是说,学习者已拥有相当丰富的知识和广泛的阅读,才容易从中反思及深入探究。

这几个阶段不一定是线性的,亦并非以年龄划分,而是可以螺旋式推进。所以,不能武断地认为小学生或初中生就不能达致反思阶段,而是要根据学习内容或概念而定。学生的能力高低存在差异时,采用的自主学习策略也不同。

(四)元认知的特点与观点申辩

1. 元认知的特点

(1)元认知是一种跨领域能力

认知能力属于特定主题或学科领域(domain-specific),而元认知能力是跨多个领域的(domain-general)。一般来说,随着特定领域专业知识的提高,人们可以期望元认知知识和控制能力得到改善(Schraw,1995)。[①] 尽管尚存大量争论,但许多研究人员认为元认知知识最初是领域性或特定任务的,当学生在许多领域获得更多元认知知识时,他们就可以构建跨越所有学术领域的一般元认知知识(例如记忆的理解性局限)和控制技能(例如选择适当的学习策略)。尤其是年龄较大的学生可能会构建跨越各种任务的一般元认知技能。这表明,随着学生的进步,他们不仅获得了更多的元认知知识,而且以更灵活的方式使用这些知识,特别是在新的学习领域。这与学会学习的主旨高度符合,即21世纪的教育必须是全面的,除了领域特定的知识和学习策略外,学生还要具备解决跨领域一般问题的横向技能。

(2)元认知具有适应性

元认知的适应性体现在其不断监控和调节的过程中,个体能够灵活地适应

[①] Schraw, G., & Moshman, D. Metacognitive Theories. Educational Psychology Review, 1995, 7(4): 351-371.

各种学习任务、情境和要求。这种适应性使个体能有效应对变化和挑战,反映了元认知在认知控制上的灵活性和弹性。其一,元认知的适应性体现在个体对任务的实时监控。元认知涉及对个体自身的认知过程进行主动监测和评估,这包括对任务进行细致观察和对自身认知状态的意识。通过这种监控,个体能够及时感知到任务的变化和要求的调整,促进在新情境的应用。其二,适应性还表现在个体对认知策略和方法的主动调节上。元认知调节是一个动态的过程,个体在学习过程中通过灵活地调整认知策略,以适应不同任务的要求。其三,元认知适应性还涉及目标导向的个体学习过程。元认知能力使学习者能够明确学习目标,并不断调整学习策略去实现目标。

(3) 元认知知识是一种隐性的知识

人们常常重视认识却忽视了元认知。如果认为元认知是一套自我指令来调节任务的执行,那么认知就是这些自我指令的载体。这些认知活动反过来又受到元认知的影响,如持续地监控和评估过程。这种元认知和认知活动的循环过程,使得在元认知的评价中很难将它们区分开。有时,元认知可以在学生言语化的自我指导中观察到,例如"这对我来说很困难,让我们一步一步地做",或者"我不知道这个词是什么意思"。然而,元认知在任务执行过程中并不总是被明确听到或看到,它往往是从某些认知活动中被推断出来的。例如,一步一步地做事情可能显示出有计划,尽管计划的自我指示没有明确的语言化。

2. 相关观点申辩

(1) 元认知总是有意为之

关于元认知是否总是有意为之的问题存在一些争议。一些研究者强调元认知有意识、刻意的本质,即个体明确意识到并有目的地运用元认知策略。然而,也有另一种观点认为,元认知可能涉及不那么有意识的自动过程,即个体在进行认知任务时可能在不经意间启动元认知过程。例如,学习者在写作时可能出于习惯性的行为检查作品中的错误,直到发现错误时才意识到自己进行了元认知的行为。这种情况下,元认知的启动并非有意为之,而可能是习惯性自然发生的。这种自动的元认知行为涉及个体对任务的熟悉程度、经验积累等因素。这种不那么有意识的自动元认知或内隐元认知的概念可能会令区分认知过程和元认知过程变得更加困难。一些研究者指出,过于强调元认知的有意识性可能会忽视个体在任务中的自发性元认知行为,从而限制了对元认知的全面理解。

然而,这一观点也导致了更复杂的元认知模型,特别是在幼儿元认知领域。

怀特布雷德和皮诺(Whitebread & Pino,2010)在研究中指出,幼儿在元认知方面可能表现出一些自动、内隐的行为,这使得理解和解释幼儿元认知变得更为复杂。① 因此,认识到元认知可能包含有意识和非明显意识的成分,将有助于更全面地理解此过程的复杂性。

（2）元认知是为高年级学生准备的

一些人会认为既然元认知涉及监控和评价学习这些高级思维过程,那么元认知是为高年级学生准备的。但其实幼儿依然具有一定的元认知能力。韦内曼、斯帕恩(Veenman & Spaans,2005)和拉金(Larkin,2010)记录了许多表明幼儿元认知能力证据的研究。②③ 研究结果包括,18个月大的儿童表现出错误纠正策略,5至6岁的儿童表现出对记忆过程的理解,3至5岁的儿童在幼儿园表现出元认知过程的言语和非言语指标。这些研究表明,尽管幼儿可能无法描述他们所表现出的元认知过程,但这并不意味着这些过程没有发生。陈英和与王雨晴(2008)通过研究进一步发现,随着年龄的增长,3—5岁幼儿关于主体性知识的认识趋于稳定,不同年龄的儿童对任务难度元认知知识的认识差异显著,大体上,幼儿的主体性知识、任务难度知识和策略知识在不同难度的任务中都有不同程度的增加。④

（3）元认知就是智力

智力和元认知也是相关的,但结构不同。智力是学习、理解、处理新情况或外部信息的能力,以及对理性的熟练运用或应用知识来操纵环境或根据客观标准进行抽象思考的能力。相比之下,元认知是指作为一个过程进行"反思、理解和控制一个人的学习的能力"。换言之,智力是个人学习或应用知识的能力,而元认知是监测和评估个人在学习和应用这些知识方面的表现,然后做出必要的调整的能力。元认知在许多方面影响着智力的发挥。例如,元认知对于高级思维技能的执行很重要,如分析和综合,但似乎对低水平思维任务没有影响,比如回忆案例的细节。元认知也会促进个人在不同环境中学习到认知技能的能力。

---

① Whitebread, D. & Pino Pasternak, D. (2010). Metacognition, self-regulation & meta-knowing. In K. Littleton, C. Wood, J. & Kleine Staarman (Eds.), International Handbook of Psychology in Education. Bingley, UK: Emerald. 673 - 712.

② Larkin, S. (2010). Metacognition in young children. London: Routledge.79 - 90.

③ Veenman, M., & Spaans, M. (2005). Relation between intellectual and metacognitive skills: Age and task differences. Learning and individual differences. 15(2), 159 - 176.

④ 陈英和,王雨晴.幼儿元认知知识发展的特点[J].心理与行为研究,2008,6(4): 241 - 247.

元认知可以增强智力,提升学习能力和执行力——这是一种最大化智力效用的技能。因此,智力能力较差、元认知技能较强的学生往往表现出与智力能力较高的学生相似的学习成绩。

> **元认知的获得并不强烈依赖于智商**
>
> 亚历山大等(Alexander,1995)的报告指出,特定的知识与智商适度相关,而策略和理解监测则不相关。[1] 这些发现与获取技能的文献中的主要结论相一致,即智商在获取技能的早期阶段很重要,但与学习后期的技能表现无关。事实上,亚历山大等人将传统的智商测量称为最初限制知识获取的阈值变量,但与其他技能(如任务特定策略和一般元认知知识)的作用相比,其重要性要小得多。组织良好的教学或使用有效的学习策略在很大程度上可以弥补学生智商的差异。在许多情况下,持续的实践和教师示范会促进获得特定任务的知识,以及与获得传统智商分数无关或适度相关的一般元认知知识。

四、元认知与个体学习

(一)元认知与关键概念

1. 元认知与建构主义

元认知将知识视为一个建构的过程。学生主动承担建构知识的责任,而不再将知识视为由教师主导的转移过程。从"以教师为中心"的教育到"以学生为中心"的教育的转变需要学生运用适当工具、手段指导其学习过程,这就是元认知技能。首先,元认知强调学生对自己的学习过程的了解、监控和调整。这与建构主义的核心理念相契合,建构主义认为学习是一个主动的、个体建构的过程,学生通过与周围环境的互动来构建知识。元认知更强调学生对自己学习过程的主动掌握,这种主动性与建构主义的学习观点相互支持。其次,建构主义强调学习的社会性和与他人的互动。学生通过与同伴、教师和环境互动,共同建构知识。元认知技能也包含学生与同伴的合作、批判性思考和相互评价。通过元认知技能,学生能够更好地参与社会性建构的学习过程,与他人共同探索、理解和

---

[1] Alexander, J., Carr, M., & Schwanenflugel, P. (1995). Development of Metacognition in Gifted Children: Directions for Future Research. Developmental Review,15 (1), 1 - 37.

构建知识。元认知技能为建构主义提供了一种内在机制,使学生能够更有效地参与到知识的建构中。在"以学生为中心"的教育中,学生通过元认知技能能够更主动地选择、调整学习策略,更自觉地参与到知识的建构过程中。因此,元认知技能和建构主义相互交织,共同推动了教育范式的演进,使学生逐渐成为知识的创造者和自主的学习者,从而更好地应对现代社会的复杂挑战。

2. 元认知与终身学习

元认知与终身学习有着紧密的联系。随着知识型社会过渡到全球学习型社会,成功将不再取决于我们的毕业生知道多少,而更多地取决于他们识别、检索、处理和应用新知识的程度。终身学习是一种在不断变化的世界中识别和解决自己教育需求的能力,意味着在整个生命周期中持续学习和适应新的挑战;而元认知技能为个体提供了适应不断变化的学习环境的工具。元认知学习者可以评估任务的要求,评估自己的知识和技能,计划采取的方法,监控工作进展,并根据需要调整策略。他们具有主体能动性,并发展隐性的内在动机,在职业生涯中不断适应新技术和知识。相反,有限的元认知会导致过度自信或缺少自信,影响掌握学习新知识的技能,这将不利于他们的终身学习。理查德·史密斯(Richard Smith,2005)在《对新医学院学生的思考》一文中很好地解释了自主学习在终身学习中的重要性:"你在医学院学到的东西有一半会在毕业五年内被证明是错误的或者是过时的;问题是没有人能告诉你是哪一半,所以关键在于要学会如何自己学习。"[1]

3. 元认知与批判性学习

元认知不仅是学习的核心,也是批判性思维的基础,因此也是判断和决策的基础。批判性学习是指个人通过深入思考、分析和评估信息,能够独立形成有依据的观点和判断的过程。这种学习方式需要深刻理解信息,而非死记硬背或表面性的学习。批判性学习强调发展学生的批判性思维,使其能够在解决复杂问题时进行分析、推理和评估。元认知技能为批判性学习奠定基础。学生需要了解自己的学习过程,监控自己的思考方式,并能够调整学习策略以促进更深层次的理解。元认知技能使学生能够自主管理学习过程,有针对性地应用批判性思维技能,从而更有效地处理和分析信息。学生在研究一篇文章时,通过元认知技

---

[1] Smith, R. (2005). Thoughts for new medical students at a new medical school. BMJ, 327(7429), 1430–1433.

能能够意识到自己对某些概念了解不深,并能够主动寻找相关知识填补这一缺陷。批判性学习在此过程中体现为学生不仅仅获取信息,还会对信息来源、逻辑结构和论据进行深刻的分析和评估。

通过元认知技能,学生能够自主地运用批判性思维,确保对文本内容的理解不流于表面,而是涉及更深层次的分析和评价。这种整合使得学生能够更全面、主动地运用批判性学习的技能处理复杂的学术信息。可以想象,工程师在面对复杂问题时,需要通过元认知技能主动了解自己对相关知识的理解程度。如果工程师错误认为自己不能胜任某一领域的知识,就可能陷入知识的不安全感,进而抑制了深入探索的动机。同时,过度自信也是一个潜在问题。如果工程师没有经过元认知的反思,可能会产生过度自信的倾向,导致轻率地决策。这种"自信"可能使得工程师忽略重要细节或风险因素,最终导致不恰当决策。因此,元认知作为学习和思考的基础,直接影响到批判性思维。通过认识自己的知识水平和思考方式,个人可以更有效地进行判断和决策,保证决策的质量和可靠性。

(二)网络环境下个体元认知的重要性

网络学习和碎片化学习越来越成为数字化时代背景下的学习常态。网络学习和碎片化学习给学生提供了更加广泛和多样的学习资源,然而也带来了信息过载的问题,学生可能会陷入浩如烟海的信息中无法自拔。面对新的学习方式,学生极易被丰富的信息吸引而降低学习效率和丧失自控力。元认知的重要性在于可以帮助学生有效应对新的学习方式,克服信息过载的困扰,提高学习效率,保持自我控制力。首先,克服信息过载。学生常常难以在大量网络资讯中筛选出有价值的信息。个体元认知能力使学生能更有效地筛选和处理这些信息,促进对所需信息的理解、分析和应对复杂的信息环境,减少信息的冗余和干扰,避免陷入琐碎无关的阅读内容之中。

其次,提升自控力。自控力是指学生在学习过程中抵制诱惑、坚持目标的能力。网络学习中,学生可能会受到各种社交媒体和其他娱乐平台的干扰,学生需要更强的自我控制力来规划学习进度,保持学习的连贯性。元认知能够帮助学生有针对性地制订学习计划,管理学习时间,并在学习过程中自我监控、评价、修正和反馈等。元认知有助于学生意识到自己的学习进度和分心情况,及时校正思维方向,聚合多元注意力;调整学习策略,如设定具体的学习时段和休息时间,保持专注和高效。

再次,学习与适应。网络环境中不断涌现新的技术、工具和知识,学生需要不断调整自己的学习方法以适应新的环境。元认知能力使个体更容易学习和适应这些变化。通过了解自己的学习方式、强项和弱点，个体可以更灵活地应对新的挑战。例如，当学生在面对新的学习平台或工具时，他们可以利用元认知策略，如反思和调整学习方法，找到最适合自己的学习方式。

要重视网络环境中学习者主体性的发挥，教师可以采取的措施包括：(1) 加强课前导学，目的是向学生阐述学习目的和要求，以便学生能有明确目标地利用网络进行自主学习。(2) 营造自我跟进的学习氛围。可以将细化的学习目标、活动进程的规划及评价功能等权力让渡给学生，学生可以及时跟进和反思自己学习情况并进行调整。(3) 培养学生自主评价能力。给予学生权限进行自我评价和同学互评，包括反馈留言、讨论、评分或记录反思性日志。(4) 为学习者提供自我探索学习的路径与方法，如提供学习指南和案例等。

(三) 元认知促进学习反思

元认知是一种嵌入的、高频的、自我调节学习的必要元素。优秀学习者能识别自己的各种思维路径，进行反思，并调节不好的思维路径。这个过程需要不断重复，抛弃那些阻碍积极行为的想法；自我修正，打开思维，找到最有效的策略和最优选择。梅拉夫和布拉察将元认知视为自我调节学习的一个基本方面。他们证明了元认知对五年级学生解决问题的作用。[1] 阿夫拉（Aflah,2017）发现元认知对学生的阅读能力和阅读理解能力有积极影响，提高了学生第二语言阅读的表现。[2] 查齐帕泰利等人（Chatzipanteli et al.,2014）的报告称，如果学生知道如何学习，他们往往具有自我控制和自我指导的能力。研究表明，具有元认知能力的学生可以挑选学习策略、构建有意义的学习并实现他们的目标（Cornford,2010；Prins et al.,2006）。[3] 科伦坡和安东尼蒂（Colombo and Antonietti,2017）的研究也提供了相同的结果，即元认知有助于学生理解任务，选择适当的策略来解决学习困难，并决定如何有效地构建学习。[4]

---

[1] Meirav, T.-R., & Bracha, K. (2014). Metacognition, Motivation and Emotions: Contribution of Self-Regulated Learning to Solving Mathematical Problems. Global education review, 1(4), 76 - 95.

[2] Aflah, M. N. (2017). The Role of Metacognition in Reading Comprehension. Jurnal Pendidikan Bahasa, 6(1), 10 - 25.

[3] Chatzipanteli, A., Grammatikopoulos, V., & Gregoriadis, A. (2014). Development and evaluation of metacognition in early childhood education. Early Child Development and Care, 184(8), 1223 - 1232.

[4] Colombo, B., & Alessandro, A. (2017). The Role of Metacognitive Strategies in Learning Music: A Multiple Case Study. British Journal of Music Education, 34(1). 95 - 113.

> 学习者可以采用多样化的自我调节方法。包括：
>
> 了解记忆极限。了解自己对特定任务的记忆极限，并采用外部支持手段激发长期记忆。
>
> 自我监控。自我监控学习策略，如采用思维导图，如果效果不佳就调整学习策略。
>
> 改善。注意自己是否理解了刚刚阅读的内容，如果没有理解就改善阅读方法。
>
> 略读。选择略读不重要信息的小标题来获取所需要的信息。
>
> 操练。反复练习一项技能以达到熟练程度。
>
> 自测。定期进行自我测试，了解自己学得如何。

在以培养核心素养为目标的新课程改革背景下，发展学生的元认知能力将有助于他们成为自主学习者，并发展他们"学会学习"的能力。研究表明，元认知知识和技能可以提高学习、阅读和理解的效率，并提高写作技能、解决问题的能力和批判性思维。科隆伯和亚历山德罗（Colombo & Alessandro，2017）也指出：元认知可以帮助学生理解学习任务的需求，发现潜在的学习困难和问题，选择最适合他们的认知策略，有效地组织与这些因素相关的学习、实践和表现，以及监控学习策略的实际有效性。[1]

元认知促进阅读理解。阅读理解涉及一个主动的过程，读者需要根据自己的经验背景、阅读目的和整体环境构建意义。自我调节思维的能力经常被认为是阅读理解的基本品质。学生如果清晰地认识到阅读的需求，他就可以采取更有效的策略应对阅读情境的要求。在认知调节方面，读者可以利用元认知技能，如计划、预习、监控、调整阅读速度、修复、总结、评价等来增强阅读的流畅性。因此，学生要在整个阅读过程中积极投入认知和进行元认知活动。学生应该理解书面信息的含义，做出推论，识别中心思想，并将后者与先备知识相结合。优秀的读者在阅读时会进行综合，做出和修改预测，并在失去意义时进行自我纠正。教师需要指导学生设定阅读目标，采用策略来进行理解，并在理解出现问题时澄清以修复意义。

---

[1] Colombo, B., & Alessandro, A. (2017). The Role of Metacognitive Strategies in Learning Music：A Multiple Case Study. British Journal of Music Education，34(1).95 – 113.

(四)元认知与学生的学习成就的关系

元认知与学生的学习成就关系密切。一项研究对上海市学生的元认知能力、学习策略和学习成果进行了调查(Shi & Cheng,2021)。[①] 样本包括三类典型中学(公立重点中学、公立普通中学和私立中学)的780名学生,采用因子分析法和结构方程模型进行了数据分析。

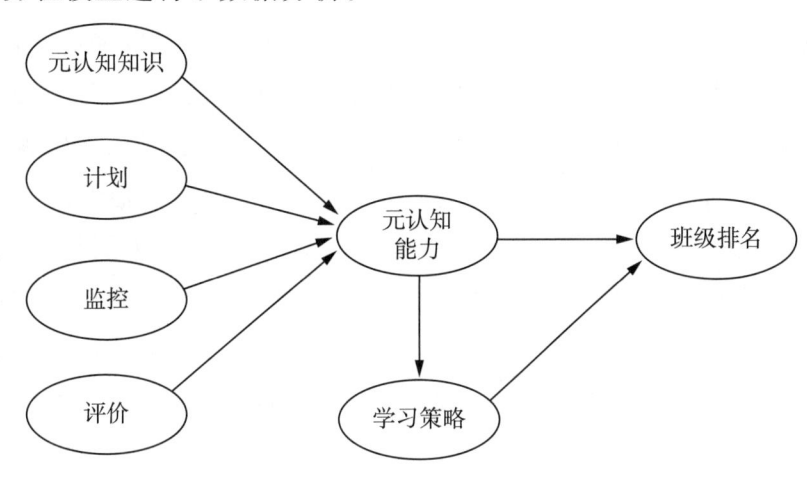

图 1-5 元认知学习模型图

研究结果1显示元认知能力是通过元认知知识、计划、监测和评价来构建的。这反映出学生倾向于同意他们可以利用自己的知识来计划(planning)、监控(monitoring)和评估(evaluation,简称PME)自己对学习策略的掌握情况,实现有效的学习。这些发现重申了关于元认知PME机制的理论研究。结果还反映出,学生通过制定目标、对学习内容进行自我提问、采用学习策略来规划学习。在监控方面,学生们会反思自己是否为实现学习目标而努力,并检查所使用的学习策略是否能有效地完成任务。研究结果表明,这些学生能够对自己的学习结果进行自我评价、总结学习内容、反思所学要点。这些发现重申了布朗的认知调节模型(Brown,1987),并呼应了施劳和丹尼森的研究(Schraw & Dennison,1994)的观点:元认知学习者可以计划、组织和监控他们的学习进度,进而提高学习成绩。

研究结果2表明元认知能力对学习成果的积极预测。PME机制使学生能够进行自我调节,检视学习策略在学习成果中的有效性。具有较高元认知能力的学生可以制定学习目标,选择实现目标的策略,有效计划组织学习进度,并设定

[①] Shi Lan & Cheng, E. C. K. (2021). Students' metacognitive competencies: Effect on mastery of learning strategies and outcomes. Curriculum and Teaching, 36(2),25-40.

适当的时间表。他们定期审查学习计划的实施情况，并在必要时改进学习方法，从而更有效地解决问题。数据还证明，学习策略的掌握可以预测学习成果。这反映出掌握学习策略更有可能产生实现学习目标的解决方案。学习策略掌握程度高的学生能够获取和理解相关信息。他们可以使用概念图来说明论点的复杂性和相互关系，理解学习内容的结构和相互关联。

　　研究结果 3 显示元认知能力通过掌握学习策略对学习成果产生间接影响。它反映了元认知能力提高了学生学习策略的熟练程度，应用此类学习策略可以提高他们的学习成果。研究结果还表明，元认知能力和学习策略的使用之间存在预测关系。PME 周期有助于学生选择和应用学习策略。他们比较不同的策略，选择合适的策略进行规划，并在学习过程中不断监控实施情况。监控过程可以支持学生发现和评估错误，进而促使学生对学习策略进行补救。如果学生意识到该策略对解决某种问题有效，那么当他们将来遇到相同情况时，就会倾向于采用该策略。元认知能力有助于学生理解策略并应用到不同学习任务中。

第二章 元认知教学与元认知教学策略

本章导语

　　我读大学时听说过元认知。但是如何进行元认知教学,我的认识是有限的。我的确发现有些学生很会学习,学习有计划性,懂得自我反省和采用更有效的方法解决问题。但是我也只是停留在欣赏这些学生的层面上。如果能通过系统的教学培养学生的元认知,我是非常愿意尝试的。

——某校王老师

　　正如布朗(Brown)所言:"元认知是学习的核心,它使学生能够监控自己的学习,理解学习过程,并据此调整学习策略。"[1]具备元认知的学习者往往表现出优秀的学习品质。尽管元认知被认为是人类的天生能力,然而有些学习者会更好地利用它去影响学习,而有些学习者不会这样。元认知是可以被教学和训练的。教师采用元认知教学对学生元认知的发展具有重要的推动作用。

　　普林斯等(Prins et al.,2006)通过研究发现,教师引导学生发展元认知,并有策略地运用元认知促进学习时,学生的元认知能力会有明显增进。教师可以将元认知教学整合到课程内容中,提升学生使用元认知的准确性,在解决问题过程中联接并启用元认知知识,并进行卓有成效的元认知调节。[2]

　　本章介绍元认知教学的内涵、元认知教学与学生学业成就之间的紧密联系,并探讨有效的元认知教学策略,最后讨论如何构建促进元认知教学的环境,提升学生的学习效果与自我管理能力。通过本章您将对元认知教学及其策略有更深入的了解。

---

[1] Brown, A. L. (2017). Metacognitive development and reading. London: Taylor & Francis. 167.
[2] Prins, F. J., Veenman, M. V. J., & Elshout, J. J. (2006). The impact of intellectual ability and metacognition on learning: New support for the threshold of problematicity theory. Learning and Instruction, 16(4), 374-387.

一、元认知教学

(一) 元认知教学的概念

元认知教学(metacognitive teaching)兴起于新时代经济发展对人才的需要,旨在发展学生学会学习的能力,监控和调整解决问题的过程,掌握学习的方法和策略,以应用到复杂的社会情境中。元认知教学是英国培养21世纪人才(独立探究者、创造性思考者、反思性学习者、团队协作者和自我管理者)国家战略的重要手段(Perry, et al., 2018)。[①] 美国重新设计了面向未来的课程框架,认为元认知教学是促进三个课程维度(培养学生知识、技能和品格)的基石(Bialik & Fadel, 2015)。[②] 学者们也从各个角度阐释了元认知教学的必要性。埃利斯等(Ellis et al., 2014)指出元认知的教学可能性,这涉及培养学生学习的"增值"部分,即学习者可能会做比参与学习更多的事情,进行自我调节学习过程并优化解决问题的策略。[③] 宾特里奇(Pintrich, 2002)指出,由于元认知一般与学生的学习呈正相关,因此有必要明确地教授元认知知识和技能以促进其发展。[④] 因此,需要将该术语扩展到教学领域,教师可以设计适当的教学法培养学生的元认知思维能力。佐哈尔和巴尔兹莱(Zohar & Barzilai, 2013)将元认知教学视为教授具体元认知活动的任何指令,包括一个教学行为系统,由教师、学生、教材、元认知环境和教学策略共同组成。[⑤]

我们认为,元认知教学的定义是教师引导学生意识到并反思自己学习过程、促进问题解决的教学方法,是一种包括学生、教师、元认知教学策略和学习环境在内的教学行为体系。元认知教学促使学生形成探究问题的心理表征,策略性地分析问题的本质,选用适当方法克服学习障碍。如果一位学生完成了两篇文

[①] Perry, John, Lundie, David, & Golder, Gill. (2018). Metacognition in schools: What does the literature suggest about the effectiveness of teaching metacognition in schools? Educational Review (Birmingham), 71(4), 483–500.

[②] Bialik, M. & Fadel, C(2015). Skills for the 21st century: what should students learn? Boston: C.C.R.261–270.

[③] Ellis, A. K., Denton, D. W., & Bond, J. B. (2014). An analysis of research on metacognitive teaching strategies. Procedia, Social and Behavioral Sciences, 116, 4015–4024.

[④] Pintrich, P. R. (2002). The role of metacognitive knowledge in learning, teaching, and assessing. Theory into Practice, 41(4), 219–225.

[⑤] Zohar, A., & Barzilai, S. (2013). A review of research on metacognition in Science education: current and future directions. Studies in Science Education, 49(2), 121–169.

章,其中一篇得到"A"的成绩,另一篇得到"C",他可能不理解自己得分为"A"的论文与得分为"C"的论文到底有何不同。因此,对于教师来说,重要的是要帮助学生反思自己的表现。没有这种帮助,学生将不知道如何改进。元认知涉及将我们在一种情况下所学的知识转化到特定情境中的理解水平。教师需要设计教学发展和激活学生元认知,使学生通过反思过程意识到他们的所知和未知,并通过采用自我调节策略采取行动,解决他们发现的缺陷或差距。

此外,我们应该在课堂上鼓励学生元认知的发展,重要的是让学生明确参与这种学习活动的目的和目标。试想如果我们没有对旅行目的地的了解,很多人便不会旅行。个体目标的树立会影响他的准备方式以及想要获得的体验。但是在学校里,通常教师比学生更清楚为什么要学习某些知识。因此,教师需要告知学生学习的目的、内容,他们为什么要启动元认知,可预见的成果是什么,以及需要哪些方法来获得成功,从而鼓励学生在学习中的"元"经历。

(二) 元认知教学的特点

1. 模糊性与精确性

元认知教学与主动学习、体验学习、基于问题的学习以及基于项目的学习密切相关,其核心在于激发学生的自主探索和元认知思维。这些教学方法的特点通常包括布置开放性任务、不规定具体答案,鼓励学生在学习中展开独立思考和实践。相对而言,传统基于知识传递的教学更强调确定性,这可能限制教师鼓励学生进行元认知。在教学设计中,平衡模糊性、自主性和动机是关键挑战。过于严格的问题定义可能使学生缺乏自主学习的动机,因为他们感受到既定答案的限制。因此,适当的模糊性能够激发学生的好奇心和创造性思维,使之更愿意参与到元认知的主动学习中。

然而,过多的模糊性可能导致学习挑战过大,让学生感到困惑和失望,失去学习的兴趣和动力。因此教师的角色变得至关重要。通过提供适当的教学脚手架,教师可以在保持任务的开放性和启发学生思考的同时,提供一些指导,帮助学生逐步理解和解决问题。这种平衡能够促使学生对学习保持积极、乐观,同时培养他们的元认知能力,使其能够面对更复杂的挑战。因此,元认知教学需要灵活平衡模糊性和精确性,满足学生的自主学习需求,促进学生全面发展的同时保持学习的积极性。

2. 分离性与反观性

元认知系统主要以"分离反观模式"作为思维运作模式。假设人们视思想与现实为"分离"的内在事件,"自我"与"想法/认知"之间可以处于分离的状态;在此模式下,"元认知"所采取的回应策略是以反观的方式,对自己的行为做出评价(林朝剑、黄宗显,2018)。① 在教学中,教师应该时常唤起学生的反观模式,提醒学生要经常跳脱自己目前的学习情况,以一种"反观者"的身份审视自己的学习过程。例如,指导学生反观自己是不是理解了学习内容,采用的方法是不是得当,遇到了困难应该怎么解决等。教师要给予学生更多机会评估和调节自己的学习行为。以数学为例,很多学生在解答数学问题时通常表现出"适得其反"的行为。例如,不求充分理解问题而只为迅速阅读;不会主动思考其他方法;当不知道如何应对时,很容易放弃。教师可以采用问题释义、整合、计划和执行的元认知方法进行教学,帮助学生反思自己的学习行为并为解决问题提供思路。比如引导学生自问:

(1) 我理解这个问题中关键词的含义吗?问题是什么?(问题释义)

(2) 我是否拥有解决问题所需的所有信息?我需要什么类型的信息?(问题整合)

(3) 我是否知道如何组织信息来解决问题?我应该采取哪些步骤?先做什么?(规划)

(4) 我该如何计算解决方案?我对哪些操作有困难?(问题执行)

3. 阶段性

在教学过程中教师需要考虑学生的认知和元认知发展阶段,并相应地设计元认知教学策略和任务。不同年龄段的学生在自我控制、思维方式和学习需求上存在差异。因此,元认知教学要根据学生的发展阶段进行调整,确保教学的有效性。在低级阶段,学生的认知水平较低,可能对学习策略和元认知技能了解有限。教师需要提供具体的学习策略,例如记忆技巧、集中注意力的方法等。示范和引导是关键,帮助学生建立起初步的元认知基础。在中级阶段,学生开始能够运用一些学习策略,但仍需教师的引导和支持。教学应侧重于逐渐培养学生的自主学习能力,引导他们反思学习过程,提高自我监控和问题解决的技能。在高级阶段,学生的认知水平相对较高,已经掌握了一些元认知技能。教学目标是进一步培养学生的独立思考和判断能力。教师可以提供更复杂、开放性的学习任务,鼓励学生深入思考,自主选择学习策略,并进行更高层次的元认知反思。

---

① 林朝剑,黄宗显. 元认知的奥秘与生活[M]. 第一版. 香港:亮光文化有限公司,2018:14-34.

例如,在低级阶段,教师可以示范如何使用特定的解题方法,引导学生注意解答数学问题的关键步骤。在中级阶段,教师可以设计小组合作任务,让学生共同解决较为复杂的问题,并在任务完成后引导他们讨论学习过程。在高级阶段,学生可以参与研究性学习项目,自主选择研究问题、设计实验,并进行深入的元认知反思,强化他们的独立学习和问题解决能力。通过有针对性的教学策略,才能够更好地促进学生的元认知发展,培养其对学习过程的自我理解和控制能力。

(三)元认知教学的应用

在数学学科中,较为典型的元认知教学模式是梅瓦雷奇和克拉马斯基提出的 IMPROVE 法,这种方法也被称为第一个从小学到大学的数学课都适用的元认知教学方法(Mevarech & Kramarski,1997)。[①] 此方法包括七个步骤:1. 引入新概念(Introducing the novel concept);2. 元认知探究(Metacognitive inquiry);3. 练习(Metacognitive inquiry);4. 复习(Reviewing);5. 获得较高和较低认知进步的熟练度(Obtaining proficiency on higher and lower cognitive progress);6. 验证(Verification);7. 充实和补差(Enrichment and remedial)。该方法由三个相互依赖的元素组成:元认知提问、异质合作和系统地提供反馈—纠正—强化。此方法涉及自我解决问题的四个方面,即理解问题、进行关联、策略化解决和反思问题。教师可以借此提高学生激活元认知过程的能力,增强学生对数学概念的理解。在实施改进的教学方法中,着重强调了异质合作。学生的小组学习中包括四个异质性同伴,即一个高能力学生、两个中等学生和一个低能力学生。这种合作环境可以促进学生的认知、社会技能和自我调节。参与合作环境的学生相互交流,讨论问题,共同努力提出解决方案。在这个过程中,通过激活他们的先验知识,让每个学生从各个方面表达他们对问题的想法,并对每个论点进行有效性检验。

在语言学科中,元认知也扮演重要角色。学生在阅读中常出现的问题是阅读能力较弱,无法理解所阅读内容;学生没有意识到理解阅读文本的技巧和策略,无法有效地练习文本阅读和理解的方法。元认知教学策略可以帮助学生在阅读过程的前期、中期和后期进行系统思考。1. 在阅读开始前,是预测、提出问题阶段。学生们将积极地参与猜测和构建问题。2. 当阅读文本时,是检查难词、

---

① Mevarech, Z., & Kramarski, B. (1997). Improve: A Multidimensional Method For Teaching Mathematics in Heterogeneous Classrooms. American Educational Research Journal, 34(2), 365-394.

链接文本和自我解答疑问阶段。学生继续积极地互动,通过检查困难词语的理解,将文本与知识和现有的经验联系起来,并回答明确的问题。3.学生在阅读结束后,是总结中心思想、做出评价的阶段。学生将处理从文本阅读中获得的信息,通过文中的关键内容和含义进行总结和全面的评估。元认知教学会帮助学生在获取信息方面建立一个建设性的理解。库里(El-Koumy,2004)在研究中指出,元认知教学之所以引起了全世界语言教师和研究人员的注意,原因在于:其一,元认知知识可以使学生成为一个好的思想者,学生可以根据时间变化学习;其二,通过元认知知识融入语言学习,能够提高学生控制自身学习的技能;其三,元认知意识是更有效语言学习的重要基础。[①]

哈佛商学院的 MBA 课程中引入了一项名为"批判性思维"的模块,该模块采用元认知教学培养学生的批判性思维(Braun,2004)。[②] 教学针对具体问题"决策过程中缺乏批判性思维会造成重大商业后果",通过课堂讨论和辩论,以及课堂小组练习,将元认知教学嵌入学生对课程概念的学习中。课程通常采用苏格拉底式对话或提问,将批判性思维方法嵌入课程内容,促进学习内容生动化并深化学习成果。在营销课程中可以提问:有效广告的特点是什么?为什么?以此来强化概念理解。苏格拉底式的提问是一种教学脚手架,基于维果茨基的最近发展理论(参见表 2-1),学生的思维可以通过师生间的一对一辅导,扩展到更高的发展水平。这种方法虽然耗时,但有助于培养学生对自己思维的元认知意识。

表 2-1 应用批判性思维技能

布鲁姆分类法	解决问题、应用案例研究的步骤	应用批判性思维(元认知)技能
识记	——全面了解问题情况 • 阅读案例	• 知道去哪里以及如何获取信息 • 明确事实和证据
理解	——全面了解问题情况 • 确定案例蕴含的商业概念 • 理解概念的作用	• 确定案例涉及的知识领域和问题核心 • 用自己的话组织信息

[①] El-Koumy, A. (2004). Metacognition and reading comprehension: Current trends in theory and research. ERIC Document No. ED 490569, Washington, DC: American Educational Research Association. 8-17.

[②] Braun, N.M. (2004). Critical thinking in the business curriculum[J]. Journal of Education for Business, 79(4), 232-236.

(续表)

布鲁姆分类法	解决问题、应用案例研究的步骤	应用批判性思维(元认知)技能
应用	——分析问题情境 • 分析和评估相关因素及作用 • 将商业概念应用在情境中 • 确定基本事实、做出推测	• 确定案例中的因果关系和相互影响 • 评估信息之间的相关性、真实性和有效性
分析	——分析和确定备选方案 • 确定要应用的其他概念 • 建立标准来评估备选方案 • 评估备选方案的影响和合理性	• 确定已存在和暗含的假设 • 推测此结果的原因 • 从多个角度讨论备选方案 • 评估每个备选方案的优缺点
综合	——执行备选方案 • 综合要素执行备选方案	• 得出结论,评估结论的有效性/合理性 • 从多个角度评估信息 • 创建多个选项
评价	——评估结果 • 评估备选方案如何改变形势 • 识别案例环境中可能发生的变化	• 确定用于评估选项的标准 • 评估备选方案的优势和劣势

二、元认知教学与学习成就之间的关系

(一)元认知教学与学习成就关系的元分析

各国学者认同元认知教学对培养学生自主学习能力的重要作用,但是文献的研究视角不同,对元认知教学是否以及如何影响学生的学业表现的研究结论不尽相同。康拉迪(Conrady,2015)开展了在小学几何课上实施元认知教学的研究,教师请学生分享解题过程,教师根据需要给出提示,并由其他学生进行提问和评价。然而实验的结果并不理想。[①] 塞拉芬(Seraphin,2012)在大学的科学学科开展了基于反思的元认知教学,通过设定计划、产生解决方案、执行分析、反思和最终评价等步骤改进学习过程,结果显示学生的批判性思维和科学素养得到了发展。[②] 而在阿米娜等(Aminah et al.,2018)的研究中,教师运用出声思维和

[①] Conrady, K. (2015). Modeling Metacognition: Making Thinking Visible in a Content Course for Teachers. REDIMAT, 4(2), 132-160.

[②] Seraphin, K., Philippoff, J., Kaupp, L., & Vallin, L. (2012). Metacognition as Means to Increase the Effectiveness of Inquiry-Based Science Education. Science Education International, 23(4), 366-382.

同伴支持的元认知策略进行教学,在三组被试学生中,两组成绩有提升,而另一组的成绩几乎没有改变。[1] 另一方面,虽然众多文献显示了元认知教学和学业表现的相关性,如阅读、数学、英文、科学、物理和教师教育等,但各项实验实施的元认知教学策略不同,尚未确定哪些教学策略对发展学生的学业表现更有效。

在一项对二十年(2001—2020)的元认知教学在各个学科领域实证研究的元分析(Meta-analysis)中,结果显示元认知教学对学生的学习有显著的正向影响(施澜、郑志强、郑新华、刘大军,2023)。[2] 教师应用元认知教学可以有效提升学生的学习表现,元认知教学对学业表现的整体效应量d值为1.044,且达到了统计显著水平($p<0.05$)。元认知教学策略包括P(计划)、M(监控)、E(评价)和K(元认知知识)的四种组合,分别是PME+K、PME、M和ME。从分析结果看,这四种方法的效应量均大于0.5,说明元认知教学的四种方法对学习效果具备中等以上的效应量,且影响显著(见表2-2)。其中,PME+K策略的效应量最大($d=1.568$),说明教师讲解元认知知识、再教学生计划、监控和评价其学习的方法效果最突出;PME($d=1.361$)策略的效果次之;M($d=0.520$)与ME($d=0.431$)策略的效应量比前两种更小。研究证明了"认知知识"和"认知调节"在教学中的启示意义,教师既要重视启发学生关于认知的知识,明晰可用的学习方法;也要控制学习过程,检核策略的效果,掌握学习的方法。在萨托和洛温(Sato & Loewen, 2018)的研究中也强调了教师要培养学生"修改和扩大学习方法适用性"的技巧,促进学生的学习。[3]

表2-2 调节变量检验结果

调节变数	样本量	效应量(SMD)	异质性检验	
			Q值	P值
教学策略			24.145	0.000

---

[1] Aminah, M., Kusumah, Y. S., Suryadi, D., & Sumarmo, U.(2018). The Effect of Metacognitive Teaching and Mathematical Prior Knowledge on Mathematical Logical Thinking Ability and Self-Regulated Learning. International journal of instruction, 11(3), 45-62.

[2] 施澜,郑志强,郑新华,刘大军.元认知教学对学生学业表现的影响研究——基于20年实验研究和准实验研究的元分析[J].教育发展研究,2023,43(18):45-52.

[3] Sato, M., & Loewen, S. (2018). Metacognitive Instruction Enhances the Effectiveness of Corrective Feedback: Variable Effects of Feedback Types and Linguistic Targets. Language Learning, 68(2), 507-545.

(续表)

调节变数	样本量	效应量(SMD)	异质性检验 Q值	异质性检验 P值
PME+K	14	1.568*		
PME	14	1.361*		
M	15	0.520*		
ME	7	0.431*		
学生特质			2.468	0.291
高能力	6	0.585		
中等能力	37	1.152*		
低能力	7	0.859*		
学科			16.225	0.003
数学	11	0.485*		
理综	6	0.515*		
英文	20	1.497*		
全科	5	1.573*		
其他	8	0.706*		
学段			8.897	0.012
小学	13	0.631*		
中学	12	0.750*		
大学	25	1.390*		
教学时间			1.824	0.402
0—1个月	14	1.415*		
1—3个月	22	0.935*		
3个月以上	13	0.921*		

注：* 代表 $P<0.05$.

表2显示,在调节变量分析中,元认知教学在不同策略、学段和学科的作用效果存在显著差异,而在学生特质和教学时间上无明显差异。在元认知教学策略中,PME＋K(计划、监控、评价＋元认知知识)对提升学习表现最显著。元认知教学和学生学业表现关系在英文(d＝1.497)和全科(d＝1.573)有着非常显著的正向影响;在理科综合(d＝0.515)和其他(d＝0.706)学科为中等偏上的影响;在数学(d＝0.485)学科中为中等的积极影响,并且元认知教学在各个学科的影响效果都较为显著。元认知教学在大学阶段的效应量最高(d＝1.390),其次是中学阶段(d＝0.750),再次是小学(d＝0.631)学段。教学时间上,一个月以内(d＝1.415)、"1—3个月"(d＝0.935)、"3个月以上"(d＝0.921)三种教学时间的效应量都达到了显著水平,说明元认知教学对学习效果影响均呈现显著正向相关。

（二）元认知与其他教育手段的比较

英国教育捐赠基金会(Education Endowment Foundation,简称EEF)开发了Sutton Trust-EEF"教与学工具包"(Teaching and Learning Toolkit),工具包将多个来自世界各地的教育研究综合成一个在线工具,使教师和学校领导可以比较不同类型教育干预的影响和成本,帮助他们找到最有效教学方法(EEF,2016)。① 在英国1997年至2011年间,每个学生的学习支出增加了85％,但在大多数指标上,学生学习的结果改善得很少。在学校层面,不同的学校预算支出方式会对学生的成绩产生非常不同的影响,而做出正确的选择并不容易。"工具包"正在成为教育者和政策制定者的一个有影响力的资源。根据英国国家审计办公室(The National Audit Office)的一项调查,英国大约64％的学校领导者使用这个工具包来指导他们的决策,它为教师和学校就如何利用其资源提高弱势学生的成就提供了指导。

Sutton Trust-EEF工具包目前涵盖了34个教育教学手段(见表2-3),根据开发方的调研,工具包同时也报告了每种手段的三个相关因素:成本、可用证据的强度、对学生成就的影响时间。

1. "成本"是基于在25名学生中实施一种方法一年的大致成本。

成本1级代表非常低:每25名学生每年花费2000英镑,或每个学生每年不足80英镑。

---

① EEF. (2016). "Technical Appendix: Meta-Cognition and Self-Regulation." Education Endowment Foundation. https://thehub-beta.walthamforest.gov.uk/sites/default/files/2019-07/sutton_trust_toolkit.pdf

成本 2 级代表低：每 25 名学生花费 2001 到 5000 英镑，每个学生每年高达 170 英镑。

成本 3 级代表中等：每 25 名学生 5001 到 18000 英镑，或每个学生每年 700 英镑。

成本 4 级代表高：每 25 名学生 18001 至 3 万英镑，每个学生 1200 英镑。

成本 5 级代表非常高：每 25 名学生超过 3 万英镑，或每个学生超过 1200 英镑。

2."证据支持的强度"是支持它们证据的强度，包括各类文献综述和元分析等证据的数量、研究方法的质量，以及这些研究的影响的可靠性或一致性。从 1 级到 5 级代表强度由弱到强。

3."对学生成就的平均影响"是一年时间为基准，与对照组进行比较，额外取得的进步情况。例如，表 3 中，"元认知教学"平均有 8 个月的影响。这意味着，与另一班级学生相比，提供元认知教学班级在一年中学生平均能取得 8 个月的进步。在一年年底(12 个月)"元认知教学组"平均表现相当于"控制组"学生在第 20 个月的进步。

表 2-3　Sutton Trust-EEF 工具包

教育教学手段	成本	证据支持的强度	对学生成就的影响时间	总结
艺术创造活动	2 级	3 级	2 个月	适度的证据，低成本、低影响
树立人生抱负	3 级	1 级	0 个月	很有限证据，中等成本，影响非常低或无影响
不良行为干预	3 级	4 级	4 个月	广泛的证据，中等成本的中等影响
优化课时安排	1 级	2 级	0 个月	有限证据，影响非常低，成本非常低
合作学习	1 级	4 级	5 个月	大量证据，极低的成本产生中等影响
数字化技术	3 级	4 级	4 个月	大量证据，影响中等但成本较高
学前教育干预	5 级	4 级	6 个月	大量证据，成本极高，影响巨大
延长学校时间	3 级	3 级	2 个月	中等证据，中等成本，影响低

(续表)

教育教学手段	成本	证据支持的强度	对学生成就的影响时间	总结
对学习的反馈	2级	3级	8个月	适度的证据，以低成本产生高影响
小学家庭作业	1级	3级	1个月	适度的证据，影响较小，成本极低
初中家庭作业	1级	3级	5个月	中等证据，以极低成本产生中等影响
个性化教学	2级	3级	2个月	适度的证据，低成本、低影响
学习风格各异	1级	3级	2个月	适度的证据，影响力极低，成本极低
掌握学习法	2级	3级	5个月	适度证据，以低成本产生适度的影响
一对一辅导	3级	3级	1个月	基于中等证据，中等成本，影响低
元认知教学	2级	4级	8个月	广泛的证据，低成本、高影响力
个人专属教育	4级	4级	5个月	基于大量证据，影响中等但成本较高
言语互动教学	2级	4级	5个月	广泛的证据，以低成本产生中等影响
户外冒险学习	3级	2级	3个月	有限的证据，中等成本的中等影响
家长参与教学	3级	3级	3个月	中等证据，中等成本带来中等影响
同伴互惠辅导	2级	4级	6个月	广泛的证据，低成本、高影响力
教师绩效奖励	2级	1级	0个月	很有限证据，对中等成本的影响很小
语音教学法	1级	4级	4个月	大量证据，以极低的成本产生中等影响
优化物理环境	2级	1级	0个月	很有限的证据，低成本，影响非常小
阅读理解法	1级	4级	5个月	广泛的证据，以低成本产生中等影响
小班化教学	4级	3级	3个月	适度的证据，影响很小，成本很高
留级	4级	4级	−4个月	大量证据的极高成本的负面影响

(续表)

教育教学手段	成本	证据支持的强度	对学生成就的影响时间	总结
统一校服	1级	1级	0个月	很有限的证据,成本很低,影响非常小
按成绩分班	1级	3级	−1个月	适度证据,非常低成本,产生负面影响
小范围辅导	3级	2级	4个月	有限的证据,中等成本的中等影响
社会和情感学习	1级	4级	4个月	大量证据,以极低的成本产生中等影响
体育运动	3级	2级	2个月	中等证据的中等成本的中等影响
夏校	3级	4级	2个月	有限的证据,中等成本的中等影响
配备助教	4级	2级	1个月	有限的证据,影响小但成本高

通过比较这三个因素,元认知教学显然是学习工具包中表现最好的手段之一。表格显示元认知是一种相对有效的方法,具有高水平的影响,与"对照组"相比,"元认知教学组"的学生平均取得了8个月的额外进步。元认知方法的潜在影响非常大,但实现起来具有难度,因为要求学生对他们的学习承担更大的责任,并发展他们对"成功需要什么"的理解。同时,元认知教学具有非常强有力的证据支持和影响结果,其成本非常低,每年25名学生需2000—3000英镑或每名学生约100英镑。

三、元认知教学策略

教师可以使用具体的元认知教学策略实施元认知教学。元认知教学策略是指教师在课堂上培养学生元认知能力的方法和手段,例如自我提问、出声思维、可视化思维和教师示范等。元认知教学蕴含着"增值"的策略或技巧,即教师教学生做一些事情,不同于试图解决问题和参与学习,而是让学生会反思他们从经验中学到了什么,以及他们是如何学习的。

我们将比较元认知教学策略和认知教学策略的区别。认知教学策略旨在增强学生对特定信息的记忆和理解,它使阅读文本对学生来说更有意义。认知教学策略包括教师如何引导学生推理、分析、总结和一般实践,如直接解释、记笔记、激活先验知识、提问等(Cromley et al.,2010)。[1] 这些策略可以通过结构化所收集的信息,促进连贯的心理表征的发展,使学生能够更轻松地将新信息与现有知识整合起来。元认知教学策略是帮助学生调节认知的方法。这些策略涉及促进规划、监测和评估。元认知教学策略可以提高学生跟踪问题解决进度的意识,帮助学生关注学习障碍、规划学习任务、选择和调整策略、监控进度、发现错误,发展学生的自我调节学习和高阶技能。基于上述分析,区分元认知教学策略与认知教学策略的标准包括:(1)元认知教学策略涉及计划—监控—评估的周期;(2)元认知教学策略可以促使学生检视他们的假设;(3)元认知教学策略促进学生规范学习过程。

接下来我们将介绍几种常用的元认知教学策略。

策略1:明确学习目标

要发展学生的自我管理能力,首先要协助他们订立明确的目标。这有助于学生清晰地了解自己的学习任务,以及帮助学生采用策略和方法来监控实现目标的进度。教师应教导学生认识如何设定各项个人成长目标,例如提升学业表现、参与学校或社区服务和发展体育艺术等方面的目标。学习目标应具备具体明确、可量化、可达到、合理实际和有时限这五个特点。教师应帮助学生了解他们的中期和长期目标。除了元认知知识和调节外,学习者还需要采用延迟满足等激励策略确保学习成功。雷德(Rader,2005)提出教师可以运用六步法帮助学生迈向所设定的目标,包括:学习目标记录、决定完成日期、拟定发展计划、憧憬达标情况、鼓励不懈努力和进行自我评估。[2]

表2-4 雷德设定目标六步法

步骤	内涵
记录学习目标	・教师协助学生记录达成的目标及选择的原因。 ・数天后让学生重新查看记录,把不再感兴趣的目标删除,然后确定特定的目标。

---

[1] Cromley, J. G., Snyder-Hogan, L. E., & Luciw-Dubas, U. A. (2010). Reading comprehension of scientific text: a domain-specific test of the direct and inferential mediation model of reading comprehension. Journal of Educational Psychology, 102(3), 687-700.

[2] Rader, L. A. (2005). Goal setting for students and teachers: six steps to success. The Clearing House, 78(3), 123-126.

(续表)

步骤	内涵
确定完成日期	·教导学生按实际情况决定完成日期。
拟定发展计划	·协助学生清楚列出妨碍计划的因素及思考的解决方案。 ·拟定发展计划。
憧憬达标情况	·教师引导学生憧憬他们完成目标后的状况,激励他们努力迈向目标。
鼓励不懈努力	·不断鼓励学生实现目标。 ·正面回馈学生待改善之处。
进行自我评估	·设计自我评估表格,协助学生检视自己是否达标。 ·学生检视自己的表现,评鉴行动的进度和成效,并提出可以改善之处。

由于学生所设定的目标不同,能力亦有差异,达标的时间会有先后之分。对于达标的学生,教师应协助他们尝试更具有挑战性的目标。对于未达标的学生,教师应协助他们尝试设定更可及的目标。无论学生是否达标,教师应认同他们所付出的努力和取得的成果。教师可将学习的课题按其难易程度设定长远目标和短期目标,让学生循序渐进地学习,这种学习模式可以让学生感到"能力知觉",增强他们的自我效能,提升学习动机。

策略2:教师示范与出声思维

出声思维(think aloud)是一种用语言表达自己想法的策略。具体操作是:先由一名学生说出自己的思考过程,他的搭档则记录他所说的内容;此时教师会指导学生如何表达他们的想法;接着学生们互换角色,互帮互助;教师还会给学生提供反馈。教师示范(modeling)是教师给学生演示如何操作的特定策略。尽管学习是隐性的,但教师示范后,学生会遵循并逐步模仿教师所展示的思维过程。每次数学教师解决黑板上的问题时,科学教师演示实验时,教师就是在示范,学生通过模仿教师的示范自然地学习。然而教师经常示范应该如何去认知(即如何执行任务),而很少示范元认知(即他们如何思考和监控自己的表现)。而在元认知教学视野下,教师应该演示给学生如何建立元认知,调动自身的监控系统,培养学生的学习能力。

一般情况下,会由教师先进行示范,演示如何进行出声思维,并在黑板上写下步骤。例如英文课上的学习目标是理解"比喻"的概念并学习写出比喻句子。教师模拟了如何使用比喻来形容一个人。她在黑板上写下 CAFS 表示法：Character 人物；Appearance 外貌；Feelings 感觉；Strengths 优点。接着，教师演示了如何按照 CAFS 标准描述一位名人。

再来看一个课堂的具体例子。在初中语文课堂《小人国被俘》中，教师期望学生踊跃提出自己阅读中发现的不理解的地方，但主动发言者寥寥。于是教师将学生课前预习单的问题播放出来，激发学生思考。当学生看到一些有共鸣的问题展示出来之后，开始窃窃私语。更多学生聚焦在"小人国的人们惊羡地看着格列佛"这句中，小人们为什么对格列佛"惊羡"呢？接着，当教师请学生讨论这个问题，学生只能回答到"惊讶"的层面。而为什么会"羡慕"格列佛呢？他们似乎又在等待教师给出答案。一个学生猜测：小人国的臣民们羡慕个子高的！接着，教师采用教学脚手架帮助学生探索内容之间的关联和印证。教师说："我设计了独特的手势帮助大家找出不同细节之间的关联，找到一处就在自己头顶举出'1'的手势，发现几处联系，就举几的手势。"哪个学生也不想落后的！这个小方法帮助他们提问与解答。很多学生举起手，表达他们的看法。并在这个问题的探索中将几处情节串联起来，当他们发现更多蕴藏在文本中的信息时，一个推论形成了：一个人长得越高，他在小人国越有地位。学生的讨论路线见图 1-7。

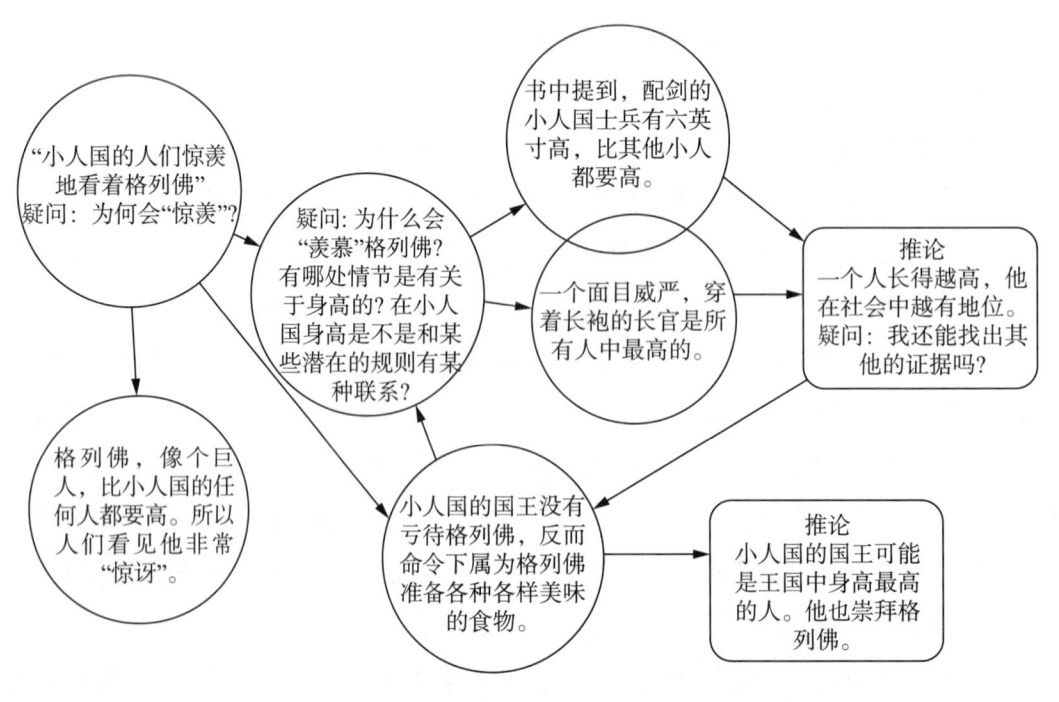

图 1-7 《小人国被俘》出声思维图示

案例中,教师改变了以往对课堂绝对掌控的师生互动方式,创设了一种开放的启发性学习空间,积极回应生成性问题,让学生在平等对话的氛围中促进文本解读。教师说:

"我从不批评学生。每一个人经历不同,对文章的理解不同,不存在对或者错。我尽可能多地鼓励学生,给他们搭建梯子,帮助他们找到解读文本的路径。"

"我喜欢学生提问,我会抓住他们的问题进行引导,或者直接在黑板上记录下他们发言的关键词,再一起做出总结或者推断。"

一位观课教师说:"我欣赏这位教师的流动性。不是古板的照本宣科,而是根据课堂实际情况调整教学的内容。那是一种教师和学生自由对话并推动课堂的能力。我也学习到了这种应变性。"教师鼓励学生建立连接,才能形成他们的阅读思维链,真正在一定程度上自己推进自己的思考,自己解答自己的疑问。另一方面,从教学效果上,教师了解到了出声思维的方法不但能回应师生探究的问题,还能在课堂上有生成,形成了超出预设的"推论"。

策略3:自我提问

自我提问(self-questioning)是学生通过定期停下来提问和回答问题而主动响应文本的过程。在学生问了一个问题后,会做一个预测,这种猜测是基于他们已学会的知识,我们称之为 educated guess。接着学生开始寻找答案,验证预测是否正确。因此,自我提问策略包括问自己问题,做出预测,并在阅读中找到问题的答案。自我提问能够引起学生的好奇心和兴趣,学生可以更主动地参与学习,促进深层次思考;还要求学生通过推理和分析找到答案,增强他们解决问题的能力和独立学习、自主探索的精神。

学生可以根据布鲁姆的目标分类进行提问。以物理学科为例,"我需要记住什么科学原理?"属于识记的层面,"对于书本内容,我目前了解多少?"属于理解层面,"我怎样才能把我的经验与作者告诉我的联系起来呢?"属于应用层面,"在这个过程中,每个因素之间的关系是什么?我们如何示范这个过程?"属于分析层面,"我们的观察是否符合我们正在学习的原理?"属于评价层面,"我如何看待我现在生活的世界?"属于创造层面。值得关注的是,自我提问法同样可以运用于跨学科课程中。同样,可以提问自己对跨学校课程不同领域的策略迁移。例如:我在数学中学到的哪些策略可以帮助我解决地理问题?

对照布鲁姆的目标分类法,美术学科"清明上河图鉴赏"一课可以进行的自我提问参见表 2-5。

表 2-5 "清明上河图鉴赏"一课自我提问表

层面	自我提问
识记层面	• 《清明上河图》的作者和创作朝代是什么？ • 我在《清明上河图》这幅作品中发现了哪些主要人物？ • 这个作品描绘了一幅什么景象？
理解层面	• 《清明上河图》的构图方法是什么？有什么特点？ • 这幅作品的色彩和材质有什么特色？
应用层面	• 如何运用《清明上河图》的透视法分析其他画作？ • 假设我是这幅画的策展人，如何设计一个展览更好地呈现《清明上河图》的历史和文化价值？
分析层面	• 我是否能比较《清明上河图》与《游春图》中的人物画法的异同？ • 我是否可以分析出这幅作品想表达的思想？
评价层面	• 我是否可以按照教师之前所讲的中国传统绘画的品评方法对《清明上河图》进行评价？
创造层面	• 是否可以对照《清明上河图》，绘制一幅现代生活场景的类似作品，展现不同社会元素和文化特征？

在语文课堂中，在《了不起的粉刷工》一课，教师下发了导学单，让学生进行自我提问，找出自己阅读中的问题。有趣的是，提问多聚焦在人物表现的反常之举(参见表 2-6)。

表 2-6 《了不起的粉刷工》学生预习统计表(部分)

学生阅读文本	提问	提问人数
汤姆见到苹果垂涎欲滴，但是手上的活依然不停。"呦，原来是你，本，怪我没留神。"	不是汤姆看到本了吗？为什么还说没看到？	8 位学生提问
汤姆让出了刷子，脸上显得很不情愿，心里可是乐滋滋的。	为什么"脸上显得很不情愿，心里可是乐滋滋的"？	6 位学生提问

(续表)

学生阅读文本	提问	提问人数
"依我看,一千个孩子,兴许两千个孩子里面,也找不出一个能把墙刷得让她满意的。"	为什么这么多人不能令姨妈满意,难道汤姆是那千分之一?	3位学生提问

学生的提问是很有价值的教学导向,他们特别关注情节,尤其是矛盾的情节,并且疑问也聚焦在此。传奇故事的文本充满了众多冲突、矛盾和不同寻常,作者会塑造有个性的人物,关注他们的表现和反常之处能帮助我们加深对人物的理解。学生在分析解答自己问题的过程中,自问自答,推动理解:"我发现一处矛盾!为什么称汤姆是'伟大的画家'?他明明是一个小骗子啊!我认为最重要的是他学到了那个真理。但……他怎么知道的?是本的苹果促使汤姆想出了一个计划。汤姆假装那堵墙很重要,还说没有人的工作能使波莉阿姨满意。那么,本掉进陷阱了吗?是的,可怜的本被愚弄了,他不仅把苹果给了汤姆,还得到了一份免费的绘画工作。但他可能认为得到这样一个宝贵的机会是值得的。和本见面后发生了什么事?经过多次欺骗,汤姆证明了:为了让大人或孩子渴望得到什么,只需要让机会难觅!"

加涅说:"教学可以被看作是一系列精心安排的外部事件,这些经过设计的外部事件是为了支持内部的学习过程。"出声思维和自我提问的教学法帮助学生抓住情节突兀和矛盾之处,将自己置于文本情境中思考,明白文章通过反差来突出人物的内心活动,自己阅读找出依据解答问题,促进了文本理解。

策略4:互惠教学(reciprocal teaching)

互惠教学是一种指导性教学策略,小组学生将预测、澄清、提问和总结作为阅读策略的支架应用来提高阅读理解能力。只要积极履行自己的角色,学生的参与度就必然会提高。学生可以听到彼此对文本的观点、解释,履行在小组活动中的角色,并从持续的集体努力中受益。互惠教学涉及四种关键策略的使用:预测、澄清、提问和总结(参见图2-2)。策略一是预测,使用现有知识来预测未来事件。在阅读时,学生应该自我监控自己预测的准确性。这种元认知可以改善未来的预测以及对相关文本的理解。策略二是澄清,从文本中识别重要的、相关的或令人困惑的材料。问题题干也可以提供有价值的信息。策略三是提问,形成相关问题,既能反映对文本的理解,又可以指导持续探究。例如:什么让你感到困惑,什么让你感到好奇?问题的产生来自每个人都贡献观点。策略四是总结,对阅读的部分内容或全部内容进行反思。

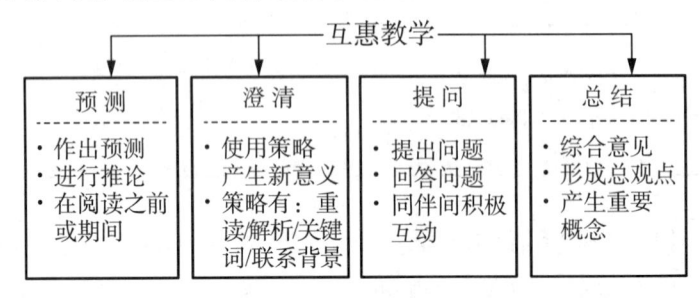

```
                        互惠教学
        ┌──────────┬──────────┬──────────┐
     ┌──┴──┐    ┌──┴──┐    ┌──┴──┐    ┌──┴──┐
     │ 预测 │    │ 澄清 │    │ 提问 │    │ 总结 │
     ├─────┤    ├─────┤    ├─────┤    ├─────┤
     │·作出预测│  │·使用策略│  │·提出问题│  │·综合意见│
     │·进行推论│  │ 产生新意义│ │·回答问题│  │·形成总观点│
     │·在阅读之前│ │·策略有:重│ │·同伴间积极│ │·产生重要│
     │ 或期间 │   │ 读/解析/关键│ │ 互动  │   │ 概念  │
     │       │   │ 词/联系背景│  │       │   │       │
     └─────┘    └─────┘    └─────┘    └─────┘
```

图 2-2　互惠教学四种关键策略

正式上课后,教师要与学生小组合作,将学生分成四人一组,根据上述的四种关键策略为每位学生分配一个角色,即预测者、澄清者、提问者或总结者。在各自的小组中,学生可以阅读一段简短的摘录,然后每个人执行自己的角色(以及任何其他阅读策略,例如注释文本或记笔记),从预测者开始,他将预测接下来会发生什么,同时重新审视之前的预测。提问者将形成相关的引导性问题来展示理解,同时引导阅读中的进一步探索。澄清者将澄清文本中关键的、引人注意的或不懂的内容——这些内容通常在之前的提问阶段中被识别出来,并且根据用途,澄清其中易混淆的地方和"伪理解"。然后,总结者将反思文本的最初阅读以及互惠教学中"有教学价值的地方"或对文本有惊喜发现的时刻。在下一次阅读中,学生可以在同一组内变换角色,或者在具有相同角色的组之间转换。这种情况一直持续到阅读完成(在同一堂课上,或者如果文本较长,则在几天或几周内完成阅读)。

在互惠教学中,教师的角色是确定阅读活动的目的,并支持学生间关于课文知识的交流;可以设计"角色说明和任务解释"发给小组成员,方便他们更清楚自己的角色;支持阅读小组成员通过分享阅读体验形成共同的理解;并为学生提供有价值的反馈,增强小组成员阅读课文后的成就感。表 2-7 展示了一个互惠教学的例子。

表 2-7　互惠教学的运用实例

预测者(生1):	今天我们将阅读文章《真正的合作》。现在让我们把题目圈画下来,加上段落标号。我是预测者,大家需要根据标题预估这个段落的内容是什么。我猜测是关于在灾难之中人们如何一起合作。

(续表)

生 2：	同意，因为"真正的合作"是人们一起解决问题，所以我认为是关于人们在灾难中解决问题的故事。
生 3：	我同意大家的观点。合作不是每个人轮流去做事情，而是大家一起完成。
	接着学生阅读全文。
澄清者(生 2)：	我的角色是澄清者。我需要澄清每句话的意思。我在阅读到这个地方时变慢了，出现了一个词"同心协力"。我们圈画出来吧。
生 4：	我知道这个词的意思，是为了共同的目标而共同努力。因为前面是人们的名字，后面是他们一起从洪水中逃生。
	生 1、生 3 都同意。
提问者(生 3)：	我的角色是提问者。我的问题是：为何作者会说"在灾难面前学会如何并肩作战是非常重要的"？
生 1：	我认为作者之所以说"在灾难面前学会如何并肩作战是非常重要的"是因为你不知道会遇到什么不好的事情，人们合作可以帮助大家更快脱离危险。
总结者(生 4)：	我是总结者，我会总结这个故事的内容，强调一些重点的地方……其他同学有没有补充？……

策略 5：思维图像化

思维图像化(Graphic organizers)是思想和概念的可视化表达，这也是所谓的"可见的学习"。思维图像化包括思维导图和概念图，包含信息的空间排列，这些信息举例说明了顺序、层次、年代、分组、关系以及事件、构想和概念之间的联系。思维导图、概念图、结构图和思维图像化的使用有助于理解和学习，并帮助学生构建思想和观念。在元认知教学方面，思维图像化可以帮助教师明确学生的思维过程、对学生做出提示、与学生一起建构知识等。学生可以使用思维图像化将自己的思维过程和结构可视化，以及评估并反思他们的学习过程。

图 2-3 是利用视觉图像的方式显示思维过程，可以帮助学生组织概念、分析问题和加强理解。这些图示适用于各个学科。

◆ 分类法 ◆

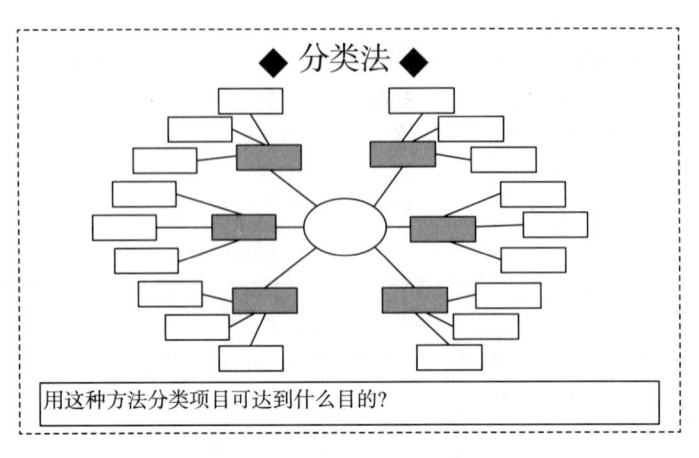

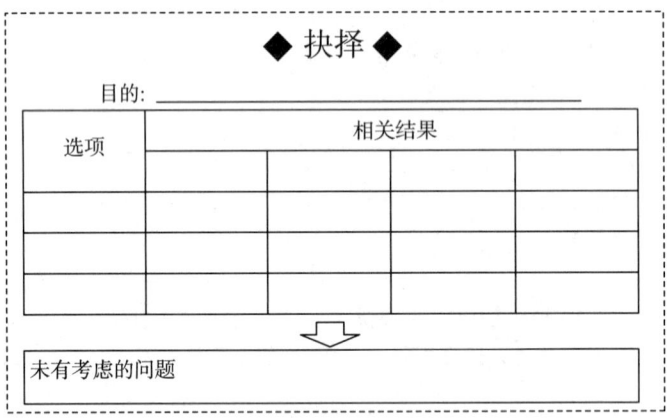

用这种方法分类项目可达到什么目的?

◆ 抉择 ◆

目的: _____

选项	相关结果		

未有考虑的问题

◆ 比较对比图 ◆

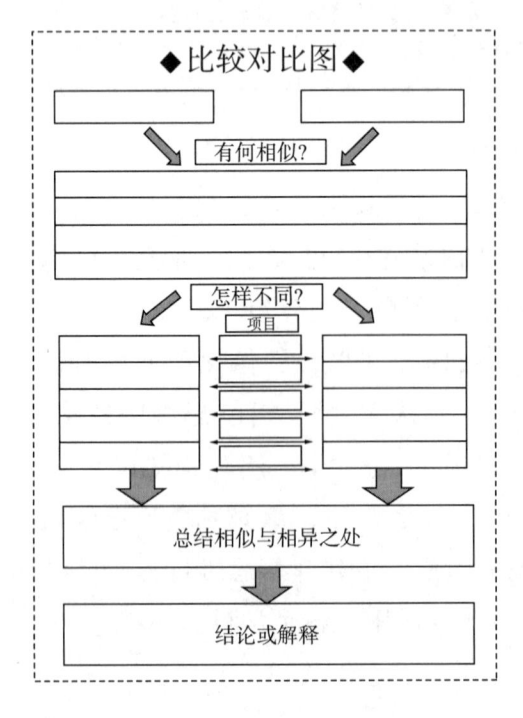

有何相似?

怎样不同?

项目

总结相似与相异之处

结论或解释

◆排序法◆

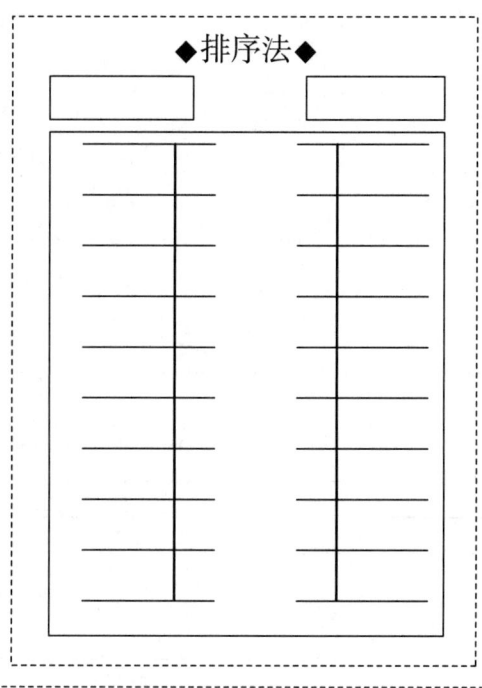

◆分析组件与整体的关系◆

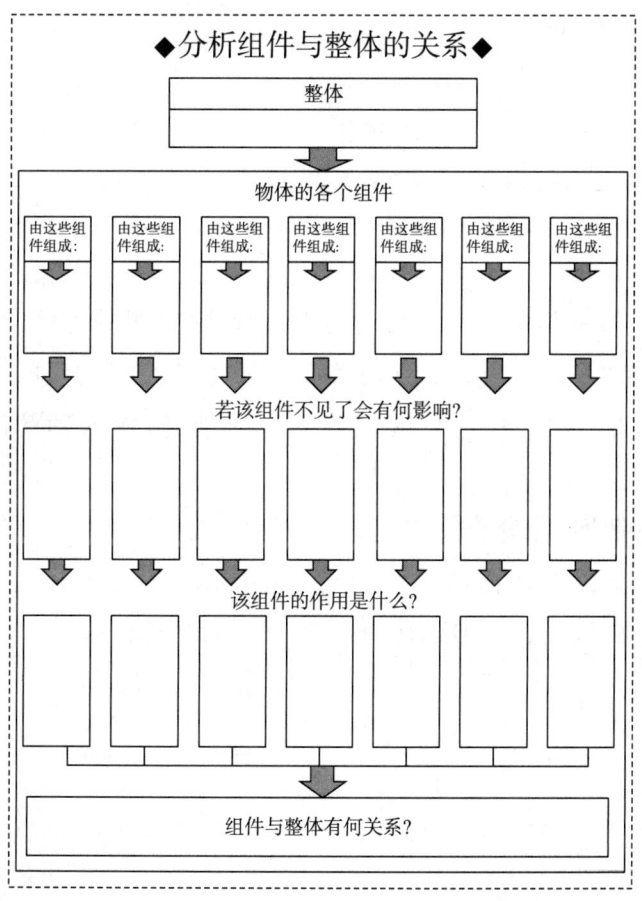

整体

物体的各个组件

由这些组件组成： | 由这些组件组成： | 由这些组件组成： | 由这些组件组成： | 由这些组件组成： | 由这些组件组成： | 由这些组件组成：

若该组件不见了会有何影响？

该组件的作用是什么？

组件与整体有何关系？

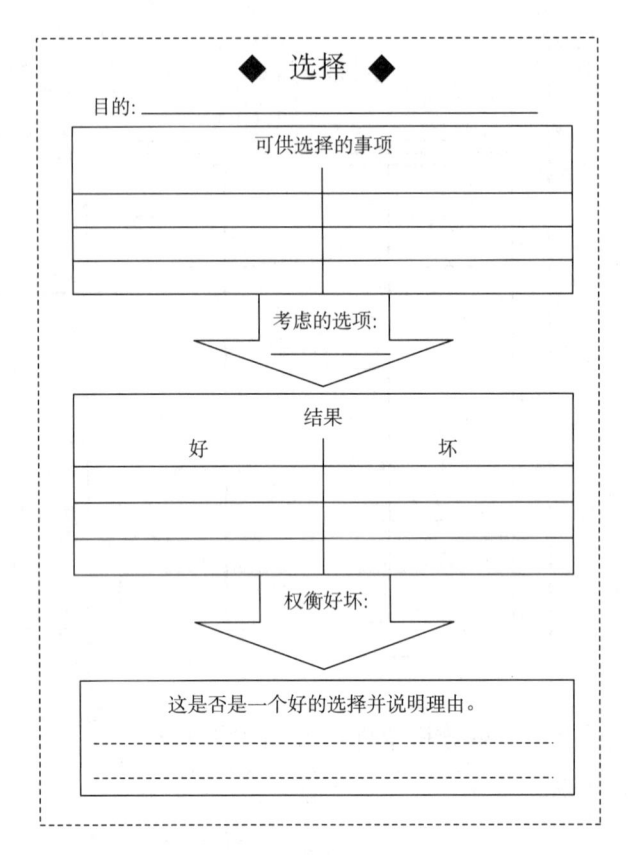

```
┌─────────────────────────────────────┐
│              ◆ 选择 ◆                │
│  目的:_____     │
│   ┌─────────────────────────┐       │
│   │    可供选择的事项        │       │
│   ├───────────┬─────────────┤       │
│   │           │             │       │
│   ├───────────┼─────────────┤       │
│   │           │             │       │
│   ├───────────┼─────────────┤       │
│   │           │             │       │
│   └───────────┴─────────────┘       │
│         考虑的选项:_____           │
│              ▼                      │
│   ┌─────────────────────────┐       │
│   │         结果             │       │
│   │    好    │     坏        │       │
│   ├──────────┼──────────────┤       │
│   │          │              │       │
│   └──────────┴──────────────┘       │
│         权衡好坏:_____            │
│              ▼                      │
│   ┌─────────────────────────┐       │
│   │ 这是否是一个好的选择并说明理由。│
│   │ _____ │   │
│   │ _____ │   │
│   └─────────────────────────┘       │
└─────────────────────────────────────┘
```

图 2-3 小学思维教学——教案设计与范例

(源自《小学思维教学——教案设计与范例》)

例如初中语文《邓稼先》一课,教师采用了思维导图的方法,让学生梳理文章内容和结构(见图2-4)。要求内容全面、重点突出、分支有据、关系清楚。教师认为这个方法有助于学生快速把握文章的行文结构,深入理解课文内容。教师建议的操作过程是：

步骤1:整体把握,梳理全文思路,画出主干框架。

步骤2:在此基础上,明确框架中主干和各分支,以及各分支之间的关系。

步骤3:继续扩展,由主到次,填充出各分支的具体内容。

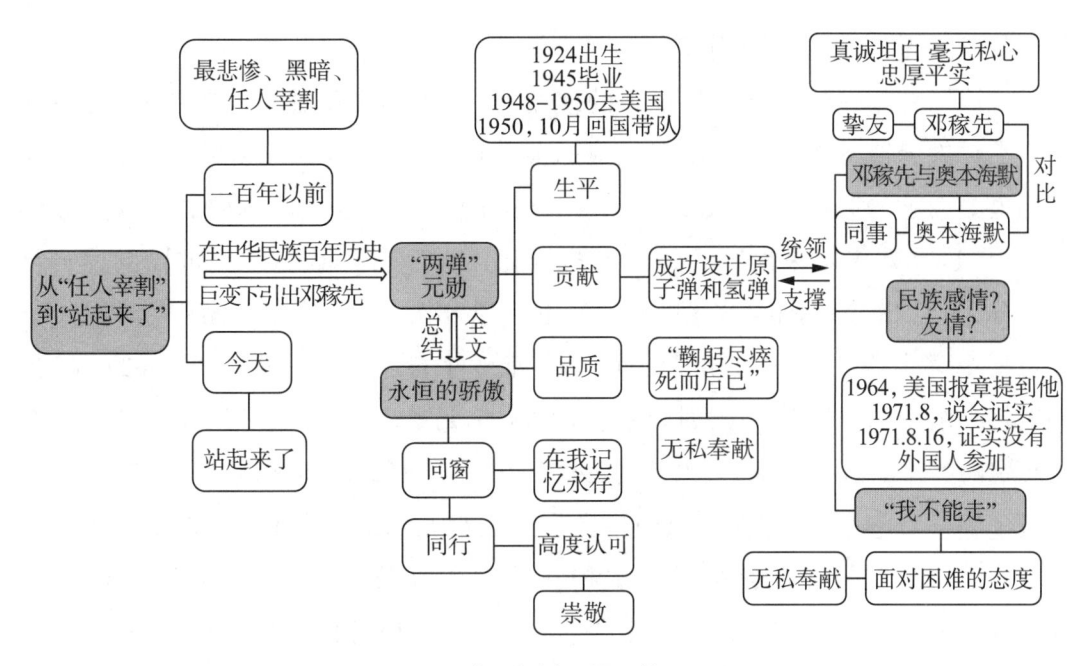

图 2-4 《邓稼先》一课思维导图 1

而另一个班级，教师有了不同的设计，依然采用思维导图，聚焦如何从显性内容读出隐性构思，从事件层层深入到达对人物精神品质的把握(参见图 2-5)。教师通过示范性导图，展示如何从文本中提取关键信息，思考细节背后的含义，激发质疑，总结出人物的思想品质。通过将思考过程和所得进行结构化和可视化，加深理解行文特点和文本蕴含的人物性格与品质。随后，教师提供一些文本案例，要求学生运用所学技能制作自己的思维导图，强化实际操作。

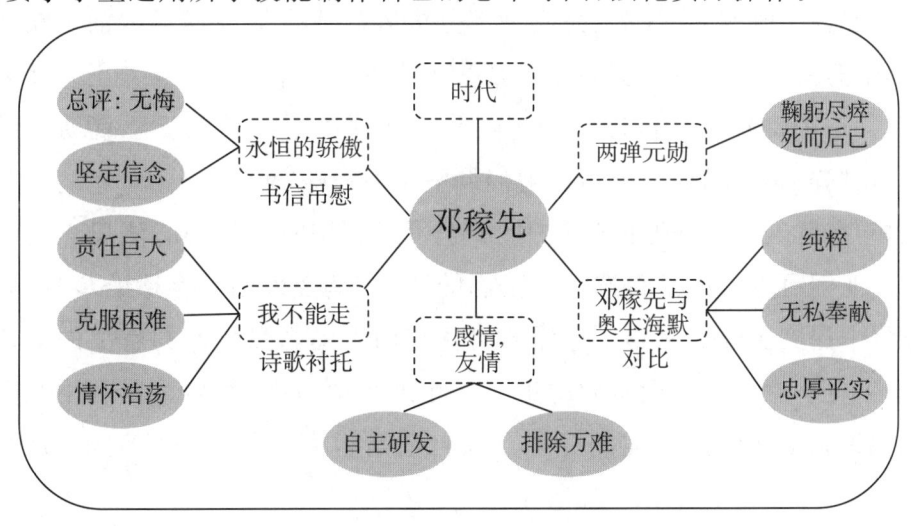

图 2-5 《邓稼先》一课思维导图 2

策略 6：思考—结对—分享

元认知教学在合作学习环境中的应用,可以为学生阐述自己的推断、分享学习感受提供合适的条件。思考—结对—分享(Think-Pair-Share,简称 TPS)最初由马里兰大学的弗兰克·莱曼(Frank Lyman)开发,是一种典型的元认知教学策略。[①] 这种方式使课堂讨论的气氛多样化,围绕具体问题,学生可以阐述自己的见解、相互借鉴、评价,各组的答案还可以相互进行对比。操作步骤如下。(1)思考:教师提出与学习相关的问题,要求学生自己思考一段时间。(2)结对:学生与小组中的一名伙伴配对,讨论他们所学到的知识、解决问题的方案,再统一问题的答案。(3)分享:两对学生以四人一组的形式再次相遇,学生有机会向本组分享自己的作品,并在小组中再次思考;教师根据实际情况可以要求小组向全班分享本组共识。在教室里学生相互结对交流是有效的,有利于形成观点。这种方法为学习者提供了独立工作和与他人协作的机会,并且还有另一个优点,即找到学习者参与的优化方案。

策略 7：一分钟内省法

一分钟内省法是元认知教学中一种简单而有效的策略,可以帮助学生在短时间内思考和反思他们的学习过程。这个方法鼓励学生在完成每个学习阶段后,用一分钟的时间停下来,思考他们的学习状态、策略和目标,从而提高他们的元认知意识和控制能力。一分钟内省法的核心是教师在学生学习过程中引导他们停下来,自主进行短暂但有意义的反思。教师可以在不同的学习阶段设置内省时间,例如在开始学习任务、完成一部分内容后或在解决问题之前。在这一分钟内,学生需要考虑一些关键问题,如"我现在明白了什么?""我采用了什么学习策略?""我是否朝着学习目标迈进?"等等。这种短暂的自我反思有助于激发学生对学习过程的主动思考,并帮助他们调整学习策略。

例如:在解决数学问题的过程中,学生可以利用一分钟内省法思考他们的解题策略。他们可以考虑是否选择了正确的公式,是否采用了合适的步骤,以及在解题过程中遇到了什么困难。这样的内省有助于提高数学问题解决的元认知水平,使学生更有意识地应用有效的策略。在语言学习中,学生可以利用此方法思考词汇积累和语法应用。他们可以自问自己是否掌握了新学的词汇,是否能够

---

① Lyman, F. (1981). "The responsive classroom discussion." In Anderson, A. S. (Ed.), Mainstreaming Digest. College Park, MD: University of Maryland College of Education. 109 - 113.

正确运用语法规则,以及在语言表达中是否存在一些模式或错误。在进行科学实验时,学生可以利用一分钟内省法思考实验的设计和结果。他们可以考虑实验的目的是否清晰,是否选择了适当的实验方法,以及在实验过程中是否观察到了意料之外的现象。此方法有助于提高科学实验的元认知水平,使学生更有意识地进行实验设计和数据分析。最后,需要注意的是一分钟内省法与自我提问法的区别:一分钟内省法主要关注学生对自己学习过程的整体认知,而自我提问法更注重通过提问促使学生深入思考和理解学科内容;一分钟内省法是在特定时刻短时间内进行,而自我提问法是学习过程中的一种主动行为,可以在较长时间内持续进行,并根据学习任务的需要随时进行提问。

策略8:自我监控法

自我监控法是元认知教学过程中不可或缺的助力,它不仅帮助学习者揭示学习上的弱点,更促进学习者注意他们所使用的学习策略是否有效。教师可以示范自我监控及策略选择的方法,教授学生自律的技巧,例如展示自己使用的自我监控的方法、因应情况选用某一种策略的决定过程、如何评鉴实施后的结果及根据所得的结果来修正策略。教师宜鼓励学生进行自我监控,并且要协助学生预测在运用自主学习时可能出现的问题。通过帮助学生发展自我监控的技巧,教师可以将学习历程所负担的责任转还给学生。齐默尔曼和保尔森(Zimmerman& Paulsen,1995)提出发展自我监控能力的四个教学阶段,包括发展基准式、结构式、独立式、自主式的自我监控模式(见表2-8)。[①]

表2-8 四个阶段性的自我监控模式

自我监控模式	内涵
基准式	是指学生搜集有关自己学习困难的起始资料,并制定基准。 ・教师要求学生记录每次阅读的资料及评估阅读理解效能。例如开始及终结时间、阅读页数、阅读地点、环境状况。 ・学生以阅读理解效能的简单量表为基准,并加上自己的评语。 ・定下基准后,学生开始据此制定改进阅读的目标。

---

① Zimmerman, B., & Paulsen, A. S. (1995). Self-monitoring during collegiate studying: An invaluable tool for academic self-regulation. New Directions for Teaching and Learning, 63, 13-27.

(续表)

自我监控模式	内涵
结构式	是指学生依照教师在课程里所提供的监控模式进行自我观察。 • 教师明确界定学习活动的要求,协助学生落实自我监控。例如进行一项了解课文的学习活动时,教师以一系列问题要求学生思考及进行监控。 "我能否提出本章的摘要?" "我能否列出本章的五个重点?" "我能否写一篇短评?" "我能否就本章主题组织一场讨论?" "我所列的重点和教师与其他同学的一致吗?"
独立式	指学生将与课程有关的自我监控模式应用于个人学习。 • 教师尝试在数星期内运用不同的结构式自我监控,引导学生发展出自己的自我监控模式,来面对后续的学习内容。 • 当学生在参照教师提出的规定基础上,规划出一个自己的模式进行学习时,自我监控即达到独立的状态。
自主式	指学生针对其他的学习活动发展出监控模式。 • 教师要求学生制定个人自我监控的协议及行动。例如自发地准备测验、整理笔记和撰写阅读报告等。 • 在最后阶段,学生能够概括与学业表现相关的自我监控原则并转移到新学习领域中。

教师在推动自主学习时,必须能示范不同自主学习的技能,向学生展示自律学习的效能,并且持续为学生的学习进展做记录,预测学生对于自律学习提出的问题,最后将自主学习的历程与课程做统整,并根据自己的教学经验修正教学法。

策略 9:KWHL 策略

KWHL 图表(Know-Wonder-How-Learned)是一种元认知的图表学习工具,由唐娜·奥格尔(Donna Ogle,1986)提出的在阅读过程中的积极思考模式。[①] 这个工具可以帮助学生识别先验知识,确定调查问题、主题,以及总结新获得的知识和技能。"K.W.H.L"四个字母分别代表"我们已知什么"(what we know)、"我们想知道什么"(what we want to know)、"我们如何知道"(how do we find

---

[①] Donna M. Ogle. (1986). K-W-L: A Teaching Model That Develops Active Reading of Expository Text. The Reading Teacher, 39(6), 564 – 570.

out)、"我们已经学到什么"(what we learned)(参见表 2-9)。

表 2-9 KWHL 表格

我们知道什么 (K)	我们想知道什么 (W)	我们如何知道 (H)	我们学到了什么 (L)

这个工具起初用于阅读教学中,后逐渐拓展到各个学科。以下是科学学科的应用例子:

· 我们已经知道了什么?学生会将课题与他们现有的知识建立联系,明确自己的先备知识。有时会产生误解和分歧,引出进一步调查的问题。

· 我们想要或需要知道什么?学生需要确定他们想学习的知识。他们对这个话题有什么好奇?这些陈述可以归纳为在现场有待调查的问题。教师需要指导学生从集思广益的清单中去除不相关的问题。学生提出基本问题,也可能找出分歧之处,以便进一步调查。

· 我们如何找到答案?学生识别资源并制订计划,收集可以回应问题所需的信息。调查过程和使用的工具可以包含在这个步骤中。同时,可以确定主要方法和辅助方法。主要资源可能包括池塘、草原、观察、测量等,辅助资源包括实地指南、互联网、百科全书、访谈以及调查等。

· 我们学到了什么?在本节课中,学生总结他们新获得的知识和技能。这些总结可以回答他们的问题。他们学会的知识通常会促进其他基本问题的提出,以便将来进行探究。

学生列出表格,可以按照问题的引导规划和收集信息,进行学习。KWHL 图表用于识别先备知识,预测出问题,制订计划去探究主题,并自己总结所获得的知识和技能。在学习新主题之前、期间和之后都适合使用 KWHL 图表。填写此表有助于学生提前进入对某一主题的思考,复习先前所学的材料,有助于关注学习方法以获取更多信息,并使学生记录下探究和所学的内容。

例如利用 KWHL 图表学习高一生物学科"细胞呼吸的原理及应用"一节,参见表 2-10。

表 2-10 "细胞呼吸的原理及应用"一节 KWHL 学习表格

我们知道什么 （K）	我们想知道什么 （W）	我们如何知道 （H）	我们学到了什么 （L）
1. 葡萄糖是细胞生命活动所需要的主要能源物质； 2. 人呼吸需要氧气； 3. 线粒体是细胞进行有氧呼吸的主要场所。	1. 葡萄糖如何转化成为能量？ 2. 细胞呼吸是否需要氧？生物在有氧和无氧条件下是否都能进行细胞呼吸？ 3. 线粒体如何参与细胞呼吸？	1. 查阅资料； 2. 做对照实验探究酵母菌细胞呼吸方式； 3. 听教师讲解并做好批注。	1. 细胞通过各种酶的催化作用，把葡萄糖氧化分解，释放能量； 2. 细胞呼吸可分为有氧呼吸和无氧呼吸两种类型； 3. 有氧呼吸的第二阶段在线粒体基质中进行，第三阶段在线粒体内膜上进行，线粒体中的酶起催化作用。

KWHL 图表还可以用作提出假设或研究问题的基础，随着研究的开展，结果得到印证或否决。学生可以自己完成或小组合作。他们写下关于学习主题的已知知识（启动先备知识）。然后，他们写下想要了解的内容（设定目标和计划）。最后，他们在课堂上总结学到的与该主题相关的知识，根据设定的目标进行检查（监控），并将新知识与先前的知识进行比较（更新他们的认知知识）。在整个学习过程中，学生需要进行反思、目标设定和监控。

四、构建促进元认知教学的文化

（一）聚焦学生思维的发展

以学生为中心的学习环境，为反思性课堂奠定了基础。"以学生为中心"的课堂摒弃"唯分数论"和"填鸭式教学"，强调学生知识、思维、能力、素养得到综合提升，使学生获得学习的能力，促进其可持续发展。元认知教学需要考虑到学生的先备知识、技能、态度和信念，每一项学习任务要与学生的发展水平相契合。如果将元认知教学视为在学生主体和学习任务之间架起的一座桥梁，那么以学生为中心的教师将始终注视着桥梁的两端，并探索达到的最佳方式。教师的身份不仅仅是知识的传递者，更是学生掌握学习原理的引路人。

这种教学环境聚焦于有意义的主动知识建构。当教师唤起学生的先备知识,再布置学生完成较为复杂的活动,任务的挑战促使学生积极地理性思考,学生更有可能成为反思型和策略型学习者,并体会出这样学习的好处。学生在这个过程中,不仅能够获得具体的知识和技能,还能获得程序性知识(我将如何做到这一点并获得成功?)以及条件性知识(何时运用这种方法),学会如何学习,促进自身知识结构的完善和思维层次的发展。

（二）达成元认知共识

在课堂上开展元认知教学,先要与学生达成学习的共识。教师有必要向学生介绍元认知概念、元认知对认知系统发挥作用的原理,以及对"学会学习"和终身学习的重要性。有些教师将元认知定义和学习要求制作成海报,贴在教室墙上,这是一种很好的和学生达成学习共识的方法,驱动学生在学习进程中意识到元认知学习的重要性并尽可能地启动元认知程序。

教学过程上,首先要明确学习目标。在学校里,毫无疑问教师会比学生更清楚课程目的和教学目标。教师可以告知学生学习的目标、学习的意义,增强学生对学习的期望。当他们达至高质量学习成果的标准时,他们也会更有动力取得成功。课后教师需要带领学生总结运用了什么学习方法、策略或工具达到了成功,从而鼓励学生发展元认知能力。同时要根据明确的标准进行评估。评估是多元的,可以教师进行形成性评估,及时反馈给学生；可以组织学生进行自评和互评,当学生从事需要元认知思维的活动和项目时,他们需要经常反馈其思维是否有效、对学习是否有帮助。这些评估要聚焦表现出色的基本要素,为学生提供有关其工作的具体信息,推动学生自我导向的学习。

（三）鼓励"修正文化"

元认知意味着教师要将教学主导权让渡给学生,让学生提出疑问、找到方法和进行改进。传统课堂的教师更倾向于直接教授答案,这样虽然可以让学生更快速获得知识,但对于学生发展诸如判断、监控、思辨和评价等自主学习能力帮助不大。在元认知课堂里,教师需要更具耐心,鼓励学生进行学习历程和方法上的"修正";以及投入更多课堂时间,让学生自主学习。因此,元认知教学文化提倡学生主动反思而不是快速给出答案。

"修正文化"需要教师给予明确的引导,例如,教师说:"大家停一停,想一想刚才你采用了什么方法概括文章重点？这个方法是否有效？是否需要更换方法？"直至这样的反思修正内化为学生的自觉行为。教师给予学生机会反思他们的学习非常重要,因为当学生成功和失败时,学生自己通常很难意识到当下在做什么，以及取得得失的原因。比如，如果一个人在篮球比赛中发现自己始终无法投进三分球，但是在罚球线上表现出色，可能是因为他在练习中未能正确调整姿势或力度。如果他没有意识到这一点，将很难提高三分球命中率。通过反思自己的表现，可以意识到问题所在，并采取相应的行动进行改进，如篮球训练中更加专注于姿势训练或者在比赛前加强投篮训练。教师在从事元认知教学时，应要求学生反思自己所知和完成任务的过程，帮助学习者提高对自己学习机制的认识，鼓励学生更深入地了解当下学习，重新访问他们的学习成果。教师需要讲解评价指标和示例，使学生理解需要努力实现的目标，促进学生在学习中承担更多的责任和主人翁精神。

（四）倡导示范与合作

很多元认知教学的开展，是从模仿开始的。如教师需要让学生使用自我提问法、出声思维、思维导图、自我检视的学习，没有示范将很难做到这些。例如教师让学生富有感情地阅读课文，如果没有亲自给学生示范朗读，学生将很难投入感情地朗读。数学学科中，教师训练学生回答题目的元认知思维，示范学生如何在答题过程中，反思题目的条件、答题的步骤、过程的完整和计算的精确。人的认知和思维是缄默的，我们需要运用示范行为将之显性化，进行有针对性的训练，才能提升学生的自我监控能力。

与他人合作在元认知教学中发挥着至关重要的作用。当学生与他人进行互动合作时，他们不仅是在共享信息，更是在进行一种深层次的认知活动。通过合作，学生首先需要明确自己当前的学习方法、持有的观点以及理解的深度，这本身就是一种元认知的体现。在此基础上，他们会进一步去了解和比较其他同学的思路和方法，这种对比有助于他们更全面地认识自己的学习状态，发现自身的不足和改进空间。学生在合作中可以提出这些问题：同伴知道的什么是我的知识盲区？我如何向对方解释清楚我的方法？这些问题引发他们思考自己的学习过程、方法的有效性和知识的掌握程度，同时也让他们有机会从同伴的角度审视自己的学习，从而得到新的启示。

教师需要积极营造合作的文化氛围，鼓励相互支持进行学习的反思。教师可以教给学生必要的合作技能和策略，鼓励学生积极表达自己的想法，同时也要学会倾听和尊重他人的意见。课程可以定期组织小组讨论、头脑风暴等活动，为学生提供开放、互助的交流环境。学生可以自由分享自己的学习方法和经验，相互学习和借鉴，共同提高。在合作结束后，教师可以组织学生进行总结和分享，回顾整个合作过程,思考自己在合作中的表现和不足。这种反思过程有助于学生更深入地了解自己的学习过程和方法,发现需要改进的地方,并采取相应的改进措施。

第三章 元认知评价

本章导语

"如何有效地跟踪和评估学生的元认知发展,甚至量化元认知能力,以便我们能更精准地指导学生,这是我面临的一个难题。我相信,通过评估学生的元认知发展状态,我们可以发现他们学习过程中的优势和不足,从而为他们提供更有针对性的指导和支持。"

——某校张老师

评估是教育的关键部分。教育者需要了解或研究适当的方法,跟踪和评估学生的元认知发展。传统教育中的评估会测量学生记住的信息量,进行评估相对容易;而元认知的评估具有挑战性。首先因为个体的元认知具有复杂的结构。它涉及学生对自己的思维和学习过程的认知,以及对这些认知的调节和控制能力,其中的心理过程和技能的复杂结构增加了评估的难度。其次,元认知并不是直接可以观察到的,评估者需要依赖学生的自我报告或者间接的观察来了解学生的内在元认知状态。此外,区分元认知与其他认知能力并不容易,因为它们之间存在相互影响和交互。这就需要在评估过程中做出区分,确保评估结果能够准确反映学生的元认知发展情况。最后,现有评估工具的重点往往很狭窄,评估内容不够全面,而元认知涉及多个方面,包括自我认知、学习策略的使用和调整、认知监控、评价等,评估工具需要全面覆盖这些方面,达到评估的准确性和全面性。

本章首先介绍元认知评价的基本方式,随后详细阐述元认知评价量表的构建与应用,最后聚焦于文本阅读的元认知评估工具包,为读者提供一套全面的元认知教学评价方法。通过本章的学习,您将能进一步理解元认知评价的方法,认识和运用相关工具开展元认知测量。

一、元认知评价方式

教育者需要采用适合的评估方法,确保全面、准确地了解和跟进学生的元认知发展,为元认知教学提供参考。以下是常用的元认知评价方式。

（一）出声思维

出声思维(think aloud)不但是一种元认知教学法,还适用于元认知的评估,揭示学生对自己思考过程的认知度。出声思维是元认知教学中一种观察学生思考和问题解决过程的方法,通过观察学生在解决问题或进行学习活动时所表达的思想和观点,来评估其元认知能力的发展。在元认知的实证研究中,评估的主要方式是运用出声思维对学生解决问题进行观察。这种方法强调了对学生认知过程的直接观察,以更深入地了解他们的思维策略、意识和反思能力。

首先,出声思维评估能够提供更直观、实时的数据。通过观察学生在解决问题时的口头表达,评估者可以捕捉到学生思考的每一个步骤和转折点。这种实时性的数据对于深入理解学生的认知过程非常有价值,因为它们反映了学生在思考时所经历的复杂思维过程,包括问题的理解、信息的获取、分析和推理等方面。其次,出声思维评估可以揭示学生的元认知策略和问题解决技巧。通过观察学生在解决问题时的言辞和表达方式,评估者可以分析出学生是否能够有效地应用元认知策略,例如目标设定、监控自己的思考过程、调整学习策略等。这有助于发现学生在认知控制和监控方面的强项和弱项,从而更有针对性地进行教学和指导。另外,出声思维评估可以洞察到学生的情感和动机因素,通过学生的语言表达,评估者可以推断出学生对学习任务的态度、自信心和动机水平。这对于设计激发学生元认知发展的教学策略至关重要,因为情感和动机因素在学习过程中起着重要的调节作用。具体步骤包括：

- 评估者事先召开培训会议,解释调查的目的和出声思维方法。说明出声思维有可能造成认知负荷,但学生的活动是高自由化的。
- 学生会事先进行练习,不断熟悉程序。
- 正式开始后,学生在完成特定的认知任务过程中需要进行出声思维。学生要大声说出每一个想法,评估者不进行干涉,对数据也不进行额外处理（如解释或判断等）。
- 学生所有的讲话都通过录音或视频记录下来。
- 评估者对录音进行转录,根据编码方案进行编码并对学生的元认知活动进行评分。

使用基于行为学习理论的这些方法,可以在有限的时间内测量学生的知识。然而,尽管出声思维评估在深入理解学生认知过程方面具有独特的优势,但也存在一些缺陷。例如,对于大样本的调研项目来说,实时观察每个学生的出声思维可能会变得不切实际。同时,向学生询问他们的认知过程,答案可能不是事实,而是他想要告诉评估者的内容。因此,在实际应用中,通常需要结合其他评估方法,以便更全面地了解学生的元认知发展水平。

（二）问卷量表

尽管出声思维较为常用,其在研究环境中是有价值的,但在大规模的教育环境中可行性较低。量表是一种更为常见的大规模测量工具。元认知量表是一种基于行为学习理论的评估方法,通过定量化地测量学生在元认知方面的表现,为评估者提供了客观、可比较的数据。这种方法通常使用评分标准和量表,通过观察学生在特定任务或活动中的元认知技能,对其进行评级和记录。首先,元认知量表在评估中的应用具有标准化和客观性的优势。通过建立明确的评分标准,评估者可以在不同学生之间进行一致的评价,提高评估的可靠性。元认知量表适用于大规模的教育评估,支持教育者更有效地比较和分析学生之间的元认知发展。其次,元认知量表能够测量多个方面的元认知技能。这些量表通常包括对学生的目标设定、计划与组织、监控与调整、问题解决等方面的评估。通过综合考察这些元认知维度,评估者能够全面了解学生的认知能力,有助于针对性地制定教学策略,促进学生的元认知发展。另外,元认知量表的使用还可以跟踪学生的进展,通过在一段时间内多次应用元认知量表,教育者可以观察学生的元认知发展趋势,识别出他们在认知控制、问题解决等方面的进步或困难。这种长期的观察有助于调整教学方法,为学生提供更有针对性的教学。

然而,元认知量表也有一些局限,例如,它可能无法全面涵盖个体学生的独特元认知特征,而且在评估中仍可能受到主观因素的影响。因此,结合其他评估方法,如观察、面试和学生自我报告等,可以更全面地了解学生的元认知发展。

（三）学习档案袋

上述评估方法不足以识别学生的高级思维能力,或提供有关学生如何使用知识以及如何解决问题的完整信息。将档案袋纳入学习和评估是近年来元认知评估的新方法。档案袋是一个或多个学生作品的目标导向的集合,记录了他们的努力、发展和成功。同样,电子产品档案(e-portfolio)是电子形式的学生原始产品的数字集合环境。电子档案袋使学生能够以各种媒体类型(例如视频、音频、文本和图像)制作他们的作品集,并由于其基于 Web 的格式而与任何地方共享。出于评估目的,可能会以不同方式使用电子作品集。例如,学生需要经历多个阶段,如收集、选择、反思、归纳和展示。

在收集和选择阶段,学生将有机会将其先前的知识与他们的新知识联系起来。在反思阶段,学生将内容概念化,并意识到自己的资格。在归纳阶段,学生可以比较成功地确定标准和指标。最后,该演示文稿是以学生为中心的活动,可以使用不同的多媒体系统和设备展示,学生也可以在技术领域发展自己。电子档案夹上的任务周期(一个关于他们自己和同伴的教学计划的接收和反馈的周期,然后是教学实践的录像)改善了职前教师的元认知意识。使用电子作品集设计,不仅是为了营造一个学生可以表达意见的环境,而且还使他们有机会多次观看自己的录音,反思自己的表现,并让教师重新获得他们的意见,相应地组织他们的学习。视频档案袋是一种广泛使用的评估方法,目的是提高教育质量,调查、观察或为学生的发展提供证据。可以显示许多交互,尤其是使用高级视频录制技术时。录制的视频可用作发展学习和教学的形成性评估方法,以及确定学生的水平、分数并衡量其学术成就的总结性评估方法。

(四)反思清单

反思清单是一种评价学生元认知的方法,通过让学生回答一系列深层次的问题,促使他们对元认知学习进行全面而有意义的反思。这种方法旨在引导学生自主思考、梳理学习体会,可以供教师在规划、监控和评估框架的基础上提高对教学的认识。具体操作包括:1.设计问题——教师为学生准备一系列开放性的问题,这些问题涵盖了课程中的关键知识点、学科内容与实际应用的联系,以及知识的持续价值等方面。2.分发反思清单——在课程结束或学习阶段的关键节点,教师将反思清单分发给学生。可以是纸质的问卷,也可以是在线平台上的问题集。3.学生自主回答——学生独立回答每个问题,强调自主思考。这个过程需要花费一定时间,确保学生能够深入思考和反思。4.收集与分析——教师收集学生的反思清单,并可以选择性地提供反馈。这不仅有助于教师了解学生的学习状态,也为学生提供了指导和建议。以下是反思清单的问题示例。

- 关于这个话题,我已经知道了什么?
- 这门课的内容与我的职业目标有什么关系?
- 这节课所学在今后五年还能发挥作用吗?
- 我学习这个知识点的方法和上一个有什么不同?为什么?

- 有什么证据证明我学到了这节课的知识要点？

(五) 自我诊断分析图

自我诊断分析图是学生评价自己元认知水平的一种方法，学生在学习阶段结束后进行创造性的作图分析，深入反思自己的学习过程。这种方法可以帮助学生从多个角度审视自己的学习情况，包括分析知识掌握的程度、反思学习方法的有效性、解析问题产生的原因、制定下一步努力的方向以及激励自己继续前进等。自我诊断分析图就是对自己学习过程的评估，包括以下主动反思的内容：学习习惯、内容掌握情况、知识盲点，并给出提升策略、自我激励。学生首先将自己的学习情况或答题结果进行分析和整理，并将学习的不同方面以图表方式展现出来，比如得失处可以用不同颜色或形状的标记来表示，学习方法和问题原因可以用箭头、文字或图示来说明，同时也可以提出下一步的努力方向和自我激励的思考，并用符号或文字体现在分析图中。

教师会查阅学生制作的诊断分析图，了解其元认知反思的针对性、全面性、深度和方案的可行性。这种方法的优势在于，将"无声的反省过程"图表化，学生可以系统地审视自己的学习过程，并在这个过程中培养自我反思和自我管理的能力，更直观地了解自己的认知状态，发现学习中的优势和不足。同时，自我诊断分析图也可以帮助学生更有针对性地制订下一步的学习计划，增强学习动力，提高学习效果。这也有助于教师准确掌握学生对于自己学习的认知程度，培养他们对学习的自我认知能力，并及时给予监督和建议。

图 3-1 是某中学学生制作的自我诊断分析图。

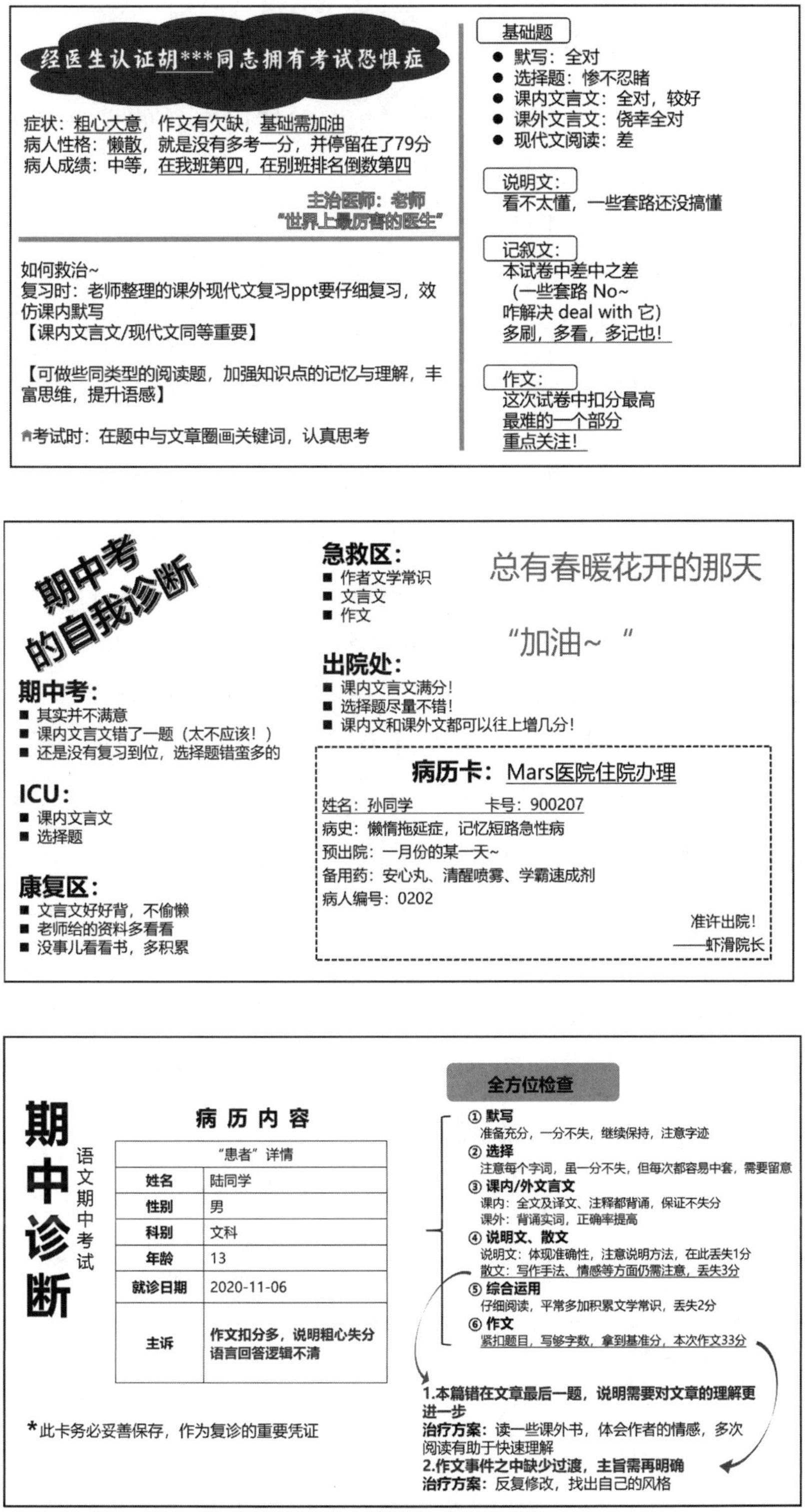

图 3-1 学生制作的自我诊断分析图

二、元认知评价量表

元认知领域研究的基本问题之一就是开发和使用有效的量表来衡量元认知能力。下面将介绍三种典型的元认知评价量表。

（一）元认知意识量表（MAI）

元认知意识量表（MAI）是由施劳和丹尼森开发的一份自我报告问卷，通常用于个人的元认知测量（Schraw & Dennison,1994）。[①] MAI量表在沿用元认知分为认知知识和认知调节的基本框架基础上，还加入了解决问题和信息管理方面的变量。因此，MAI量表确定了八项指标，分别是：1. 认知知识的子分类的三个指标——陈述性知识（自我和策略）、程序性知识（策略知识）和条件性知识（何时和为什么使用策略）；2. 认知调节的子分类的五个指标——计划（目标设置）、信息管理策略（组织）、理解监控（评估学习和策略）、排除问题策略（策略纠正错误）和评价（分析策略的有效性）。每个指标都经过定量分析的检验，属于因子分析方法提取出的相关度较高的共同因子。其中每一个指标对应四个题目，总共32个题目。MAI问卷采用李克特四级量表，每一道题目的选项分为：非常不同意、不同意、同意和非常同意。具体参见表3-1、3-2。

表3-1 认知知识的三个指标

描述性知识	描述性知识
• 关于是什么 what 的知识；学生需要的实际的知识； • 关于技能、智力资源、能力的知识； • 学生可以通过演示、讨论而获得的知识。 程序性知识 • 关于如何 how 执行学习的过程/策略的知识； • 运用知识去完成一项任务； • 可以通过发现、合作、问题解决等方法获得知识。 条件性知识 • 关于何时 when，为什么 why 的知识； • 在某种特殊环境下，学习过程和技能可以进行转化； • 在某种条件下运用描述性、程序性知识。	1. 我了解自己学习上的强项和弱项。 2. 我知道哪些信息对于我的学习是重要的。 3. 我很擅长记忆学习信息。 4. 当我对一个学习内容和学习主题感兴趣的时候，我会学得更好。

[①] Schraw, G. & Dennison, R. S. (1994). Assessing metacognitive awareness. Contemporary Educational Psychology, 19, 460-475.

(续表)

程序性知识	条件性知识
1. 我会试着使用以前在学习中用过的学习方法。	1. 当我对一个学习主题有所了解时,我会学得最好。
2. 我会有目的地使用每一种学习方法。	2. 我会根据学习情况使用不同的学习策略和方法。
3. 当我学习时我能意识到我正在使用什么学习方法。	3. 当我需要的时候,我会激励自己去学习。
4. 我发现我自己会自动地使用有用的学习策略或方法。	4. 我知道我所使用的每一项学习策略和方法什么时候是最有效的。

表 3-2 认知监控的五个指标

计划	计划	信息管理策略
・制订学习计划,设定具体目标,配置学习资源。 信息管理策略 ・有效使用信息的技能和策略(如组织、具体阐述、总结概括、聚焦的问题)。 理解监控 ・评价学习策略的使用情况。 排除问题的策略 ・这些策略包括纠正理解和学习过程中出现的错误。 评价 ・阶段性地分析学习行为和学习策略的有效性。	1. 当我开始一项学习任务之前,我会设定一些具体的目标。	1. 我会特别关注一些重要的学习信息或资料。
	2. 在我开始学习之前,我会问自己对教材不懂的问题。	2. 当我学习的时候我会画结构关系图和思维导图来帮助自己理解。
	3. 我开始一项学习任务之前,我会仔细地阅读教学内容。	3. 我会问我自己,新学的内容是否和我以前会的内容有关联。
	4. 为了最好地完成我的学习目标,我合理安排自己的时间。	4. 我会尝试着把一个大的学习任务分成一个个小的步骤去完成。
理解监控	排除问题策略	评价
1. 我会定期问自己我是否达到了自己的学习目标。	1. 当我听不懂教师讲的内容时,我会去向别人寻求帮助。	1. 我会结束一次考试我知道自己考得怎样。
2. 当我解决问题/完成题目时,我会问我自己是否已经设想到了全部情况。	2. 当我不理解一个问题的时候,我会改变我的学习方法或策略。	2. 当我完成一项学习任务和作业时我会总结一下我学到了什么。

(续表)

理解监控	排除问题策略	评价
3. 当我学习的时候我会去分析判断学习方法的有效性。	3. 当我对一些新的学习信息/内容不清楚时,我会停下来多看几遍。	3. 当我完成一项学习任务时,我会问自己目标完成得如何。
4. 我发现我自己会定期停下来去检查我的理解。	4. 当我困惑的时候,我会停下来重新读(题目、课文等)。	4. 在我解决了一项学习问题后我会问自己是否已经设想到了所有的可能性。

(二) 独立学习意识量表(AILI)

独立学习意识量表(Awareness of Independent Learning Inventory,简称AILI)是为高等教育而构建衡量学生的元认知技能的工具,旨在深入了解教育干预对学生元认知能力的影响。[①] AILI量表是基于弗拉维尔(Flavell,1979)的三成分元认知模型,该模型将元认知分解为元认知知识、元认知调节和元认知反应(见表3-3)。元认知反应(metacognitive responsiveness)是关于在完成任务过程中产生的有意识的认知或情感体验。元认知体验可以影响元认知调节,例如,关于一个人的认知功能的想法和感受可能会导致学习策略的改变或目标的重建。反思过程可以起源于对自己的信念和感受的敏感性,对一个人的能力和策略使用的反馈保持敏感,会对任务的执行产生影响。

表3-3 独立学习意识量表指标解读

指标＼主题	学习目标	情感兴趣	协作学习	深度理解	有序/系统方法
元认知知识					
关于学生自身					
关于学习策略					
关于学习任务					

---

① Sleegers, Peter & Elshout-Mohr, & Daalen-Kapteijns, Van & Meeus, Wil & Tempelaar, Dirk. (2013). The development of a questionnaire on metacognition for students in higher education. Educational Research. 55. 31-52.

(续表)

指标 \ 主题	学习目标	情感兴趣	协作学习	深度理解	有序/系统方法
元认知技能					
在学习过程中定位自己的位置					
监控自己在学习中的执行情况					
对自己在学习中表现的评估					
元认知反应					
对元认知体验的敏感性（学习过程中的内部反馈）					
对自己认知功能的外部反馈的敏感性					
对自身认知功能和发展的好奇心					

其一，关于元认知知识，这些子成分是基于弗拉维尔所确定的知识类型：关于个体、策略和学习任务。其二，关于元认知技能，这些子成分对应于一个学习阶段的三个连续阶段：准备阶段、执行阶段和结束阶段。其三，关于元认知反应，其分类再次基于弗拉维尔的观点：对内部反馈的敏感性，对外部反馈的敏感性和好奇心。除了特定的元认知指标和子指标，每个指标再与五个内容领域结合：学习目标、情感兴趣、协作学习、深度理解和有序/系统方法。问卷采用李克特7级量表的评级系统，"1"表示"完全不正确"，"4"表示"中性，不知道"，"7"表示"完全正确"。AILI量表内容参见下表。

表3-4 独立学习意识量表(AILI)

独立学习意识量表

声明:有些陈述是关于您对学生的看法,有些是关于您自己作为学生的看法。对于这两种类型的语句,您都应该指出该语句对您是否适用的程度。不要遗漏任何问题,并尽量避免答案是中立的/不知道的答案。许多说法的措辞都是否定的。这使得你在填写中有些困难,但我们的研究性质使这是必要的。

1. 我知道学习者需要系统地完成哪些作业。
2. 我认为在学习时,学习者有必要有意识地系统地工作。
3. 当我阅读时,我不太注意内容是否生动鲜活。
4. 我认为让学习者深度参与到学习之中并不重要。
5. 我无视指导教师对我的工作方法的反馈。
6. 在完成一项任务时,我要注意我是否在执行它的所有部分(要求)。
7. 在做作业时,我记录了我的学习目标。
8. 当我完成任务时,我不会检查自己是否足够系统。
9. 我从来没有觉得有一项任务突然开始引起我的兴趣。
10. 在学习时我从来没有遇到这种情况:突然感觉我开始有洞察力了。
11. 我认为在学习者学习时,没必要有意识地努力去获得洞察力。
12. 我不知道如何让学习者制定他们自己的学习成果。
13. 当学生们发现很难深入了解要学习的材料时,我知道解决这个问题的方法。
14. 当我和别人一起完成一项任务时,有时我会突然感觉到我从他们那里学到了很多东西。
15. 如果我发现一项作业毫无意义,我会试着找出为什么这样。
16. 我认为确定与任务相关的个人目标是很重要的。
17. 当我和别人一起完成一项任务时,我不会考虑这种合作是否对我有用。
18. 我有时会突然觉得我的工作方法不适合这个作业。
19. 有时在做一项任务时,我突然能意识到我从中学到了一些有价值的东西。
20. 当我学习信息时,我并不太注意我对它的理解程度。
21. 当学生合作被证明没有成效时,我不知道还有什么办法来解决这个问题。
22. 当我从开始写一个文本时,我首先问自己,我需要做些什么来透彻研究文本。
23. 我不知道一篇要学习的课文是否会对学生有吸引力。
24. 当我和别人一起工作时,我经常会思考我从他们身上学到了什么。
25. 在我开始做一项任务之前,我并不太清楚我想从中学到什么。
26. 我认为对自己学习目标的反馈是不必要的。
27. 对于一篇文章我看不出学生们需要花多少努力才能理解它。
28. 我认为不需要和其他人谈论为了学习而共同合作的有效性。
29. 当我完成一项任务时,我不考虑这个任务是否对我有用。
30. 我认为学生们在学习的过程中互相学习是很重要的。
31. 在研究项目时,如果我的参与被质疑,我会考虑这个问题。
32. 我知道很多方法来促进学生们对于学习内容的参与性。
33. 在一项任务开始之前,我不会问自己:我是否会从合作工作中学到更多。
34. 我感兴趣的是为什么我有时会从与他人的合作中学的东西很少。

(续表)

> 35. 我对此不感兴趣:为什么我对一些学习文本感到厌恶。
> 36. 如果我不能对作业内容做出结构分析,我会试着思考原因。
> 37. 当学生没有系统地工作时,我不知道有什么方法来解决这个问题。
> 38. 如果我发现难以理解信息,我不会试图找到一个更深层次的原因。
> 39. 我发现和别人谈谈如何理解文本是很有帮助的。
> 40. 我能判断出一个作业是否符合学生的学习目标。
> 41. 当我完成了对信息的学习后,我会自己检查学习过程是否具备相当深度。
> 42. 当我学习了必修的材料时,我问自己它是否引起了我的兴趣。
> 43. 当我必须学习信息时,我试着找出它有什么有趣的地方。
> 44. 在我开始一项作业之前,我不会考虑我将如何结构化地完成它。
> 45. 我知道哪些作业适合学生们一起工作进行学习。

三、文本阅读的元认知评估工具包

文本阅读中元认知评估涉及学生对文本观点的理解、内容把握和信息记忆等认知过程的了解程度,以及对这些过程的控制能力。通过评估可以及时了解学生在阅读中的推测、反思、理解、想象和文本关联等能力,这些测试都体现着元认知。接下来我们将介绍布洛克(Block,2005)的阅读元认知评价工具包。[①]

元认知评估 1:"我们需要填写什么"测试

这个测试意在让学生启动元认知来解决文本中出现的不一致的情况。在测试中,学生要补充出特定段落中需要"修复"的内容,使信息连贯、有意义。通过测试,教师可以发现哪些类型的信息(文字或推理)没有被个别学生进行元认知处理。

这项测试难度逐渐增大,从幼儿园到小学三年级,从文章只有一个空白方框开始,再到高年级一张具有八个编号框的答题纸。在低年级学生测试中,每一页都有一处缺失的内容。学生需要经过推断,在每个空白方框中写一个句子或画一张图,补充文章中没有读到的观点。第二页依然有方框覆盖的空白内容,学生需要启动元认知过程推断出信息,依此类推。这个测试让孩子们知道为了使文本完整,在特定的段落中需要"修正"什么。这些方框也可以用来评估学生整合文字和推理理解过程的能力。

---

① Block, C. C. (2005). What are metacognitive assessments? In Srael, S. E., Metacognition in Literacy Learning, Lawrence Erlbaum Associates. 83-100.

对于年龄较大的学生来说,这项测试变成了默读测试,他们阅读一段文本,教师将带有编号的便利贴盖在一些重要句子上。学生阅读时,在每个便利贴处停下来,并在相应编号的框中写下可能出现在该位置的句子,使文意连贯起来。

"我们需要填写什么?"测试也可以口头和单独进行。学生可以到教师办公桌前阅读一段文章,类似于:"一个稻草人是由人类扎出来的。稻草人永远被绑在一根杆子上。他根本不允许转头。他必须整天站在雨中而不带伞。当冬天来临时,没有人借给他一件外套,但是稻草人的生活完全是他自己的。"(Ryland,1998)[①]当学生读完后,他们会复述所读的内容。然后,教师问:"我们需要填写什么,才能使这个故事更完整,方便其他人阅读?"当孩子们阅读并讲述需要添加哪些内容以使其他人更容易理解文本时,他们会反思"是否/如何理解文本"。教师可以为每个测试保留一个单独记录,一年内进行四次评估。教师可以据此确定接下来的教学方向;在下周,教师可以根据测试结果将学生分组,教授文本内容(参见表3-5)。

表3-5　我们需要在元认知教学计划中填写什么?

阅读思维	组1	组2	组3	组4
1. 没有认识到他们没有理解	**同学 **同学			
2. 没有建立段落之间的联系				
3. 没有找到主旨		**同学		
4. 不能回忆顺序				
5. 没有推断				
6. 不能做出总结				**同学
7. 没有想到				

---

① Ryland, C. (1998). Scarecrow. New York: Scholastic Inc. 96-113.

(续表)

阅读思维	组1	组2	组3	组4
8. 直到文本结束，没有确定作者的写作模式			＊＊同学 ＊＊同学	
9. 不能得出结论				

这种测试形式可以进行多种方式的改良。例如一年级教师可以给出一张完整的纸，纸张前面是故事内容，学生们要在后面写下他们推断本书结论的理解过程（并画出理解性的图画），最后画出他们认为书中最后一张图画的样子。二年级教师可以要求学生仅使用文本框来填写文本标记部分所需的图片和/或文本，使文本拼接连贯起来；学生们要在页面的下半部分写下作者在故事中传达的寓意，这可以作为单元测试之一。

元认知评估2:"问题是什么"测试

为了进行评估，教师可以创建两篇文章，让学生大声朗读。在每一篇文章中，教师用"XXX"代替一个单词（使用与"XXX"所代表的缺失单词中的字母数量相同的"X"），选择的词是一个可以被视觉化的词。教师继续在句子中做这样的替换，所以一个句子会保持完整，但它后面会有"XXX"取代原单词，要删除的词是生动的动词和名词。

例如，如果教师要使用某文章中的句子，可以将句子中的带下划线的单词重写为"XXX"单词："我每天经过鞋匠那里，看到他正在制作鞋。我停下来，看着他把皮革切成小曲线，拉针，把线（'线'是替代的词）拉紧。"之所以选择"线"进行补充，是因为如果学生在阅读时进行想象，"线"的视觉形象必须出现在他们的脑海中。学生可以根据提供的上下文线索，对文本和图像进行元认知处理，他们会意识到，"线"是唯一可能出现在那个位置的单词。因此，如果学生在阅读这篇文章时没有意识到"XXX"代表什么，那么教师可以推断出这些学生需要指导，帮助他们在阅读时进行元认知处理。

这种评估不仅应用于个别语句，还可使用于一页以上的文本。应从20个句子中至少删除10个单词，这样的长度使学生有多次机会锻炼想象能力。但是，如果学生前三个单词都不会，那么教师可以停止测试。这些学生即使继续学习，也无法达到80%的熟练程度。

教师可以创建一个"问题是什么"测试。教师从同一文本中选择 10 段,再删除一个蕴含关键细节的句子。(1)第一组 10 个段落:学生阅读前不进行任何提示,待阅读这些段落之后,问他们是否注意到文本中有什么不合理的地方。看看学生能否发现删除句子的地方。(2)在第二组 10 个段落中,教师提前告诉学生每个段落都会有错误。教师指导学生在适当停顿下来阅读,并提问是否发现了不合理的内容。

根据奥克希尔和尤伊尔(Oakhill & Yuill,1999)的研究,[①]熟练的元认知读者比不熟练的理解者多 67% 的人会对问题发表评论;熟练和不熟练的读者在被提前告知时发现文本中的问题的能力是一样的。如果学生在两次测试中都发现了所有的错误,那么他们就能够独立地将其元理解过程融入可读性文本中。如果他们在第二组段落的得分高于第一组段落,那么分数的差异表明,学生可能知道他们在阅读时正在进行元认知思维,但无法启动这些过程。同样,如果一个学生在一组或二组段落中仅发现几个问题,还有一些未发现,这表明该学生将从额外的元认知、个性化教师支架教学中受益。

元认知评估 3:"你读完文章了吗"测试

解读文本是学生从作者写作风格中推断出线索意义的元认知能力。解读文本包括识别文本的组织形式、重点强调的方法、推断的含义,以及与作者思路的节奏和深度保持一致的元认知。学生阅读能力和识别文字信息的能力之间存在着重要的相互作用。不熟练的元认知读者比熟练者更容易受到不一致信息的干扰。

"你读完文章了吗"测试是作为元认知评估而创建的,考查学生是否阅读文本并注意到几个句子分隔得不一致的地方。教师首先对一篇文章进行处理,每隔一页插入一个没有意义的句子。然后,让学生阅读并判断这篇文章的意思。这个测试可以口头进行,过程中教师可以请学生停下来,问他们是否注意到特定页面上的文本特征(例如作者的副标题、人物的对话或描述性段落)。元认知阅读者会在他们的描述语句中回答出一些指标,表明他们在读懂文义的过程中,使用了教师突出显示的信息来预测,或者在信息之间建立联系。

当作为书面评估进行时,这种元认知测试可以作为自我评估或教师指导的

---

① Oakhill, J., & Yuill, N. (1999). Higher order factors in comprehension disability: Processes andremediation, In C. Cornoldi & J. Oakhill (Eds.), Reading comprehension difficulties: Processes and intervention. Lawrence Erlbaum Associates Publishers.69 - 92.

评估。教师提前准备一篇文章,请学生推断文章的含义。测试时,发给学生一张学习单,上面列出了文本的阅读要点(如设定目标、图像化、识别要点等)(参见表3-6)。如果笔试要成为一种自我评估,那么学生需要对他们关注这些特征时是否需要教师提示打分,或者学生可以写下他们看到这些特征时的想法。

表3-6 "你读完文章了吗"测试评估表

姓名:＿＿＿＿＿ 年级＿＿＿＿＿ 日期:＿＿＿＿＿				
在下面的方框中选择数字表示你的元认知行为。				
通过文本指导自己	总是不需要教师提示		有时		没有教师提示就做不到
	5	4	3	2	1
1. 设定目标					
2. 做出预测					
3. 看文本结尾					
4. 发现总结					
5. 得出结论					
6. 自我提问					
7. 识别要点					
8. 图像化					
9. 回忆并将信息应用到生活中					
(你完成了文本元认知测试)					

如果测试是由教师指导,让学生默读一页,在某处停下来,教师问学生在阅读文本线索时是怎么想的。如果学生正在对文本进行元认知处理,就写下他们的答案并继续阅读。如果学生没有对文本进行元认知处理,可以停止阅读并进行出声思维,这可以提示在这处(以及在以后的文章中的类似地方)应该进行的

元认知思维,来获得文章更完整的意义。

元认知评估 4:"思考到底"总结测试

学生在学会了综合细节、段落和结尾的信息之后,进入得出结论的阶段,可以进行"思考到底"总结测试。学生要阅读一段文字,教师问他们如何进行推断或想象。当学生描述思考过程时,无论他们是把多个事实联系在一起、把自己代入文本中,还是把新信息整合到阅读的故事中,他们的回答都提供了线索,教师告诉学生在阅读大量信息时可以做什么元认知,以及教学生如何进行自我总结和得出结论。

图 3-2 是"思考到底"元认知总结测试的模型,在这个测试中,学生将每个问题的答案写下来,当答案不正确时,教师进行指导。对于低龄学生,不要问他们在想什么,而是让他们通过阅读游戏学习。教师也可以通过让低龄学生画出文章的结尾,来评估他们的总结性元认知过程。当孩子们画画时,教师可以推断出他们在想什么,并评估他们总结性思想的质量。

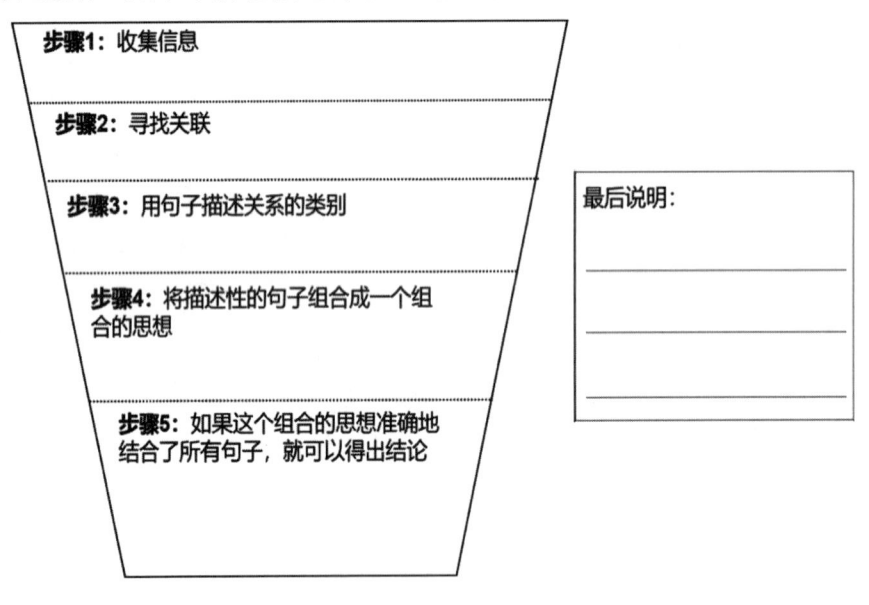

步骤1: 收集信息

步骤2: 寻找关联

步骤3: 用句子描述关系的类别

步骤4: 将描述性的句子组合成一个组合的思想

步骤5: 如果这个组合的思想准确地结合了所有句子,就可以得出结论

最后说明:

图 3-2 "思考到底"元认知总结测试的模型

元认知评估 5:"在较难的书中你无法思考什么?"测试

对于小学高年级及以上的学生,元认知可以通过发给学生两本书来评估。一本书符合他们的年级水平,另一本书的主题不同,高于他们的年级水平。两本书都应该由学生选择,确保在两种测试情况下情感领域是平等的。接下来,学生们从每本书中连续阅读两页。然后,教师询问他们在阅读不同的书时在想什么,

询问他们在阅读较难的书时无法理解的地方是什么,而在阅读较容易的书时却能理解的原因。最后,询问他们在阅读较容易的书时想到了什么,以及他们想要学习的其他阅读技巧或思考能力是什么,以便将来阅读较难的书目时理解会更容易。

教师可能会得到这样的回答:"我想记住更多的细节""我想更多地思考作者的写作目的,我听不懂他们在说什么",或者"我想学习如何找到有趣的想法。我想更好地总结我读过的东西"。这种评估是基于这样一个原则:学生们可以自己决定如何成为更好的理解者。

元认知评估 6:学生自选自我评估

这种元认知评价使学生能够衡量自己的理解和元认知。学生也可以选择自己最喜欢的元认知自我评估方式。可以采用一份清单,第一部分是:上面列出一周所教的内容,学生根据实际情况给自己打 5 分、4 分、3 分、2 分或 1 分,推进学生对每个过程理解程度的评估。第二部分:用一篇文章测试,让学生依据课文的阅读标准给自己的阅读打分,并描述接下来想学什么。这样的元认知自我评估可以增加学生在阅读时进行元认知思考的动机。为了提高效率,学生每 6 周(在学年开始时)使用一份元认知自我评估表。在下半年,它们的使用频率不应超过每 3 周一次。学生将这些自我评估储存在他们的学习档案袋或阅读文件夹中,并在课上或课下与教师一对一分享。

元认知评估 7:颜色编码元理解过程组合

在此评估中,首先确定评估某项元认知理解的过程;接着学生完成测试,如果他们正确启用了这个元认知过程,就用特定的彩色条标识出来;最后再将这页阅读材料放到相同颜色编码的文件夹中。例如,当学生想要记录阅读时自动概括了文意,他们使用黄色荧光笔标记;当他们自动概括了文意,在顶部标记一条黄色条带,打印出来存储在文件夹中或电脑文档中。所有带有黄色突出显示的纸张都存放在一起,或者将这些纸张放在黄色文件夹中。教师也可以进行操作。教授另一个过程时,教师可以用不同的颜色标识学生练习的试卷;当学生独立启动其他元认知过程(例如想象、推理或得出结论)时,教师也可以用不同颜色的荧光笔标做出标记。

然后,当教师评估学生独立识别思想的能力(或任何其他元认知能力)时,可以参考对应的文件夹,让学生描述如何找到段落的主要思想。颜色编码文件夹的好处是,学生可以快速学习元认知过程,因为颜色可以作为参考工具。此外,这种评价可以让学生使用他们知道自己已经掌握了特定元认知过程的文章来进行评估。这样做可以增加他们的成就感、自我效能感和选择阅读对象的能力。此外，颜色编码的元认知评估使学生能够设定更高的期望，而不是通过如多项选择测试等其他形式的纸笔评估。

第四章 比较视阈下的元认知教学

本章导语

我常常会寻找各种机会去听其他老师的课。不同的老师有不同的风格,有些老师擅长以情动人,有些老师倾向理性分析。而即便是一样的课程,老师采用的方法也不一样。我会进行比较和分析,给自己的元认知教学带来启发。

——某校李老师

在元认知教学中,教师不再仅仅是知识的传递者,更是学习的引导者和促进者。教师通过采用教学策略、设计教学活动,帮助学生认识到自身的学习特点和优势,掌握和改进学习策略,学会如何学习。不同的教育工作者实施元认知教学会有不同,不同文化、教育环境以及不同的教育对象都可能影响元认知教学的实施。

本章从比较的视阈出发,探讨不同教学环境、教师类型、学生情况等因素差别下,元认知教学实施的特点与差异。首先,我们将探讨职初教师和经验型教师在实施元认知教学时的不同方法和策略,以及这些差异对学生元认知发展的影响。接着,我们将比较上海和香港两个城市在元认知教学策略上的差异,分析这些差异背后的原因和影响。最后,我们将关注学习困难学生这一特殊群体,探讨如何通过元认知教学帮助他们提升学习。

一、职初教师和经验型教师元认知教学的比较

在实际教学中,不同发展阶段的教师对元认知教学策略的运用情况不尽相同。有些教师注重培养学生的元认知能力,相关策略运用得多。提升学生的自主学习能力需要教师着意进行设计并使用元认知教学策略。本节将通过案例研究法,比较职初教师和经验型教师在元认知教学策略运用方面的异同。本节以上海市浦东新区四所学校的四名初中语文教师为研究对象,通过课堂观察和半结构性访谈探究教师运用元认知教学策略的情况和他们的设计意图。四名教师是六—七年级的语文教师,教师 A 和 B 是经验型教师,教师 C 和 D 是职初教师,表 4 - 1 统计了案例教师的基本信息。研究人员对每一位教师分别进行了三次听课,教师上课内容均为阅读教学。

表 4 - 1 中文教师信息表

教师	教龄	职称	学段/性别
A	12	中教一级	初中/女
B	10	中教一级	初中/女
C	2	中教初级	初中/女
D	1	中教初级	初中/女

(一)职初教师和经验型教师对元认知教学策略的运用

1. 合作学习中的思考—交流—分享

在观课中,经验型教师运用了思考—交流—分享的方法;职初教师运用的是传统的小组合作法。思考—交流—分享是一种元认知教学策略,传统小组合作侧重组员的分工与协作来完成共同的任务;而思考—交流—分享的小组合作策略着眼于学生独立回顾自己对文章的理解,再和其他同学进行交流,相互评价,重新组织理解,以形成新的认识。经验型教师 A 在《猫》一课中,请学生们小组合作讨论:是什么原因加剧了第三只猫的悲惨程度? 教师在黑板上写下了"思考—交流—分享"这三个步骤:

• 独立思考、主动翻阅课本、圈画与记录;

· 按照顺序说看法,并提出文本依据,依据分布较广;

· 有补充说明,有提炼观点。

教师 A 提醒学生们在追溯原因时,注意文章前后内容的联系,组员间要进行相互聆听与纠正,并形成连贯性回答。观察员所观察的小组学生尽管看起来有些腼腆,但他们都能参与活动,最后竟自觉运用了出声思维的方法默契地进行了组内交流。学生 1 说:"我"误以为第三只猫把黄鸟吃了,"猫"畏罪潜逃了。在三妹找到猫的时候打了它。学生 2 接着说:但在后来,黑猫吃了第二只黄鸟时,"我"才发现自己误会猫了。学生 3 自动总结说:他感到了惭愧和自责。学生能自主合作运用出声思维说出解决问题的整个思路,是出乎教师意料的。A 教师访谈时说:"我认为元认知教学中非常重要的一件事就是通过积极的学习策略让学生的思维清晰可见。如果提出问题后,只有一名学生回答或我提供了答案,那么学生的想法就不可见了。因此,在教学中,我总是想办法让更多学生的想法展现出来。"

而教师 D 在《植树的牧羊人》(第一课时)中,请学生们小组合作完成《生态报告表》,要求学生从文中找出"初遇""再见""永别"三个部分对应的高原环境。学生们在单独完成后,组员间互相核对。由于这项任务的难度不高,多数学生都完成得不错,所以修改得很少,合作的形式只是停留在信息互通上。因此,职初教师的合作学习策略基本还属于传统教法范畴,即形式上的小组讨论,组员之间没有开展深层次的反思和认知上的评价与共同求索。

【分析】经验型教师和职初教师运用小组合作的最大不同,是经验型教师指导学生用一种优化的学习互动模式,增强了学生的学习技巧。通过分享,学生阐述了他们的理解,将各自呈现的思想进行甄别与衔接,最终形成了答案。而职初教师在小组合作中缺少方法上的明确指示,并且布置的任务难度低、耗时长,学生交流时,只在核对信息,合作的形式没有将学生的学习效益最大化。可考虑聚焦一个阶段的内容"初遇"或"永别",让学生们先核对答案,针对不同的答案可以询问:如何确定信息?基于何种理解?学生们相互交流思考的过程,再确定富有共识的回答;不能形成共识的问题,可全班交流时提出疑问。

2. 可视化思维的运用

在观课中,经验型教师和职初教师均运用了可视化的教学策略。可视化思维是思想和概念的可视化表达。教师 A 表示,她通过分析学情发现,学生读完文本后,不能判断出内容的逻辑顺序。因此,教《中国石拱桥》时,教师 A 的教学目标就是学习说明文的逻辑顺序。上课时,为了理解石拱桥和中国石拱桥的特点,教师利用共性和个性的类属关系,创新性地设计了圆圈图示法,大圆代表石拱桥,内部的小圆代表中国石拱桥。教师还让学生对照之前预习画出的关系图示,反思与评价自己原先的思考。这样思维导图不但发挥了梳理结构的作用,还帮助学生进行了反思。接着在讲到赵州桥和卢沟桥时,教师让学生自己完成下一步的关系图示。学生1直接将赵州桥和卢沟桥画在一起,学生2画了两个更小的圆圈分别表示两座桥。有趣的是,无需教师点评,学生1对照了同学的图示就明白了自己画图的问题:赵州桥和卢沟桥这两个例子的关系是并列的,因此分别表示为好。职初教师在这一课上也使用了可视化结构图,教师C在分析文本过程中,先讲到石拱桥,再讲中国石拱桥的特点,随着课程内容的推进,将这些桥的关系以结构图的方式呈现出来。

教师B在《月光曲》一课中,带领学生赏析贝多芬在弹奏月光曲时,盲女的联想这一部分也用到了可视化的教学。教师先请学生们想象,月亮升起的三个阶段为三幅画面,再为这三幅画起名。学生相继答出:月亮升起图、月亮升高图和波涛汹涌图。之后,教师请学生们想象音乐的节奏并画在黑板上。一位学生便按照音乐由平缓到上扬,再至高音回旋的曲调变化完成了绘画。最后是带有感情地朗读,学生朗读富有感情,他们产生了共情,感受到了文章的意境和贝多芬谱曲的美妙。课后,观察员询问一位学生对这节课什么内容印象最深时,学生回答"对品味月光曲描写的句子印象最深刻,因为有很强的画面感"。

【分析】上面例子中,可视化思维方法在课堂上促进了学生的理解和赏析,起到了良好的教学效果。那我们不禁要问,是不是用到可视化思维就会成功?毫无疑问,教师A用图示表示了"石拱桥"概念的内涵与外延,教师B用视觉表达与文字和音乐结合,她们都捕捉到了阅读中的关键要素:概念的逻辑关系,利用视觉、听觉等多感官培养赏析能力。但是,职初教师C的结构图并不能形象展示一般到特殊的包含与被包含关系,并且学生只是抄写下来,没有机会亲自绘制以检验自己是否理解,思维导图推动思考的工具性特点没有体现出来。因此,如何用好可视化工具需要斟酌。并且,即便是经验型教师,也不一定总是成功。教师B讲《在柏林》一课时,布置的可视化任务学生迟迟不动笔,他们在为难画不出复杂的场景;并且教师给每一位学生都下发了纸张,学生开始各自完成,不去理会合作的要求;15分钟小组合作结束时,很多学生只画了一点内容;汇报时由于各组之间内容相似,很多交流是重复的。因此,任何元认知教学策略的运用都和情境相关，教师要考虑合适的任务、周全的组织、学生的能力和可能的结果等方面因素以发挥策略的有效性。

3. 教授方法，技能迁移

教师给学生展示如何转化所学的知识、技能、态度和价值，应用到其他环境或任务之中，这是一种重要的元认知教学方法。从教学方式上，他们都改变了侧重知识传授的教授模式，更注重学习方法的总结与指导，以提升学生的阅读能力，培养学生"学会学习"。尽管两类教师在教学中都体现了学法的指导，但经验型教师会把刚教过的阅读方法进行当堂操练，学以致用。教师给学生展示如何转化所学的知识、态度、价值和技能，应用到其他环境或任务之中，这是一种重要的元认知教学方法。教师A在《猫》一课中，通过解读第一只猫，总结出如何分析猫死亡原因——从结果倒推原因法。步骤是：先找到……句子，分析句子之间的关系，通过……方法（如前后对比），表明……的结论。接下来，教师A让学生运用这个方法分析第二只、第三只猫的部分。

教师B在《夏天里的成长》一课品味语言时，根据学生的回答归纳出赏析散文语言的方法：从句式、内容、结构、标点、修辞和用词等方面进行品味。接着让学生用这种方法欣赏下一段落的语言。B教师对这一课的朗读指导采用了梯度式的多样朗读法，带领学生"三读"。"一读"是小组合作朗读，注意长短句式、停顿和节奏；"二读"时，教师先进行了示范朗读，关注重读和轻读，可以拍手读，尤其关注表示时间的词语如何处理。互评时学生发现一处细节："我发现他们读到时间词语时，会更使劲地打拍子。"学生掌握了点评的方法，他们观察仔细，注意到朗读中拍子处理的变化，分析了朗读技巧和朗读的效果，点评到位。接着，教师再用之前积累的方法进行"三读"，分析了句式特点：两个小短句，一个长句，关联词表示因果关系，三句句式逐渐加强。这次，教师鼓励学生自由读，甚至可以拍桌子！学生们对这次百花齐放式的阅读体验，有着极高的热情，一个小组点评时说："他们组的朗读就像是一场摇滚乐！"教师在朗读的指导中，不断总结经验，改进方法，并推动了学生的自主评价。

而职初教师D只是在过程中强调了方法，在课上和学生强调了如何在课文中进行批注。教师建议学生使用默读的方法：一边看一边画一边写批注。但是多数学生没有按照教师的要求去做，教师没有跟进指导，接着就进行后续的内容了。教师所教变成学生所学的有效性有待加强。

【分析】范（Van，2008）提到，教师在自己的教学中经常抱有具体的意愿和目标,他们不仅希望学生学到具体课程知识,还希望学生学习到超出具体教学内容之上的知识或能力。[1] 研究中职初教师所讲的阅读方法是教师提出请学生识记的,而经验型教师所讲的方法是与学生一起在实践中总结出来的;并且教师B还带领学生对朗读方法进行了评价与多次的改进,学生可以知道所学的方法为何是这样,如何变得更好,以后学生也会慢慢总结出自己的方法;为了提升学生学会方法的成效,经验型教师并未像职初教师那样让学生将方法应用在整篇文章里,而是应用在了后续小部分的文本中,有利于巩固技能。从策略本身来讲,职初教师D让学生圈划三类句子,其中需要学生具备很多的基础能力,如熟练阅读文本、知道人物的描写方法、区分直接和间接描写、鉴别评论性句子,所以学生难以在有限时间内完成这些圈划。这提示我们,培养阅读方法应循序渐进,注意方法的适度性;提供学生更多机会自己总结和改进阅读方法;对文本做出功能性划分,一些区域用于归纳方法,另一些区域用于应用方法。

4. 推测与验证法

教师A与教师C都教了《中国石拱桥》这一课,教师A运用了推测与验证法,教师C并没有使用。接下来我们将对他们所运用的不同策略和效果进行比较。教师A在课上运用推测与验证法包括三个板块。第一,提出猜测。学生分析出石拱桥和中国石拱桥的特点后,教师帮助学生梳理了推论过程:总结出中国石拱桥的五个特点,而赵州桥和卢沟桥属于中国石拱桥,因此,可以推测出赵州桥和卢沟桥也应该具有这五个特点。是否如此呢?接下来就阅读介绍这两座桥的部分进行验证。第二板块是分别阅读赵州桥和卢沟桥的部分。在此过程中,文本分析是从这两座桥具有中国石拱桥的共性和它自身的特性这两方面进行的。第三个板块是进行横向比较。教师给出一张比较表格,从中国石拱桥的共性、自身的特点和作者情感态度这三方面比较赵州桥和卢沟桥。可是疑问出现了,学生完成表格后,发现这两座桥只具有中国石拱桥的前三个特点(历史悠久、形式优美、结构坚固),当他们横向比较了这两座桥的各自特点,才豁然开朗,原来中国石拱桥的另外两个特点——大小不一、形式多样,正是指向各座桥的特性而言的!最后也印证了之前的猜测:赵州桥和卢沟桥的确具备中国石拱桥的共性特点。在课堂效果上,学生可以根据逻辑关系进行推论与验证,通过分析文本

---

[1] Van Manen, M. (2008). Pedagogical sensitivity and teachers' practical knowing-inaction. Peking University Education Review, 1, 1-23.

归纳每一座桥的特点,从比较中发现两座桥的异同,并通过图表做总结。

职初教师 C 在这一课的讲解中,主要运用了文本分析法。先介绍了石拱桥和中国石拱桥的特点,再依顺序分析赵州桥和卢沟桥具有的特点,哪些是中国石拱桥共有的,哪些是特有的。最后,教师做出总结:这节课我们学习了中国石拱桥的特点,除了具有石拱桥的一般特点——出现较早,结构坚固,形式优美,历史悠久之外,还有数量多、分布广、多样杰出的更突出的特点。赵州桥和卢沟桥的典型实例就很好地证明了这些特点。学生通过课程能认识到文章的逻辑关系,并结合文本分析了每一座桥的特点。

【分析】这节课我们看到教师 A 主要运用了猜测——验证的策略。根据所读内容对下一步要呈现的信息进行预测,再用证据检验,是一种元认知能力的培养。在运用这个策略的过程中,教师还插入了文本分析法和表格对比法作为辅助策略,凸显了阅读教学培养思维、发现问题、自主探究的课堂张力。教师 A 在教学过程中激活了学生的元认知机制,进行了:"我推测"(推测赵州桥和卢沟桥也具有的特点);"我分析"(单独分析了两座桥的特征);"我反思"(表格对比,反思前面分析的信息构建出完整的认知图谱);"我联结"(联系两座桥各自特点理解到中国石拱桥的"形式多样")。因此,学生学习效果得到很大的提高。而教师 C 的课堂由于全程只用了文本分析法,所以学生只做到了"我分析"的层面,教师只单独分析了每座桥与中国石拱桥特点的关系,没有设计引申性问题来比较两座桥之间的异同,也没有再与中国石拱桥的特点对接。因此,一些发现是教师 C 自己总结出来的。毫无疑问的是,教师 C 的教学也教给了学生一般与特殊的逻辑关系,但教师 A 的教学则更好地体现了深度学习的理念。

(二)两类教师运用元认知教学策略差异的小结

首先,经验型教师主要运用了四种类型的元认知教学策略,包括:思考—交流—分享、可视化思维、教授阅读方法并学以致用、推测与验证法等。其中,经验型教师运用策略的两个特点引起了我们的关注。1. 阅读方法的迭代。对一些文学色彩鲜明的文本,经验型教师培养学生朗读的策略是让学生自己总结方法并进行完善,案例中一共进行了三次改进,是典型的方法的迭代。2. 嵌入式的策略结构。在一些结构相对复杂的文本中,经验型教师不只运用一种策略,例如采用嵌入式的策略结构进行授课;在教学生推测与验证的过程中,插入文本分析和表格对比等其他的教学方法,在理解内容的基础上进行反思和对比,促进了学生语文核心素养中的"思维发展与提升"。

其次，职初教师运用的元认知教学策略较少，并且具有较强的教师主导性。总体而言，职初教师的教学方法较为传统，多用提问、文本分析与小组合作的策略。职初教师也运用了可视化思维策略和教授阅读方法，但是其可视化思维策略是一种教师总结、学生抄写的封闭式方法；而经验型教师运用的是让学生探索归纳的开放式的方法。职初教师亦知道教学中注重方法的传授，可在教学中是教师直接提出方法，学生应用到全文中；而经验型教师会带领学生由上部分的学习归纳出方法，再应用到下部分，对文本有功能性划分，教学的实际效果更为突出。

最后，经验型教师采用元认知策略是基于对学情的分析，这种教学方式对学生的关键影响是触发了学生对自己学习轨道的反思与调整。从访谈中我们发现，经验型教师之所以采用元认知策略，是因为学生出现了相关的学习困境。例如，教师分析到学生不能掌握说明文的逻辑顺序，学生不能注意到文本的语言特色，或学生的小组合作流于形式等。所以元认知教学策略是教师为满足学生需要而做出的具有针对性的教学改变。另一方面，教师的元认知策略从不同方面引发了学生反观自己的学习历程。研究中，学生通过相互合作、思维图像化、改进式朗读、推测与验证法，意识到隐没于他们头脑中的认知过程，并进行了再思考和再优化。这是一种真正的自主学习能力，其动力是来源于学生自身元认知机制的启动。

（三）职初教师和经验型教师教学差别的原因

1. 具备元认知知识及运用

经验型教师具有元认知概念和教学策略的知识。教师 B 说，自己在以前师范大学的学习中学过元认知的概念，并且学校组织的教师培训也讲过元认知的知识。她认为元认知包括反省、理解，是自我的意识上的一种学习，一个主观的认识。她进一步解释说："比如说学生考试时分析自己有没有做错，然后重新沿着他的思路发现他的问题并纠正，这方面我觉得元认知比较明显一点。"拥有硕士学位的教师 A 说根据自己的专业发展需求，她阅读了元认知教学书籍，包括概念、教学法等。教师 A 申请了区级课题，研究用可视化思维方法进行阅读教学。她阅读了大量相关文献，比较深入地了解可视化工具的应用形式，并计划探索出利用这种工具进行阅读教学的模式。她翻出了正在看的一本《美国学生阅读训练》的书，指着上面提到的一些策略（如 KWL 图表、对学习的监控等）对采访人员说，这就是元认知策略啊！可见，经验型教师在元认知概念和策略方面的知识都比较丰富。教师A知道元认知概念也掌握明确的元认知教学策略,教师B能准确解释元认知概念并能辨认出学生哪些学习行为与元认知相关。这些知识使他们在课堂上能运用教学策略。因此,我们观察到两位教师在教学中都运用了多种元认知教学策略,将其嵌入到教学设计中,促进了学生的阅读理解能力。当然,有时候教师是无意识的运用,但是我们相信,他们的元认知知识以一种隐性的方式参与了特定情境下的教学处理。

职初教师的元认知教学知识的储备还比较欠缺。访谈中,一位教师表示知道这个概念,但是如何开展元认知教学却不太清楚。另一位职初教师由于不是师范专业毕业,她没有听说过这个概念。不过她们认同培养学生的自主学习能力的重要性。尽管职初教师在课上也有培养学生自主学习的做法,如让学生自主提问,可教师接下来就将学生提出的问题搁置一旁而继续后面的内容,未有利用这些问题推进授课。因此,职初教师知道自主学习方面的策略,具体运用还只停留在形式上,没能有效服务于教学目标的实现。

2. 教师的信念

第一,经验型教师相信元认知对学习者是重要的。

职初教师尽管想进行《青山不老》和《植树的牧羊人》课文的比较阅读,可他们对教法评价的判断仍从属于教材篇章的自然分割,他们还没有形成个性化的文本处理方式,缺少元认知教学决策依据和信念。而经验型教师具有更明确的认识。教师A说:"学生们具有元认知的能力,他们会进行自我的阅读、自我的审思,还有自我的理解,包括他们知道阅读的技巧,学生就会有目的地学习,或者进行有技巧的归纳,等等,这种培养元认知能力的教学策略对学生是有帮助的。"教师B分析:"我发现学生成绩差别很大的原因,这就是元认知欠缺的同学没有对自己认识的把控。一些学习能力好的同学,其实题目做下来,他自己有感觉有没有考好;而有些学生是做好试卷之后他没感觉,我觉得这一类学生很明显是缺乏自我反省的能力。"教师认为学生必须形成自己的学习能力。教师B说自己以前课总是上得很累,学生没有主动的探索精神,教师用逐个问题带着学,学生终究还是被动的学习者,他们也不能发现自己学习的问题,更不要说解决问题了。通过自己的教学,学生可以反思自己的理解,分析资源是否有用,将过去的经验用于新情境,进行预测、推论等,这些都属于元认知能力范畴。因此,我们发现在实际教学中,经验型教师会运用策略引发学生对文本的反思、培养阅读方法的迁移能力。

第二,经验型教师相信元认知教学策略会对学生产生积极的影响。

教师 A 提到,现在提倡培养学生的核心素养,语文教师应该在教学中着重培养学习方法的能力,她希望用一些学生没有接触过的图形来展示不同逻辑关系,学生可以用这种工具去阅读不同类型的文章。"我现在研究的思维导图就是这个作用。有些文章结构复杂,那就制作结构导图;有些文章人物形象突出,那就用气泡图表示人物和特点;还有我上课用的圆圈图,这些都能帮助学生发展他们的能力。"教师 B 认为,教师们可以针对学生的自控能力进行培养,"让学生学会自知,而学生如果自己做不到这一点,可以发挥同伴的作用互相帮助。"这也说明了经验型教师会运用小组合作的策略让学生寻求同伴支持,检视和重组自己的理解。当教师认可元认知策略对学生的作用时,他们更愿意运用教学策略令学生的学习结果产生元认知的影响。而在职初教师的访谈中,研究人员没有发现他们对元认知教学策略的信念,他们采用策略的准则是学生在课堂的参与度。职初教师的这种教学取向也可以理解,对于新手教师首先要解决外显的学生课堂的参与问题,亚瑟(Arthur,2006)也提出新手教师采用的教学策略往往是由他们的生存需要和保证学生每时每刻都卷入教学活动的需要而决定的。[1]

3. 对学生学习困境的理解

经验型教师对学生的学习情况进行了有针对性的探测性分析。例如,教师 A 对学生运用思维导图这一主题情况进行了持续性分析,发现"学生把握文章思路、结构的能力非常薄弱。无论是在说明文还是其他文体中,都存在这个问题。"教师对前期学生学习中出现的问题进行了整理和归类,跟进学生的作业完成度,形成学习过程性的评估。教师还会专门开设以作业分析为主题的"迷你课"。教师选出好与差的典型作业对比分析习作中的错误、遗漏或思路混乱之处。教师 A 说:"尽管制作出思维导图,其实他们并没有考虑清楚这些词语中间到底是什么样的关系,内容上有什么关系。形成一种'熟悉的遮蔽效应'。"所以,教师在 A 课堂上采用元认知策略,是来源于对学情的分析和理解,并且是持续性的理解,学生的学习困境就是教师的教学之重。教师 B 连续两年教七年级的课程,因此她比较了两届学生的特点。在教《夏天里的成长》时,她发现学生不能深入体会文章的情境,只是浮于表面阅读,毫无共情,这样会影响学生对主旨的理解。因此,对于第二届学生,教师将教学重点调整为品味语言特点,更适合学生能力发

---

[1] Arthur, L. Costa, Bena Kallick. 思维的习惯[M]. 北京:中国轻工业出版社,2006:48.

展的需要,更能挖掘到文本新的意义和价值;进行"三读"的朗读教学辅助了文本语言的品味,学生知道了为何这么读、如何去读和如何改进。教师 B 还强调"我的教学对缺少元认知的同学是特别有价值的"。

而职初教师也发现了学生学习的问题,教师 C 教了两个班级,发现两个班级特点不同:一个班级上课活跃作业却完成得不好,另一个班级上课沉默却能更好地完成作业。但教师没有进一步分析两个班级学习结果不同的原因是什么。另一位职初教师发现在答题目时学生会不加思考地将背诵的答案直接写上,而实际上题目的问法已发生了变化。如果学生能掌握反思、监控自己学习的能力,或许能一定程度地解决这些问题。而职初教师将此归因为学生思维定式,没有采取措施解决学生认知的缺陷,也没有意识到教学方法和学生学习效果之间的冲突。

(四)教学启示

1. 提升教师的信念和元认知知识

教师进行元认知教学的基础是具备元认知知识,包括元认知概念,学习者的认知过程,元认知在其中发挥的作用,等等。教师要不断增强对元认知的了解和认同,从而在教学中有意识地培养学生设立目标,进行自我教导、监控,关注策略的使用、修正错误等。更为重要的是,教师要认同元认知对个人发展的意义。如同保罗和埃尔德(Paul & Elder,1994)所言,认知过程中取得的成果将比特定科目的内容成果具有更大价值,因为为了理解任何学科内容,学生必须掌控并管理这些内容赖以形成的认知过程。[①] 元认知教学策略便是促进学生主动思考学习而发生的转变。教师应主动寻求专业发展的路径以丰富元认知的知识。教师获取元认知知识的途径多样,包括阅读专业书籍、专家讲座、申请研究课题、参加名师工作室、跨校听课等。另一方面,教师还应注重实践性反思,以积累做法和增进理解。如教师可以自问"我希望学生形成或使用哪些元认知能力呢?""我需要怎样去做来帮助他们获得呢?""我怎样知道他们获得了这方面的成长呢?"教师还可以通过反思某节课的元认知教学方式,从而反思单元、课程,以及素养如何落实。

2. 对学生进行连续性的深层分析

教师认同发展学生的元认知能力,但是学生学习的问题在何处,他们的学习

---

① Paul,R,Elder,L.(1994). All content has a logic:That logic is given by a disciplined mode of thinking, Part 1. Teaching Thinking and Problem Solving,(16)5,1-4.

诉求又是怎样的,就需要教师对学生进行连续性的深层分析。从案例中我们发现,实施元认知教学策略的教师,都是基于对学生学习诉求的回应。深层分析就不只是了解学生掌握学习内容的情况,更应该去了解学生对于学习的自我认知或评价:

- 学生是如何看待学习者身份的;
- 他们是否了解可以用什么方法解决问题;
- 他们是否了解哪些方法对其学习是有效的,哪些是不起作用的;
- 他们是否知道如何成为一个好的学习者……

要了解这些,不能依靠简单的经验判断或笼统的印象,而需要工具。教师可以运用的工具包括:下发导学案、支持学生自我提问和行动研究等。总之,深层次分析要面向学生对于自己认知的判断之现状。而连续性地分析意味着,需要持续研究来了解学生的学习,以及学生对自己学习的管理情况。例如每次核对题目答案时,都让有错误的学生分享自己的思考过程;每节课前都下发导学案并分析学生的完成情况。这样教师能知道学生稳定的学习能力,便于采取适切的教学措施,从而在课程框架下,对学习需要和教学策略进行更有意义的连接。

3. 在适切的课堂情境中运用元认知策略

一方面,教师应向学生介绍他们要运用的策略,并且和学生就运用这些策略达成理念共识。例如,教师 A 在组织小组进行思考—交流—分享的活动之前,先向学生们介绍这次合作学习的要求与以往的合作有哪些不同,并且提问道:同学们认为应该用什么样的态度完成今天的活动?与学生们讨论明确了"尊重""主动"和"互助"的学习态度。另一方面,元认知策略要和教学目标、任务难度、教学脚手架、学生参与程度等因素一起统筹设计,不能为了运用策略而运用。要防止教学策略的错配(mismatch)而导致的学习失效。案例中,教师 D 请学生进行自主提问,继而将这些问题放置一边而进行其他的内容了。若教师能将教学策略更好地匹配教学目标,以及将学生的问题融入后续的文本解读中,则能更好发挥元认知策略应有的效果。

4. 元认知教学策略的叠加

元认知教学策略可以叠加使用在课堂上,形成1+1大于2的效果。叠加的形式是多样化的,如前文提到的嵌入式结构,以及完全融合式、并列式结构等都可以灵活运用在教学中。完全融合式是指教师完全一起运用了两种或以上教学策略。例如当学生不熟悉如何去做时,教师要对出声思维进行示范。如教师在讲授《在柏林》一课时,让学生画自己最想画出的一幅画面并描述,这种方法融内容理解、情境体验和语言表达于一体。并列式是指教师依次运用两种或几种包括元认知策略在内的教学策略。例如在课程收尾阶段,先请学生们运用一分钟内省法进行反思,再让他们进行学习的自我评价;《月光曲》中教师 B 将可视化教学和朗读策略前后配合使用,提升了学生的文本感知。

5. 与提升学生兴趣、照顾学生差异相结合

元认知的教学方式对学生来说应是具有挑战性的,应让学生脱离舒适区,思考自己学习过程的有效性。教师应注意在运用元认知策略时,激发学生的学习兴趣,促进学生在元认知教学中更加投入,如发给学生生动的学习单进行学生之间的互评,布置有吸引力的学习任务让学生画出赵州桥的外观;运用实物教学的方法启发学生发现问题。同时,每一个人的学习目标、学习难点和思维方式都不尽相同。教师应照顾学生差异,培养学生控制自己的学习过程,促进自我成长。例如使用 KWL 图表讲解诗歌意象时,教师让学生先写出"我想知道什么",课上指导学生解读他们有疑问的意象,最后填写"我知道了什么",再反思自己是否解答了当初的疑问,以及用什么方法解答的。元认知教学可以满足学生多种发展的需要,帮助学生以更有意义的方式扩展对于学习内容的理解,促进学习领域能力的提升。

二、上海和香港教师元认知教学策略比较

上海经历了两轮教育改革。教育改革的重点是培养学生的创新精神和实践能力。课程内容注重现实生活情境、现代化和个性化。然而,当前的教育体系面临着一系列挑战,如:应试教育、学生学习能力和学习态度缺失等。此外,学校需要为学生提供与解决问题和如何思考相关的学习经验。2016 年我国发布了《中国学生核心素养发展总体框架》,强调学习者的自我调节学习和学会学习能力。这一框架是深化以学生为中心的课程改革、提升学生学习能力的持续旅程。新课程改革聚焦学生能力培养,培养学生独立思考、激发学习动机,以及引导学生学习方法反思。上海要求学校将核心素养融入学科教学,支持学生的持续性学习和未来工作需要。为了实现改革的新目标,学校必须推动教学变革,培养学习者的创造力、自主能力和解决问题的能力。学校还鼓励教师合作开展教育教学研究、规划和实施。

香港课程发展局于 2001 年提出"学会学习是课程发展的前进方向"的教育改

革,促进学生的全人发展和自我调节能力提升,实现从"以教师为中心"到"以学生为中心"的教学实践转变。为紧扣社会发展对人才教育的新要求,深化已取得的成果,香港教育局将课程更新为"学会学习2.0",这标志着课程更新进入了新阶段。学校应帮助学生做好面对本地和全球变革的准备,并培养他们学会学习和终身学习的能力。在"学会学习2.0"课程改革中,鼓励教师探索提高教学效果的方法,改进教学策略,帮助学生学会如何学习。两地均是关注元认知教学的地区,因此本节将对两地教师的元认知教学进行比较。

（一）上海和香港两地教师运用元认知教学的案例情况

本节采用案例研究的方式探讨上海和香港两地教师运用元认知教学策略的区别。案例从上海和香港初中七年级语文学段、中等等级学校中各选取两位教师,每位教师随堂观课3节。上海两位教师用A-1和A-2代表,香港两位教师用B-1和B-2代表。选取七年级是因为根据香港课程发展局发出的《中国语文教育课程指引》(CDC,2017),初一至初三的教学目标主要是培养学生的读、写、听、说能力及其综合应用能力。[①] 初中学生已经具备了识字、语言表达、写作等基本语言能力,他们正在发展对复杂文本的理解和自我调节的学习能力,学校应按照课程标准培养学生的高层次思维能力。同时,七年级暂时没有备考中考的压力,因此,负责七年级教学的教师可能有更多的时间参与研究。课堂观察记录表如下:

表4-2 课堂观察记录表

元认知教学观课记录表	
课题：_____	
学校：	年级：　　　　　　　班级：
日期：	持续时间：_____分钟
教师：	观察员：
教学目标：	

[①] CDC. (2017). Chinese language education curriculum guide (junior and senior secondary grades). Hong Kong: Government Printer.

（续表）

教学表现及进展	分数（5为最高分）	记录相关证据
1. 教案简洁、清晰，适合学生	1 2 3 4 5	
2. 激发学生的元认知意识	1 2 3 4 5	
3. 元认知教学策略		
教师示范	1 2 3 4 5	
元认知提问	1 2 3 4 5	
思考—对比—分享	1 2 3 4 5	
出声思维	1 2 3 4 5	
可视化工具	1 2 3 4 5	
其他_____	1 2 3 4 5	
4. 元认知监测		
让学生反思	1 2 3 4 5	
5. 班级互动与管理		
学生参与的机会	1 2 3 4 5	
学习氛围	1 2 3 4 5	
课堂组织	1 2 3 4 5	
6. 课程评价		
反馈学习	1 2 3 4 5	
总结概括	1 2 3 4 5	
知识应用	1 2 3 4 5	
7. 可视化思维板书	1 2 3 4 5	

(续表)

教学的主要优点和需要改进的地方：

研究人员对所有案例收集的数据进行了分析。每个案例都进行了五个步骤的处理，包括组织数据、阅读和做笔记、描述和分类数据、解释数据以及表示数据。在每个步骤中，研究人员分析了两组数据——通过课堂观察收集的数据，以及通过访谈和问卷调查收集的数据。通过分析课堂观察收集的数据，研究人员确定了每位教师采用的元认知教学策略。研究使用 NVivo 软件对观课内容进行编码，编码系统如表 4-3 所示。

表 4-3　上海和香港教师运用元认知教学的编码系统

代码类别		元认知教学示例（教师行为）	元认知教学示例（学生反应）
元认知教学策略：			
示范	示范	"让我向大家演示如何通过大声朗读并思考抓住关键词分析人物性格特点……"	学生们学习了教师的思维过程以及如何依据关键词语推断人物性格。然后学生模仿教师进行分析。
出声思维	出声思维	"请大家想一想去北京旅游七天要花多少钱。我们需要统计哪些内容？"	"我们要买机票，到了北京还要计算一下参观经典景点的费用、交通、吃饭、住宿……"
反思性策略	增强意识	"同学们，请注意我们刚才使用的是什么策略。想一想我们是如何分析赵州桥特点的。"	"第一，赵州桥作为中国石桥的一种，具有中国石桥的共同特征；第二，我们发现了赵州桥的独特之处。"
	策略实践	"我们会用这个策略来分析卢沟桥的特点。"	学生们利用刚刚学到的方法分析了卢沟桥的特点。
	自我质疑	"这篇课文中有哪些内容你不明白？请问问自己。"	"我不明白为什么小人国的人民会款待格列佛。"

(续表)

代码类别		元认知教学示例(教师行为)	元认知教学示例(学生反应)
自我评估/同伴互评	自我评估	"你觉得刚才自己的朗读怎么样?"	"我觉得我读得很流畅,但我的声音不够大。"
	同伴互评	"请评价一下你队友的答案。"	"我认为他的分析是有道理的,因为……"
可视化工具	思维导图	"请制作一张思维导图呈现故事的开端、发展、高潮和结局。"	学生们制作思维导图来识别故事的开头、高潮和结局。
思考—结对—分享	思考—结对—分享	"大家分组讨论:哪些内容暗示鲁滨孙是个新手?"	小组成员相互交换了意见并提出了意见。
元认知提问	元认知提问	"请回顾我教过的解决问题程序,再重新想想你的答案对吗?"	这位学生反思了自己解决问题的过程,发现自己遗漏了一些步骤。
认知教学策略:			
做笔记	做笔记	"请把这些……写在你的笔记本上。注意字迹工整。"	学生们写下了笔记。
质疑	质疑	"这篇小说的主角是谁?"	"主角是癞六伯。"
情感动机	情感动机	"你的回答非常好。我相信你能做到。"	学生回答问题更有信心了。
内容解读	内容解读	"这篇文章是如何表达主人公的悲伤?我来解释。"	学生们听教师讲,把教师说的写下来。
回忆先备知识	回忆先备知识	"我们学过如何描述一个人。你知道哪些人物描述的方法?"	学生回答。他们将所学内容与将要学习内容联系起来。

(二)上海和香港两地教师运用元认知教学的共同之处

第一,上海教师和香港教师均侧重于阅读问题策略的提取、改进和应用。他们支持学生调节和优化学习方法,从而更有效地理解文意。在《癞六伯》一课上,A-1教师引导学生把握课文的主题。教师总结了阅读的方法:"读小说时,我们可以通过分析人物、分析情节和分析环境三个方面来体会主题。"教师总结之前使用的方法,这是一个反思、归纳、整合的过程。教师们也更加注重复习学生的学习内容,开阔学生思维,运用和总结知识。例如,在《孙中山》一课上,教师用对比和自我质疑的方式来思辨警卫的行为是否正确。这些策略可以加深学生对责任和道德的感悟。《在风中》一课,教师让学生用刚刚学到的间接描写的手法重新创造一个句子。教师向学生示范如何造句,待学生完成后,要求他们评估同伴的表现,深化他们对写作手法的认识。

在《贝壳》一课中,B-2教师制作了一个表格,包括精心挑选的四篇同一主题的短文,让学生比较这些文章,发展他们的批判性思维。表4-4显示了学生在《贝壳》一课中的答案。

表4-4 《贝壳》一课相关文章的内容理解表格

标题/作者	1. 目的→	2. 观察→	3. 情感
贝壳	学生:普通贝壳	学生:贝壳中的珍珠是受到外界杂物侵入后,吸收被侵蚀的物质而形成的。	学生:作者认为人需要活出自己的价值观,并每天都在发展自己对世界的认识。
贝壳(作者:方杰)	学生:普通贝壳	学生:"我"的父母分开了,"我"独自承受着,就像一个破裂的壳。	学生:父母分开后,作者希望建立一个幸福的家庭。
贝壳(作者:席慕蓉)	学生:易碎的贝壳	学生:贝壳是一种微小而脆弱的生命,但它却一丝不苟地生活,留下了令人惊叹的珍珠。	学生:作者希望在短暂的一生中留下永恒的美好和难忘的事情。
贝壳(作者:贾平凹)	学生:变形的贝壳	学生:丑陋的贝壳里有美丽的珍珠,但美丽的贝壳里什么也没有。	学生:一切都有价值。我们不仅要注重外表,更要注重内在价值。

随后,学生们纷纷说出了自己的想法。

学生1:我觉得贾平凹的文章对贝壳有很深的思考。作者用海滩上贝壳的故事来表达他对生命价值的看法。人应该学会拥抱不完美。如果我们没有美丽的外表,我们可以学会在遇到困难的时候永不放弃。我觉得贾平凹的作品更深刻、更值得思考。

教师：谢谢你的回答！还有其他看法可以分享吗？这三篇文章哪一篇对你的启发更大？

学生2：我喜欢席慕蓉的文章。因为本文中的贝壳用短暂的生命创造了一个精致的居所，而贝壳的生命是不同的、有意义的。第二篇文章主要是讲贝壳的外观，所以我觉得席慕蓉的作品更有深度。

第二，上海和香港教师运用情感激励策略鼓励了学生参与元认知学习。当学生没有信心、不投入或不积极思考时，教师提供情感支持非常必要，可以激励学生持续进行元认知学习。上海和香港教师使用的课堂话语如下。

教师：还剩一分钟。让我们看看是否有人能完成挑战。

教师：同一小组的成员可以讨论和评价其他人的意见。相信自己。

教师：别担心。尽管表演这个故事并不容易，但你们的排练很好。让我们用掌声来支持这个小组！

教师：你还有什么问题吗？想一想，我相信你能做到。

教师：世嘉，聪明的孩子。你比以前做得更好了。

教师：当你完成后，再与我们分享。这两组速度很快……还剩11秒。当时间到了，他们写了多少并不重要。让我们给他们一些掌声！

教师们对学生在不同情境下的表现进行了表扬。情感鼓励是教师使用元认知教学策略时必不可少的支持。当学生遇到困难时，教师们肯定了他们的尝试，并鼓励他们尝试不同的学习方法。同样，当学生进行元认知思考并回答问题时，两地教师也没有直接判断对错。教师们对学生发言表示赞赏，并给予学生机会修正答案。"欣赏可能是最好的信心助推器"，教师如是说。

第三，形成了元认知教学策略框架。基于两地教师的相同做法，我们构建了中文课堂元认知教学策略框架（见图4-1）。在此框架中，课程分为四个阶段：导入新课、做中学、拓展学习和总结评价。这四个教学阶段对应培养了学生的计划、实施、修改和巩固学习的能力。

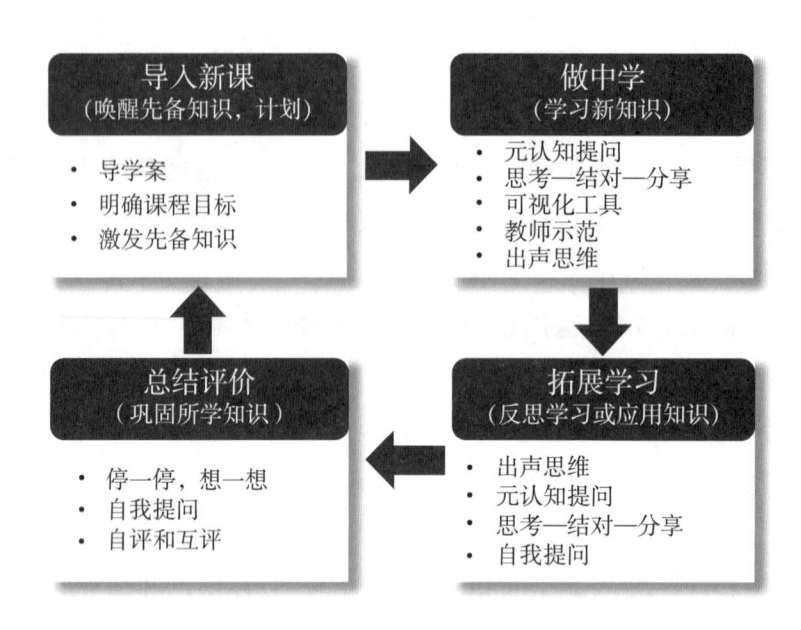

```
┌─────────────────────┐      ┌─────────────────────┐
│   导入新课          │      │    做中学           │
│ (唤醒先备知识，计划) │ ───> │ (学习新知识)        │
├─────────────────────┤      ├─────────────────────┤
│ • 导学案            │      │ • 元认知提问        │
│ • 明确课程目标      │      │ • 思考—结对—分享    │
│ • 激发先备知识      │      │ • 可视化工具        │
│                     │      │ • 教师示范          │
│                     │      │ • 出声思维          │
└─────────────────────┘      └─────────────────────┘
         ▲                              │
         │                              ▼
┌─────────────────────┐      ┌─────────────────────┐
│   总结评价          │      │   拓展学习          │
│ (巩固所学知识)      │ <─── │ (反思学习或应用知识) │
├─────────────────────┤      ├─────────────────────┤
│ • 停一停，想一想    │      │ • 出声思维          │
│ • 自我提问          │      │ • 元认知提问        │
│ • 自评和互评        │      │ • 思考—结对—分享    │
│                     │      │ • 自我提问          │
└─────────────────────┘      └─────────────────────┘
```

图 4-1 中文课堂元认知教学策略框架

在导入新课阶段，教师可以使用学习指南和规划策略，帮助学生回忆先备知识，向学生提出学习目标，并确保规划过程明确且适合学生。通过学习指导，教师可以提前了解学生的阅读问题。

第二阶段是做中学。在这一阶段，教师带领学生完成主要教学目标。做中学阶段教师应尽量避免使用单一的教学策略，例如讲授和解释；需要通过多种元认知教学策略，支持学生监控他们的学习。为了培养学生的阅读理解能力，教师应提出元认知问题，帮助学生联系、比较、对比、检查阅读内容和阅读过程。教师可以示范学生如何出声思维或自我提问，促进学生认识和调整自己的想法。在这个过程中，学生有了更多自主实践的机会。思考—结对—分享是"我"和"我们"之间的一门艺术。独立思考后，强调学生的合作与讨论。所以，教师要注意活动的安排，让学生清楚地认识到想法的不同之处，大家的思路和依据是什么，而不是随意地在一起说话。教师应帮助学生认识和总结自己所使用的阅读方法以及哪种阅读方法更有效，并根据需要调整阅读方法。

在扩展学习阶段，鼓励学生修改所学内容并重新思考所读内容，包括验证自己的猜测、从不同角度反思问题以及将知识应用到新的情境中。建议教师采用自我评估或同伴评估、出声思维或合作学习的方式来支持学生应用知识并审查其努力的有效性。协作学习指向组织短期团队合作来碰撞思维、增进理解。出声思维可以支持学生重新思考如何完成任务，自评或同伴评估可以帮助学生思考更好的解决问题方法。

在总结评价阶段,上海教师采取自我质疑和示范的元认知教学策略。教师支持学生更灵活地总结课程。一些教师要求学生停下来反思他们所学到的东西;其他教师组织了小组间的互相提问比赛,这种方法不仅可以提升学生的参与度,还可以巩固课程知识。香港教师让学生利用可视化工具画图,将关键词写在图像的相应位置。这些方法有利于激发学生的学习兴趣、重温学习内容和评估学习成果。

两地教师可以将计划、监控和评估等元认知过程融入日常教学实践中。此外,教师还可以根据教学的需要同时使用多种策略,给予学生充分鼓励,帮助学生监控自己的学习进度,逐渐成为自我调节的学习者。

(三)上海和香港两地教师运用元认知教学的差异

1. 上海和香港教师采用元认知教学策略和认知教学策略方面

表4-5和表4-6显示了两地教师元认知教学策略的使用情况。根据观课数据,上海教师总体采用了53次元认知教学策略,包括元认知提问(N=20)、自我或同伴评估(N=6)、可视化工具(N=5)、出声思维(N=5)、思考—对比—分享(N=5)、自我提问(N=4)、导学案(N=2)、计划(N=2)、提炼学习方法(N=2)和教师示范(N=2)。

香港教师总体采用了57次元认知教学策略,包括元认知提问(N=14)、自我提问(N=9)、教师示范(N=8)、自我或同伴评估(N=8)、思考—结对—分享(N=6)、导学案(N=6)、出声思维(N=3)和可视化工具(N=1)。

表4-5 上海和香港教师使用元认知教学策略频次统计

元认知教学策略	上海	香港
元认知提问	20	14
可视化工具	5	1
出声思维	5	3
自评或互评	6	8
思考—结对—分享	5	6

(续表)

元认知教学策略	上海	香港
导学案	2	6
自我提问	4	9
计划	2	1
教师示范	2	8
提炼学习方法	2	1
总计	53	57

表 4-6 上海和香港教师元认知教学策略应用示例

4-6-1 上海教师元认知教学策略应用示例

元认知教学策略	策略应用	学生的阅读能力得到提高
元认知提问	教师:关于课文你想知道什么?你如何解决这个问题?今天的课你学到了什么?	学生:独立阅读时,我想知道文章的主要目的是什么。通过对段落和关键词的分析,我了解到本文写"生命"的目的是为了表达作者对生命的敬畏,而写渔民的目的是为了表达作者对生活在社会底层的人民的关心。
自我提问	教师:你对这段话还有什么疑问吗?思考并说出你的问题。	学生1:书上说车厢里所有人都沉默了。他们在想什么? 学生2:那些老人已经被送到战场了。下一个被派往战场的是谁?
自评或互评	教师:请比较A、B同学写的两句话,大家点评,哪一句更能表达春天的生机?	学生:我认为A句更好。因为这句话用"活力"和"色彩鲜艳"来表达花朵的生长:从花蕾到花朵,再到果实。
导学案	《在风中》一课开始前,教师下发了导学案。其中的题目是:"请画出台风过后,作者在街道上的出行路线。"	学生作品

(续表)

元认知教学策略	策略应用	学生的阅读能力得到提高
出声思维&思考—结对—分享	学生合作：我们可以删除第6段中关于碎砖和玻璃的句子吗？小组成员讨论并分享你如何得出答案。	某组学生：我们认为不能删除。因为台风过后，砖块、玻璃都会碎裂，说明风力很大。首先，这些句子证明了作者的观点——台风具有破坏性；其次，它们使文章的语言更有说服力。
可视化工具	教师：请用不同的圆圈表示石拱桥、中国石拱桥、赵州桥和卢沟桥之间的关系。	教师请一名学生在黑板上画出这个图。
计划	教师：这两点是我们本课要学习的内容。1. 他的散文写的是人生的情感。2. 文章内容分散，但主题集中。	学生了解本课的学习计划。
提炼学习方法	教师：重新思考一下我们刚才使用的分析方法，你能总结一下吗？	学生：我们首先理解"五斗柜"的表面意义，然后联系作者的情感来理解"五斗柜"的深层意义。
改进学习方法	教师：刚才我们大声朗读，没有手部动作或身体动作。如果再读下面的段落，你能改进朗读的方法吗？	学生：我认为拍手朗读是一个更好的方法。我能感受到春天的生机。然后学生就这样大声朗读。

4-6-2 香港教师元认知教学策略应用示例

元认知教学策略	策略应用	学生的阅读能力得到提高
元认知提问	教师：同学们现在反思一下，作者是否后悔当时对父亲的责备？	学生：我想是的。由于作者当时还很小，不理解父亲。他只是觉得父亲啰嗦、迂腐。现在他也是一名父亲。回忆起往事，他明白了父亲的爱。
自我质疑	教师：你可以尝试自己提问。学生1：我想问为什么大人觉得贝壳是可怜的、可敬的？	学生1：因为这个壳用自己的血肉慢慢地忍受着那颗小石头，所以可怜。但贝壳可以磨成珍珠，所以它的生命是可敬的、有价值的。

(续表)

元认知教学策略	策略应用	学生的阅读能力得到提高
示范	教师向学生示范出声思维。 教师：三篇文章中，哪位作者对贝壳的思考比较深入？为什么？同学们，让我向你们展示我的观点……	学生：我认为在这三篇文章中，第一篇对贝壳的理解更加深入，因为文章中提到上帝为脆弱而微小的生命创造了精致的图案和坚硬的外壳。这位造物主的恩典是多么仁慈啊！我们应该对生活心存感激。
自我或同伴评估	教师：对比一下两组的表演细节，你最喜欢哪一组？请描述原因。	学生：我觉得第二组的表演更加生动。表演的是父亲在平台上攀爬，所以非常辛苦，缓慢而艰难。因为平台高，爸爸又胖。他只是走得很慢，手里还拿着橘子，爬上去，然后又下来。他们的表演非常真实。
导学案	教师：上课前，大家已经完成了Google Form 中的 12 道预习题。让我们看看导学案的结果。整体的正确率相对较低。我们来思考一下这个问题——这句话是直接描写还是间接描写……？	学生：我认为这是一个直接描写。因为文中提到，天上的云像一匹马，直接描述了云吹到哪里，马就跑到哪里。这句话用了直接描写的方法来表现云的特征。
思考—结对—分享	教师：仔细阅读课文，根据相关内容设计并练习对话。 1—3 组负责第 3 段；4—5 组负责第 4 段；6—8 组负责第 5 段。每组四人分别担任 TEAM 中的一个身份。队员 T 扮演癞六伯，队员 A 负责旁白，成员 E 和 M 扮演邻居的角色。	学生（癞六伯）：我怕招呼不够周到。食物很好吃，这花生是我自己种的。 学生（旁白）：癞六伯觉得家里好久没有这么热闹了，与"我"依依不舍。 学生（癞六伯）：小朋友，希望你明天能来我家做客！欢迎你和你的朋友来我这里。我种了很多好吃的东西你可以尝尝！明天见！ 学生（邻居）：噢，癞六伯好热心好善良啊！ 学生（邻居）：真令人惊讶，他很热情好客。
出声思维	教师：我想请问同学们，本文主要描写了一个丑陋的贝壳，而前两段是关于海滩上其他贝壳的内容，是否可以删除关于其他贝壳的内容呢？请说出你的想法，包括你的判断、理由、依据。	学生 1：我认为内容不应该被删除。因为在这些段落中，人们喜欢好看的贝壳。他们像捡宝一样捡起了它们。然而，当他们看到那丑陋的贝壳时就把它踢开了。所以就有了对比。 学生 2：我觉得第一段是衬托。丑陋的贝壳在生命之初是美丽的，但经历了磨难变得丑陋，所以孩子不喜欢它。大人觉得这个壳既可怜又可敬。所以，这段话足见贝壳的尊贵。

(续表)

元认知教学策略	策略应用	学生的阅读能力得到提高
可视化工具	教师:同学们,请尝试填满癞六伯的肖像画,在肖像外写出能够描述他外显行为的词语,在肖像内写出能够代表他内在特征的词语。	学生们描述了癞六伯的特点,并将这些癞六伯特点的文字填入图画中。

为了全面了解两组教师的教学策略使用情况,本研究还比较了教师对认知教学策略的使用情况。表4-7显示,上海教师总计使用了74次认知教学策略;香港教师略多,总计使用了78次。上海教师和香港教师都采用了大量的提问策略,其中上海教师使用了45次,香港教师使用了38次。香港教师使用了更多频次的文本内容解读策略,N=13,上海教师使用了9次。在使用其他认知教学策略时,两组教师的差异不明显。

表4-7 上海和香港教师应用认知教学策略的频次

认知教学策略	认知教学策略频次	
	上海教师	香港教师
教师提问	45	38
情感动机	4	8
教师解读内容	9	13
教师评价	6	5
教师总结	2	3
激活学生先备知识	3	5

(续表)

认知教学策略	认知教学策略频次	
	上海教师	香港教师
做笔记	5	6
总计	74	78

2. 上海和香港教师采用具体元认知教学策略方面

从具体策略的角度,上海教师最常用的是元认知提问、出声思维、可视化工具、思考—结对—分享以及学生自评或互评。对于香港教师来说,元认知提问、自我提问、自我或同伴评估、教师示范、思考—结对—分享和导学案是最常用的。从这种差异可以推断,上海教师更倾向于使用提问和可视化思维方面的策略,如元认知提问、可视化工具、出声思维等;香港教师更喜欢使用自我指导的和参与式策略,例如导学案、自我提问、思考—结对—分享等。

上海教师倾向于使用元认知提问来提高学生的阅读理解能力。他们向学生提出问题,促进他们的元认知思维并改进学生们的阅读方法。示例如下。

T:我们有什么策略来解决这个问题?

S:我们应该通过表面的文字挖掘深层的含义。

T:太棒了!让我们用这个策略来读一下这句话。这时,火车车厢里安静了。这时候真的没有声音了吗?车厢里应该发出什么声音?

S:滚轮的咔嗒声。

T:是的。再想一想,还有其他声音吗?

S:老太太正在数"1、2、3……"。

T:我同意,老妇人一定是在数她的三个儿子,一,二,三。因此,我们不仅要考虑其表面意义,更要考虑其隐含意义。(A-2-01)

T:我们再想一想,刚才的分析遗漏了什么?哪些方面我们还没有想到?

S:(短暂思考后)我们关注作者对街上的商店、栅栏、树木的看法,但没有提到作者最后到海边时看到的东西。

T:非常好!请仔细阅读该部分。(A-2-03)

T:我观察到有些同学圈画的句子不准确。有什么问题?是否应该画间接描写的句子?

S:我将……圈画出来了,这是一个间接描写的句子,不应该圈画。

教师:是的,你自己检查出来了,为你点赞。其他同学也再次检查自己的句子,看看是否有错误。(A-2-03)

此外,上海教师也希望使用可视化工具。例如,在课程中,A-1教师制作了一个课文内容结构的鱼骨图,并要求学生填写鱼骨图,帮助他们理解课文结构。在A-2教师课堂上,教师要求学生画出作者的行进路线图,以此检查学生是否进行了仔细阅读,并促进学生沉浸文本形成方位感和画面感。

在香港,所有教师均在课前采用了导学案引导学生预习。他们通常会提前发给学生一份导学作业作为预习的指南。在采访中,B-1教师详细介绍了如何制作导学案支持学生自主学习。"我主要面向程度一般的学生设计一些基本问题,让他们答得出,能有成就感。还设计了一些分析人物、解释原因等的理解题,让他们思考得更多一些。而且,我还准备了更高层次的问题,比如课文之外的知识。"

上海和香港的教师都采用了思考—结对—分享教学法。而香港教师在使用时,向学生提出了更为细致、明确的要求,并提出了不同层次的任务。在指定时间之前完成任务的小组还可以挑战更困难的任务。

例如《在风中》一课,B-1教师布置了一个基本任务:找出课文中间接描写的句子(6分钟)。

各组完成不同内容:第1组和第2组负责第1—4段,第3组和第4组负责第5—8段。

步骤是:第1步,团队成员单独完成;第2步,与他人分享你的答案;第3步,讨论和协商;第4步,确定最终答案。

挑战任务:在第9—14段中,请用荧光笔标记一个或多个场景,并解释作者如何通过景物的描述来凸显台风的威力。(B-1-02)

3. 两地教师在不同教学阶段中采用的元认知教学策略

从具体教学阶段的角度,我们依据导入新课、做中学、拓展学习和总结评价教学四阶段模型分析了教师使用元认知教学策略的情况(参见图4-2)。上海教师更为重视做中学阶段的指导,教学策略运用较频繁;在后两个教学阶段对元认知教学策略的使用还比较缺乏。香港案例学校的教师在每个教学阶段相对较为平均使用了元认知教学策略。

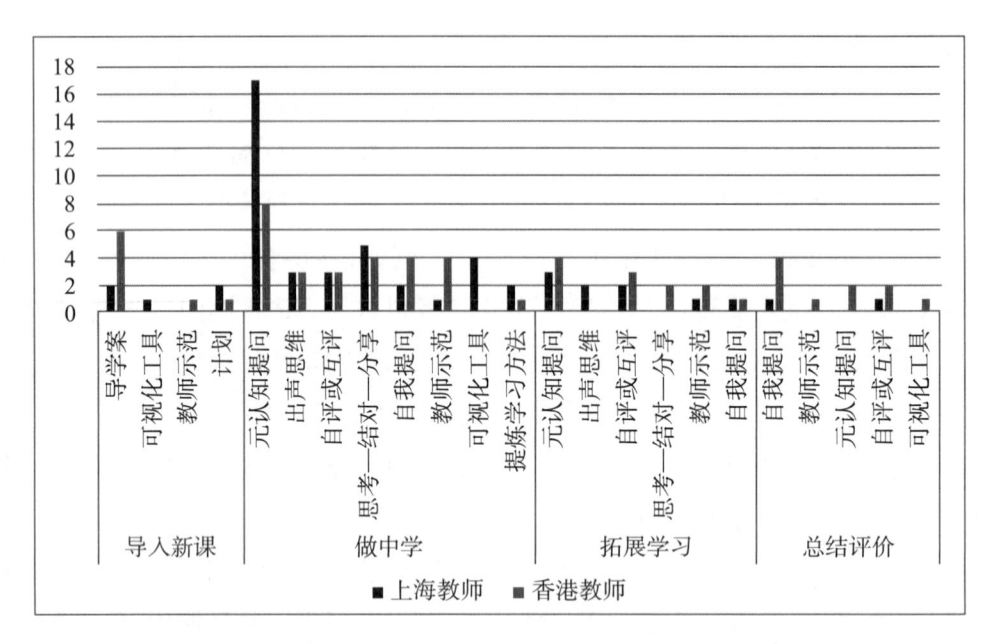

图 4-2 两地教师在不同教学阶段中采用的元认知教学策略

(1) 课堂导入阶段

上海 A-1 教师要求学生规划在说明文中应该学习什么内容,然后将学习目标与新课文联系起来,帮助学生明确新课的学习目标。

T:在学习课文之前,请想一下我们在说明性课文中需要学习什么。

S:我认为首先要明确说明的对象(说明对象),然后明确说明的顺序(说明顺序),了解说明性文字的书写方法(说明方法)。

T:你知道哪些写作方法?

S:比如举例、比较、推理等。

T:谢谢你的回答,非常正确。在本课中,我们将研究这些方面。
(A-1-01)

A-1 教师在采访中表示,她设计这些问题是为了检查学生是否还记得所学的知识,并将先前的知识与当前的学习内容联系起来。

香港教师使用了多次导学案、可视化工具、示范和计划等策略。两位教师都向学生提供了本节课的学习目标,并询问学生"你打算如何完成任务"。B-2 教师将学习目标打在每张幻灯片下方,提醒学生这节课将要做什么。

T:课前我想问一下我们如何分析人物性格?

S:从具体内容或事件来分析。

T:是的!请看PPT。在本课中,我们将学习以下技能——1.分析事件和人物性格;2.了解人物描写的各种方法。

T:我会在每一页PPT上展示学习目标,大家可以对照进行本课学习。(B-2-01)

(2) 做中学阶段

做中学阶段是教学的主体阶段,A组教师多次采用元认知提问,例如,通过元认知提问帮助学生加深对内容的理解。在《中国石拱桥》课程中,教师通过提问促进了学生反思石拱桥与中国石拱桥概念的区别,把握了关键概念的归属关系。

T:……我们看一下第二段的句子。你有没有注意到这句话的主语变了,不是"中国石拱桥"? 第二段的主题是什么?

S:是"石拱桥"。

T:是的。大家想一想,"石拱桥"和"中国石拱桥"是同一个意思吗?

S:我不这么认为。

T:谁能解释一下为什么"石拱桥"和"中国石拱桥"在内容上有所不同?回顾一下之前的内容。

S:我发现这样一句话——"石拱桥在世界桥梁史上出现较早",也就是说石拱桥在其他国家也存在。(A-1-01)

在这个例子中,教师使用反思性提问来帮助学生找到回答问题的相关细节。此外,A组教师还运用元认知提问来促进学生推理。

T:石拱桥有哪三个特点?

S:历史悠久,造型优美,结构坚固。

T:非常好。而由于中国石拱桥属于石拱桥,那么中国石拱桥有什么特点呢?

S:我认为中国的石拱桥也有着悠久的历史、优美的造型、坚固的结构。(A-1-01)

采访中,A-1教师表示:"我向学生提出元认知问题,支持学生通过联想、比较、链接推理来发现答案。可能会花更多的时间,但我们可以看到他们领悟力的进步。"

A组教师使用了可视化工具四次。通常,这种策略伴随着思考—结对—分享。在教授《在柏林》一课时,A-2教师要求学生画一幅画,向小组成员展示课文的内容。她在采访中解释了使用这一策略的意图。

> T:"这篇文章是一部迷你小说。学生喜欢看小说,他们很容易被精彩的情节所吸引。我是想促进他们的自我调节学习。可视化策略可以让学生提取内容,抓住关键信息,考察他们对课文的理解,以及去锻炼表达能力。它可以一次性完成很多事情。"

课程后半段,教师使用了可视化策略,让学生为某博物馆的主题展览绘制一幅当时的场景图。"假设你是作者,当时就坐在这趟离开柏林的火车上。你会选择哪一个场景绘制图画?从故事中选择什么人物,他们的动作、表情、周围的环境会是什么样的呢?请与小组成员一起画一幅画,并在分享会上报告。"此外,教师还善意地提醒学生:"不要担心你的绘画技巧,一张简单的图片就足够了。"与同学分享时,可以用文字阐述图画。(A-2-03)

学生们开始兴奋地创作。他们仔细阅读课文中的句子,并根据课文的细节画图。图4-3显示了学生的输出。

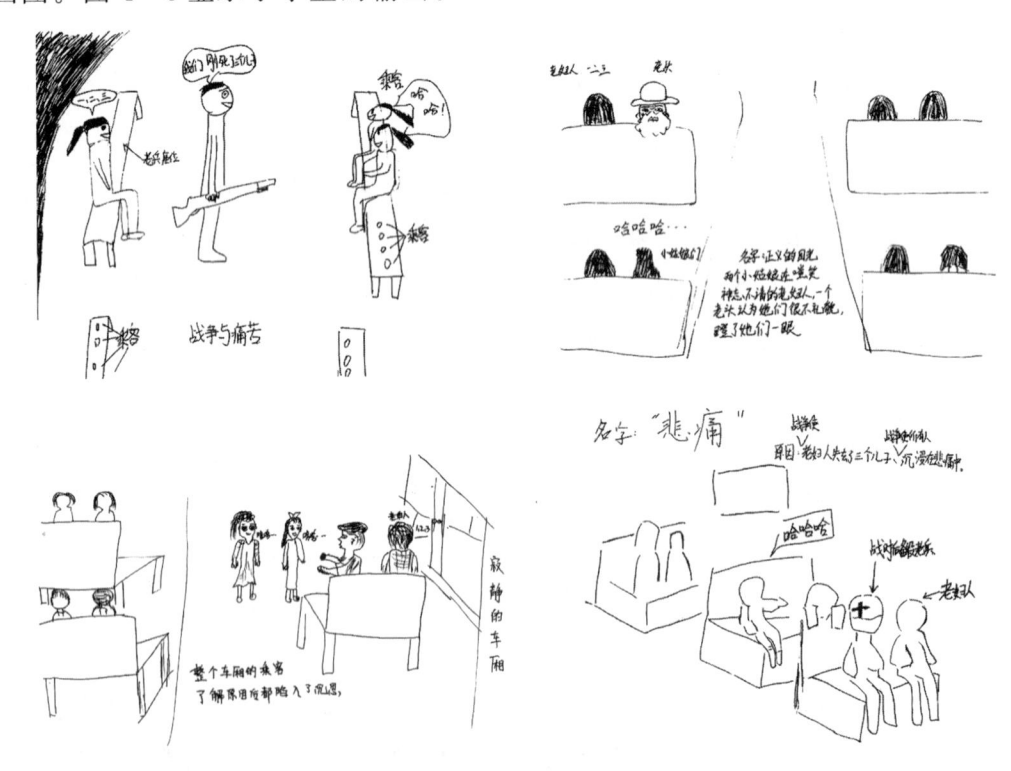

图4-3 学生在《在柏林》课程中的成果

学生汇报的环节,A-2教师问其中一组:"你们组为什么选择这个场景,你们是如何理解课文的?"一名学生回答说:"这张照片是老妇人用呆滞的眼神数着

'1、2、3'。'1、2、3'代表她的三个儿子,他们都在战争中丧生。老妇人痛苦过度,神志恍惚。"学生代入了老妇人的经历和感受,并画出了人物悲伤而呆滞的神情。此次活动激发了学生的学习兴趣,鼓励他们精读课文,深化情感体验,并呈现课文中描述的场景。

香港教师在这个阶段应用元认知提问(N=6)、示范(N=3)、出声思维(N=3)、自我提问(N=4)、自我评估或同伴评估(N=3),并采用思考—结对—分享(N=2)的方式帮助学生理解课文的含义并分析文章语言。在《孙中山》一课中,B-1教师采用元认知教学支持学生对阅读的反思。他在采访中表示:"学生主要关注的是孙中山先生对孩子们的善意,却很容易忽视他对警卫的态度。我提出反思性问题,让学生了解中山先生对他人感受的考虑。"

T:同学们,孙中山为什么不立即责怪街上的警卫呢?

S:孙中山不想让他丢面子。警卫也有尊严。

T:如果他在街上骂保安会怎么样?

S:周围的人会嘲笑警卫。

T:好的,你觉得孙中山先生为人怎么样?

S:他非常友善、平易近人。

T:是的,让我们为这位同学鼓掌!他的回答又快又准确。因此,我们不仅应该知道角色做了什么,还应该再思考他们为什么这样做。(B-1-01)

香港教师还利用出声思维的方式让学生说出自己的想法。根据课堂观察,两位教师都使用了出声思维。在《癫六伯》课上,教师组织学生猜测主要人物的心理并进行角色扮演。

S1(旁白):有一天,作者去拜访一位亲戚后,出去散步。当他走过一座小桥时,一只狗突然对他大叫一声,然后凶猛地冲过来。就在这紧张的时刻,癫六伯从屋里出来,把狗赶走了。他还邀请作者去他家做客。

S2(作者):这狗叫得那么大声,好像马上就要来咬我了。它好可怕。我很害怕!救命!谁能帮我?

S3(癫六伯):别怕!这只狗真的不咬人。去!去!不听话的狗。俗话说,咬人的狗不叫,叫的狗不咬人。

S4(邻居):第一次见癫六伯帮助别人啊,看来他也是个好人。我简直不敢相信自己的眼睛。他和以前完全不同了。癫六伯真热情。(B-2-03)

(3) 扩展学习阶段

本阶段中，A组教师倾向于使用出声思维、自我提问和元认知提问来扩展学生的学习。比如，在教授《在风中》一课时，A-2教师要求学生重写课文，将这篇散文变成一则社会新闻。在《中国石拱桥》课程中，A-1教师让学生验证自己之前的预期是否正确。在《夏天的成长》中，学生通过跟踪关键词来掌握课文的主旨。然后她要求学生通过出声思维的方式将这种方法应用到一篇新课文《夏天的感觉》中。课后，A-1教师表示："希望同学们能够在思考、对比、分享中互相帮助、互相学习。一些阅读理解能力较差的学生可以得到成绩好的学生的鼓励。此外，我还要求学生将答案写在白板上，检验他们的学习成果。他们喜欢这个活动，因为全班都可以看到他们的努力。"

香港教师主要通过元认知提问（N=4）、自评或同伴评估（N=3）、思考—结对—分享（N=2）、示范（N=2）和自我提问（N=1）等方式促进学生的理解。当完成课程的主要部分时，香港的教师倾向于组织多样的活动，例如要求学生运用描述方法写一小段文字，或者将文本与同一主题的其他文本进行比较。例如，B-1教师利用思考—结对—分享的方式激发学生的批判性思维，提问："为什么作者要详细描述警卫的反应？请分组讨论，与其他人分享你的意见，然后将团队取得共识的答案写在白板上。"

第一组：因为一个孩子站在路中间，警卫责怪了孩子。（教师写道：说明原因）

第二组：反映了当时老百姓的地位低，警卫认为孩子不能直接和孙先生说话。（教师写道：地位低下）

第三组：因为警卫认为孙中山是领导，脏兮兮的孩子不应该和他说话。（教师写道：孙中山至高无上）

第四组：突出孙中山先生的爱民之心。（教师问：这里的写作技巧是什么？学生补充：比较）

第五组：因为恶警不尊重孩子，歧视他。

第六组：孙先生的高尚情操与门卫的狭隘态度形成鲜明对比。（教师板书：对比）(B-1-01)

(4) 总结评价阶段

在总结阶段，A组教师采用示范、自评或互评、自我提问等方式帮助学生思考课堂所学的内容。A组教师引导学生反思整个学习过程，促进学生巩固课堂所学知识。A-2教师说:"可以用元认知策略来评估他们的阅读目标是否达到,并总结他们在整个课堂上学到的东西。"例如,A-2教师让学生给本组的画作命名,并相互评价各组的创作,作为课程的总结。

T:我给大家演示一下如何命名。我画了两个女孩,正在嘲笑数"1、2、3"的老妇人。一名乘客谴责这两个女孩的粗鲁行为。因此,我的画主题是"正义之眼"。

S1:我们的主题是"战争与痛苦"。故事虽然没有描写残酷的战争,但老两口失去了三个心爱的儿子,老妇人已经疯了,老人也不得不上战场。读者可以感受到战争的痛苦。

S2:我们的主题是"瞬间沉默"……

S3:我们的主题是"安静的车厢"……(A-2-01)

然后学生们评价其他小组起的画作名称。教师用演示的方式总结了本节课,学生的参与度很高。

香港教师采用的元认知教学策略有自我提问(N=4)、元认知提问(N=3)、停下来反思(N=2)、可视化工具(N=2)、教师示范(N=1)、自评或互评(N=2)。《在风中》这节课的最后,B-1教师使用了自我提问的方式,鼓励学生通过向其他小组提出问题来总结他们所学到的知识。

第1组问第2组:本课我们学到的间接描述的定义是什么?

第2组:间接描述是通过人物周围的人或环境来呈现人物的性格。

T:对!现在是第2组向第1组提问。

第2组问第1组:如何识别间接描写的句子?

T:你的问题太宽泛了。可以请您更具体地问一下吗?或者要求他们就特定主题造句。

第2组:你能用间接描写手法造一个句子来描述"冷"吗?

第1组:冬天了,水龙头冻住很难打开,人们无法拧紧。

T:回答得很好!让我们为1组的回答鼓掌。天气很冷。所以当你打开水龙头时,你会觉得很冰冷。(B-1-02)

在采访中,教师还补充说,学生总结运用的策略很重要。"有时,我会要求学生停下来反思一下他们在过去40分钟里学到的知识。学生可以思考并翻阅笔记本。初中生比高中生更需要教师的指导。"

三、学习困难学生与普通学生实施元认知教学

前面两节我们比较了不同教师运用元认知教学策略的差别。本节将关注一类特殊却不可忽视的教育对象群体——学习困难学生,从与普通学生学习和认知的差别入手,探讨元认知教学对学习困难学生提供的可能性帮助,以及实施的不同方法。

(一)学习困难学生与普通学生学习特征的比较

1. 阅读理解方面

学习困难(Learning Disability)学生是指智力正常,但学习效果低下,达不到国家规定的教学大纲要求的学生(钱在森等,1995)。[1] 阅读理解困难是学习困难的主要类型之一。阅读理解困难的学生具有正常的词汇解码水平,但在篇章的理解水平上显著落后(Stothard,1995;Kate,1998)。[2][3] 杨双等(2006)强调指出,在阅读中经常表现的现象是能够将一篇文章流利地读出来,但读完之后,脑中一片空白,不知道文章所讲的意思,只记住课文中的一些片段。[4] 这类学生在西方国家被大量发现,教育工作者称之为"读词者(word caller)"。研究者发现,根据学习困难的消极学习者理论,学习困难的主要原因在于学困生因某些认知、动机和情绪等方面的原因,未能形成教育任务所需要的策略(李伟健,2004)。[5] 在这一理论框架下,学者对学困生阅读理解的研究主要集中于阅读元认知上。

学习困难学生与高效阅读者比较方面,俞国良(2023)提到,学习困难学生在有关阅读的元认知知识和能力方面与一般学生存在差异。[6] 在阅读理解方面,学习困难儿童在确认阅读的任务要求方面存在困难,较少意识到阅读的本质目的,他们常常更多地关注词的解码或发音的准确性,很少关注对文本意义的提取过程,阅读中他们常采用"逐字读"的策略,而很少努力去发现文章的主要观点。而高效阅读者则能意识到任务要求并指导自己做出相应的努力,并能意识到影响

---

[1] 钱在森等.学习困难学生教育的理论与实践[M].上海:上海科技教育出版社,1995:48-57.
[2] Stothard S E, Hulme C.(1995), A comparison of phonological skills in children with reading comprehension difficulties and children with decoding difficulties. Journal Child Psychiat,36, 399-408.
[3] Kate N, Margaret J.(1998). Semantic processing and the development of word-recognition skills: evidence from children with reading comprehension difficulties.Journal of Memory and Language,39:85-101.
[4] 杨双,刘翔平,林敏等.阅读理解困难儿童的理解监控特点[J].中国特殊教育,2006(04):53-57.
[5] 李伟健.学习困难学生阅读理解监视的实验研究[J].心理与行为研究,2004(01):346-350.
[6] 俞国良,何妍.元认知理论对学习困难学生教育的价值与启示[J].中小学心理健康教育,2023(31):4-9.

阅读的各种变量,提高阅读策略,根据不同情景选择不同策略,但阅读困难学生则表现出这方面知识和能力的明显欠缺。此外,阅读困难学生和高效阅读者在对理解的监控水平上也存在差异。

元认知加工层面的理解监控,一直是阅读理解困难加工机制的重要研究方向。理解监控的研究范式主要包括错误觉察(error detection)、完形技术(cloze techniques)、自信评价法(measure of felt understanding)以及眼动分析和朗读分析等,其中以错误觉察任务和自信评价法为经典范式,分析得出阅读理解困难学生的理解监控水平落后于正常学生(杨双等,2006)。李伟健(2004)采用回视技术,研究了学习困难学生阅读理解控制的特点,学习优秀学生比学习困难学生在阅读理解中更少使用元认知回视。[1] 杨双等(2006)采用不一致错误觉察技术,考察了阅读困难学生对文本不同层次心理表征理解监测的特点,发现阅读困难学生对逻辑错误的觉察水平落后于正常学生,对于无意义词的觉察水平最高。[2] 赵晶(2007)通过研究发现,以即刻学习判断作为理解监测指标,学习困难学生在不同难度阅读材料上的学习判断分数均显著低于学习优秀学生。[3] 以学习时间分配作为理解控制指标,学习困难学生用于有难度阅读材料的时间分配显著少于学习优秀学生。

2. 写作学习方面

学困生写作中存在障碍的相关研究主要集中在"写作困难"的研究领域。戴健林(2003)提到,由于"写作困难"的复杂性,至今"写作困难"没有严格的定义,而对写作困难学生的界定,往往根据伯瑞托和斯卡达玛利亚(Bereiter & Scardamalia)儿童写作模型中构思、转译和修改三个环节中的表现来确定。[4] 张秋玲(2005)提到,"写作困难学生"不是智障学生,而是作文构思与写作过程中,呈现出来的作文心理方面的"成品作文图式"缺失。普通学生在写作中,会大致构思出文章的结构、内容组织和语言表达等认知模型。而写作困难学生虽具备一定的写作经验、相应的社会经历和充分的习作素材,但在他们的头脑中不存在

---

[1] 李伟健.学习困难学生阅读元认知实验研究[D].杭州:浙江大学,2000.
[2] 杨双,刘翔平,张婧乔等.阅读理解困难儿童的理解监控能力研究[J].心理发展与教育,2006(03):11-15.
[3] 赵晶,李荔波,李伟健.初中学习困难学生阅读理解监测和控制特点的研究[J].浙江教育学院学报,2007(04):27-31+42.
[4] 戴健林,朱晓斌.写作心理学[M].广州:广东高等教育出版社,2003:229.

"成品作文图式"。① 因此,写作困难学生可以理解为"感官和智力正常,但其写作成绩低于其智力潜能所允许的期望水平,且未达到'写'的基本要求"的状况。

写作困难学生与普通学生比较方面,胡来林(2007)研究发现,写作困难学生通常表现为:很少有构思或计划活动,存在产生与组织观念方面的困难;在转译过程中,存在表达观念上的困难,他们写的内容非常少,同时,受转译过程中诸多基本要求(如书写、标点、语法等)的影响,其所写文章包含较多书写、标点错误,手写字迹潦草,用词缺乏变化,句子结构较简单、不连贯等;在文章修改阶段,他们主要是修改一些表面的错误(如标点、错字等),在内容结构层面的修改比普通学生少。② 吉莱斯皮(Gillespie,2014)提到,写作困难学生在写作方面的困难是复杂多面的,在写作过程中缺乏系统的计划和修改阶段,写作对他们来说可能是认知上超负荷、体力上疲惫且耗时的,在文本质量、转录技能(如手写、拼写方面)、修改过程、对写作的态度以及写作策略的使用方面都远远比不上普通学生。③ 俞国良(2023)提到,学习困难儿童在写作中更关注结构性方面而非实质性方面。④ 例如,通过对八年级学习困难学生的写作和有关写作的元认知概念的比较,发现学习困难儿童在写作的有趣性、交流目的的清晰程度、词的选择、组织和连贯五个维度上得分较低。与其他学生强调诸如计划、组织等高级加工过程不同,学习困难儿童更关注诸如拼写正确等低水平的加工。显然,如果学生关注的是拼写、语法等正确与否而不是与特定对象的连贯沟通,那么在目标设定和策略使用方面也必然受到影响。

3. 数学学习方面

数学学习不仅培养了学生的逻辑思维和问题解决能力,还为科学、工程、经济学等学科的学习奠定了坚实的基础。通过数学的抽象和精确性训练,学生能够更好地分析和理解复杂的概念和关系。然而现实中,有些学生尽管智力正常,且处于正常的教学环境之下,但在同类群体中的数学学习水平较低,达不到国家规定的相应数学教学大纲要求,这部分学生被称为数学学习困难学生。在过去

---

① 张秋玲,吕晓珍.从仿写的心理机制探讨提高作文困难学生的写作能力[J].绍兴文理学院学报,2005(01):20-21,30.
② 胡来林.概念地图支持学习困难学生写作的实验研究[J].电化教育研究,2007(06):83-88.
③ Gillespie, A., & Graham, S. (2014). A Meta-Analysis of Writing Interventions for Students With Learning Disabilities. Exceptional Children, 80(4), 454-473.
④ 俞国良,何妍.元认知理论对学习困难学生教育的价值与启示[J].中小学心理健康教育,2023(31):4-9.

的几十年里,关于数困生的研究逐渐增多,这些研究揭示了这些学生在学习特征上与普通学生存在显著差异。具体而言,数困生在数学元认知水平方面,与一般学生存在以下的差异:

(1) 元认知知识水平较低

庞进生(2005)等人指出,在数学学习过程中,数学元认知知识表现为以下几个方面:(1) 对个体数学学习能力、兴趣、习惯的认识;(2) 对数学本质、学习目标和任务难易程度、材料的不同呈现方式等的认识;(3) 对数学学习方法、策略及其使用的条件与范围等的认识。研究表明,数学学困生的元认知知识水平较低。[1] 鲁献蓉(1999)指出,数学学困生通常无法正确评价自己的认知过程和认知结构,不会预测自己的解题速度和正确率,不了解要解决某个问题时会遇到什么障碍,没有自我纠错的能力。在面对具体的数学问题时,数学学困生通常不知道要解决该问题自身需要具备的知识能力。他们在解决了一个问题之后,还不能够了解同一个问题的一般规律,所以这个解题的方法就无法迁移到同一类型的其他问题上。[2] 另外,研究者也发现,对自身数学能力的自觉也会影响数学学困生解决问题的坚持性。蒙塔奇(Montague,1997)等人研究了学困生对数学的态度,结果发现他们对学习数学价值的评价同普通学生一样高,但对数学的态度和对自己数学能力的评价低于普通学生。[3] 在实际解决数学问题时,与普通学生相比,他们认为面临的数学问题更困难,并花费较少时间去解决问题,成绩较差。

(2) 元认知体验相对消极

程向阳(2008)认为,数学元认知体验包含了两个方面:一方面有认知活动进行时对知识获取的觉知,另一方面也有对认知过程中经历的情绪、情感的觉察,如学生通过某次数学测验,察觉到了自己学习的进步,从而感觉到的喜悦。潘冬花(2004)认为,与普通学生相比,数学学困生在学习时,成功体验少,失败体验多,其元认知体验相对消极。[4] 这可能与我国目前很多数学教学活动重结果、轻过程现状以及教师对学困生的忽视相关。[5]

---

[1] 庞进生,徐肖丽.元认知与数学元认知能力综述[J].商丘职业技术学院学报,2005(05):16-18.
[2] 鲁献蓉.数学学习困难学生的认知特点[J].数学教育学报,1999(04):55-58.
[3] Montague, M. (1997). Student perception, mathematical problem solving, and learning disabilities. Remedial and Special Education, 18(1), 46-53.
[4] 潘冬花.数学学习困难学生的元认知特点及教学策略[J].山西广播电视大学学报,2004(06):47-548.
[5] 程向阳.数学元认知差异的相关研究及启示[J].中国特殊教育,2008(10):93-96,92.

(3) 元认知监控与调节缺失

数学元认知监控贯穿于数学认知活动的全过程,即从认知目标和任务开始,到制订计划、实施计划、检查结果(程向阳,2008)。它包括策略的选择与应用、实时调整策略、评价目标和任务的完成度等等。在解决数学问题的策略方面,鲁献蓉(1999)指出,数学学困生通常不能独立制定解决问题的最佳方案,表达完整的思路。[①] 而蒙塔奇(Montague,1997)则发现,数学学困生在报告解决问题的方法与普通学生在数量上并无明显差异,但他们描述的多为低水平策略(如计算)而非高水平策略(如表征)。这说明,数学学困生并非完全缺乏策略性知识,但他们在根据任务要求选择和使用策略上存在问题,即元认知调节能力没有得到很好的发展。[②] 卡罗(Carol,1997)指出,数学学困生在元认知技能方面存在以下困难:(1) 评价自己解决问题的能力;(2) 确定和选择适当的策略;(3) 组织信息;(4) 监控问题解决过程;(5) 对结果正确性进行检查;(6) 将策略推广到其他情境。[③]

(二) 元认知教学应用于学习困难学生教育的意义

元认知教学在学习困难学生教育中具有重要意义。具体而言,表现在以下几个方面:

1. 有助于发展自我认知与监控能力

对于学习困难学生而言,他们往往对自己的学习风格和优势劣势缺乏清晰的认识,不会自动改变阅读速度和注意力水平,也无法选择适合自己的学习策略并不断进行调整。而学习是多种因素的交互影响的过程,元认知在学习中起到高层次的调控与管理作用,组织和协调学习过程各因素,与学习结果紧密相关。通过元认知训练,学生可以强化自我意识形式,意识到学习任务的特点、要求,发现现有方案对完成任务的适配性,进而有可能进行任务需求和合适阅读策略之间的协调;更加深入地了解自己的学习过程,识别自己的学习偏好和优势,在学习中发挥所长,从而找到最适合自己的学习方法。

2. 提高学困生解决问题的能力

学习困难学生在面对复杂问题时,往往缺乏系统的分析和解决问题的方法

[①] 鲁献蓉.数学学习困难学生的认知特点[J].数学教育学报,1999(04):55-58.

[②] Montague, M. (1997). Student perception, mathematical problem solving, and learning disabilities. Remedial and Special Education, 18(1), 46-53.

[③] Carol, A. T., Cynthia, W. L., Graham, A. J. (1997). Mathematics instruction for elementary student with learning disabilities. Journal of Learning Disabilities, 30(2):142-151.

(Swanson，1993)。[1] 元认知教学可以帮助他们学习如何分解问题、制定解决方案；当他们遇到理解材料的困难时，会使用调试解决问题的策略。这种方法不仅提高了他们在特定学科中的问题解决能力，还可以转移到其他学科和日常生活中。特赖宁和斯旺森（Trainin & Swanson，2005）的研究发现，[2]那些有学习障碍并接受了元认知教学的学生，在解决问题上，与没有学习障碍的学生具有同样高的平均表现。尽管有学习障碍的学生在处理速度、意义转译和工作记忆方面存在缺陷，但通过教学，这些学生在处理困难时采用了元认知策略，掌握自己的表现，评估可能的解决方案，因此获得学习的成功。

3. 增强学困生的学习动机与自信心

元认知教学关注学生在学习过程中的情感体验与心理成长。这种教学方法的引入，有助于增强学习困难学生的学习动机和自信心。郭春红和刘宝宏（2014）通过实施元认知心理干预，促进了英语学习困难学生的学习动机。[3] 他们首先协助学生调节不良的情绪反应，逐步引导学生建立起积极的情绪状态，从而激发学生对英语学习的兴趣，并增强其内在的学习动力。此外，他们还采用了多种元认知教学策略，为学生提供了个性化的学习辅导，学生的英语成绩得到了显著提升。研究证明了元认知教学在增强学困生学习动机和自信心方面的有效性，也为教育工作者提供了宝贵的经验和启示。

（三）元认知教学应用于学习困难学生教育的手段

1. 帮助学生理解元认知概念，对学生进行系统的学习策略指导

掌握元认知概念对于学困生提升学习能力具有基础性作用。维果茨基（Vygotsky，1962）描述了知识发展的两个阶段：第一，自动、无意识地获取知识；第二，对知识的主动控制逐渐增加。[4]学困生需要补充必要的控制学习、监控和回溯等知识，教师对元认知机制解释得越清楚，在教育干预实践中效果就会越明确和显著。例如在学习新单词之前可以采取选择性注意和计划策略；让他们了解可以通过制订计划来监督和调控词汇学习的过程；在阅读理解中，教师应讲解元

---

[1] Swanson，H. L. (1993). Working memory in learning disability subgroups. Journal of Experimental Child Psychology，56(1)，87-114.

[2] Trainin，G.；Swanson，H. (2005).Cognition，Metacognition and Achievement of College Students with Learning Disabilities. Learning Disability Quarterly. 28(4)，261-272.

[3] 郭春红，刘宝宏.帮助孩子搭建进步的阶梯——元认知心理干预技术在帮助学习困难学生中的应用[J].心理技术与应用，2014(02)，45-47.

[4] Vygotsky，L. S. Thought and language. Cambridge，Mass.：M.I.T. Press，1962.

认知原理,帮助学生计划、预习、监控、调整阅读速度、采用策略来促进理解,并在学习出现问题时澄清。同时,教师可以系统地介绍元认知策略,不断加深学生对元认知策略的理解,逐渐培养他们使用元认知策略的能力和积极性。

在数学学习中,可以使用提示性的问题来启发学生。教师在讲题中不应急功近利,而是要还原问题解决最原始的思维过程,即自己是怎样审题的?是如何观察数据的?是如何选择策略的?遇到障碍时是如何变换策略的?是如何想到添画辅助线的?是如何变式推广的?等等。在日常数学解题教学中,教师要有意识地多问几个为什么?怎么办?如何变?学生将会身临其境,以此达到潜移默化效果。

2. 丰富学生的元认知体验,激发学生学习的主动性

积极的情感体验有助于学生思维活跃性的增强。课堂教学中,学生是学习的主体,教师要引导学生主动发现、探究、动手操作、自我解决,可以提高学生的成就感和自我效能感(姜明欣,2022)。[①] 教师在课堂上应鼓励学生选用丰富多样的元认知策略来学习,在学习中独立思考和实践。激发学生学习的主动性,让学生有意识地将元认知方法运用到自己的学习中,和同学合作学习,学会监控自己的学习。为了丰富学困生的元认知体验,教师要注重教学过程的设计,将情景教学融入教学中,把抽象、晦涩的知识与实际生活联系起来,设置形式多样的任务情境,营造积极的学习氛围。上课时,对学生的学习进行随时监控,表扬嘉奖课堂上专心致志的学生,提问并督促容易分心的学生,尽力做到利用课堂的学习任务监控和评价到每个学生。教师在布置作业时,要因材施教,根据学生的做题速度、接受能力,设置分层作业,避免学困生为了追赶速度、追求做题数量而忽略做题的质量。在考试或测验中,对于进步的学困生,教师要予以表扬,培养学生持续性的学习动机,增强学生的元认知体验。

---

① 姜明欣.七年级学生数学元认知水平的调查研究[D].鞍山:鞍山师范学院,2022.

> **通过 STEAM 发展学困生的元认知**
>
> 普拉斯曼和戈特弗里德(Plasman & Gottfried,2018)研究发现,有学习困难的高中生参加 STEM 课程,发展了设计方案、探究过程、推理、反思等元认知技能,显著提高了学习能力。研究表明,相较普通学生群体,有学习障碍的学生在 STEM 课程的实施中受益更大。[①]
>
> 塞拉托斯和约诺(Socratous & Ioannou,2020)研究了 STEAM 课程中机器人促进学生元认知思维的价值。研究对包括特殊教育学生在内的 21 名学生进行了两个月的研究。教师要求学生使用 EV3 教育机器人工具,通过基于 STEAM 的问题解决学习困难,对机器人进行编程并根据给定的指示解决各种问题。学生通过知识改进,元认知调节,如使用教育机器人的设计、监控和调试策略。学生监控自己学习的能力也得到了提高,在解决问题的技能方面有了显著的改进。[②]

3. 引导学生提高元认知自我监控技能,帮助学生学会学习

元认知是学习者调控、监察、评价自己学习过程的能力。学困生与学优生相比,通常没有良好的学习习惯,自我控制力较差,不良习惯根深蒂固,仅靠学生自己去改正效果甚微,特别需要教师的引导和帮助。教师可以通过引导学生制订学习计划、设置学习目标、进行自我评价等方式,培养学生的自我监控能力;鼓励学生积极采用出声思维,用语言将自己的解题过程叙述出来,暴露自己的思维过程,在教师和其他学生的共同帮助下,发现自己的思维缺陷,积极调节自己的思维过程,在学习过程中及时发现问题,并采取措施加以解决。

莫戈内亚 F.-R.与莫戈内亚 F.(Mogonea, F.-R., & Mogonea, F.,2013)基于建构主义的方法,对学习困难学生进行了一项教学实验,这些学生在文学和罗马尼亚语学习中表现出一定障碍。[③] 实验采用了自我反思、自我分析、自我控制的

---

① Plasman, J.; Gottfried, M.(2018). Applied STEM coursework, high school dropout rates, and students with learning disabilities. Educational Policy. 32(5), 664-696.

② Socratous, C.; Ioannou, A.(2020). Using Educational Robotics as Tools for Metacognition: an Empirical Study in Elementary STEM Education. Directorate General for European Programmes, Coordination and Development. http://dx.doi.org/10.3217/978-3-85125-657-4-11.

③ Mogonea, F.-R., & Mogonea, F. (2013). The Specificity of Developing Metacognition at Children with Learning Difficulties. Procedia, Social and Behavioral Sciences, 78, 155-159.

教学方法,激发学困生的元认知能力,提升他们的学习效果。结果显示与对照组相比,实验组学生的学习成绩有了明显进步。

表4-8 Mogonea, F.-R.与Mogonea, F.学困生元认知教学实验方法

序号	目标	方法
1	使用个人反思决定了元认知的发展	—完成一定的观察、评论、解释和批判性分析表; —使用一定的个人反思表; —完成一定的评价表,对元认知技能进行自我评估
2	经常使用某些方法、技能和工具来激发元认知,促进元认知技能的发展	—用SWOT分析法对个人学习进行分析,包括个人学习活动的成功/不成功方面和可能的风险或机会; —整理个人日志; —填写调查问卷; —自我分析练习
3	元认知技能的提高对认知维度有重大影响,对学习困难学生的学业成绩有积极影响	—自我评价测试; —个人档案; —自我反思日志; —自我观察表

里夫和布朗(Reeve & Brown,1984)通过互惠教学(reciprocal teaching)提升学生的自我监控能力。[①] 实验对象是阅读理解分数较低的初中学困生,他们从常规班级中选出来编排在一个小班的互惠教学环境中。不同水平的学生和一名成人教师轮流"做老师",每个参与者针对课文的片段引导对话,共同分享理解和一起进行记忆。这项活动的目的是让孩子参与来培养四项重要的元认知技能:总结/自我回顾、提问、阐释和预测文本中的事件。所有这些元认知要求都体现在尽可能自然的对话中,教师和学生互相提供反馈。在几个星期的干预期内,小组互动的结构发生了重大变化。随着学生能够更好地完成任务的某些方面,教师逐渐增加要求,直到学生的行为变得越来越像成人一般的自主,这些学生反过来又充当了支持性观众。此研究的特色在于:互助教学的效果是戏剧体验性的。学生清楚地内化了他们所经历的不同类型的互动,提高了承担教师角色、提出自己的问题、总结以及评估的能力。结果显示,在几个月后进行的后续调查,干预

[①] Reeve, R. A., Brown, A. L. (1984). Metacognition reconsidered: Implications for intervention research. Technical Report, 328.

导致学生文本理解测试以及标准化测试的表现显著改善,更为重要的是,学生的学习技能、控制感和阅读能力得到了提升。

> **错误检测任务(error detection tasks)**
>
> 教师可以选择难度较低、适合学困生训练的阅读材料。在材料中设置一些错误信息。错误类型包括无序的段落、不完整内容、不恰当的过渡连接、矛盾信息和不明确的词语。请学生阅读或者教师阅读请学生聆听。如果受试者在阅读后没有提到错误,教师可以追问几个问题,提示学生哪些文章哪些地方是不合理的。我们知道阅读理解是一个提升缓慢而劳神的过程,需要学生集中注意力,进行信息处理。错误检测任务的特点是可以尽可能调动学生的主动检查机制,根据逻辑关系发现错误,确定自己在连续信息的处理上是否有效。通过这样的环节,可以锻炼学生的注意力、监控和反思能力。教师根据学生表现也可以给予奖励,鼓励学生的进步,逐步发展学生的理解水平。

4. 促进学生的课后自我反思,增强其学习效能

鼓励学生进行自我反思,不仅可以让学生认识到反思的价值,同时也培养了他们的反思意识。学生可以采用多样化的学习方法,比如任务分解、计划制订和反思清单等。教师提供必要的反馈和引导,激励学生相互之间的学习互动,帮助学生更加深入地进行元认知反思。王后雄(2013)指出,教师指导学生进行反思时应考虑思维过程的反思、知识的深度和广度的反思、解题方法的反思、多元结果的反思、错误分析的反思、答题结果的反思。[①] 此外,楚明珠(2015)强调,作业的设置应重质不重量,选取能促进学生思考和反思的代表性问题,实现由此及彼。[②] 分层布置作业,根据学困生特点、学习类型、学习情况进行个性化设计,确保作业在学困生知识复习与操练中发挥应有作用。教师可以深化对促进学困生进行自我反思在增强学习效能方面重要性的认知。积极激发学生的反思意识,并通过有意义的作业布置引导学生深化理解和进行反思,有助于提升学困生综合学习能力。

总之,元认知教学应用于学习困难学生的手段是丰富多样的。通过增强学

---

① 王后雄,孙建明.中学化学教学中题后反思的价值及途径[J].内蒙古师范大学学报(教育科学版),2013,26(02):124—127.

② 楚明珠.美国针对学困生的策略教学研究及对中国的启示[D].上海:华东师范大学,2015.

生的元认知意识、培养学生的自我监控能力、教授有效的学习策略、提供反馈和作业布置等手段，可以帮助学习困难学生更好地认识自己的学习特点和方法，提高学习成绩。

（本部分为广东省哲学社会科学规划2023年度学科共建项目"职普融通背景下中职学生学习困难问题、成因与转化策略研究"部分成果）

第五章 教师共同体支持的元认知教学

本章导语

"在一次集体研讨中,我和本学科及其他学科老师一起探讨元认知教学的困惑时,大家一起头脑风暴想出很多很棒的观点。那一次的研讨活动使我的收获很大。我意识到,大家一起推进元认知教学,共同研究、分享经验,可以取得事半功倍的效果!"

——某校赵老师

教师需要在实践中积累智慧,获得"理性的教育践行能力"。教师共同体可以发挥集体的优势,促进教师使用元认知教学过程中实践智慧的生成。在元认知教学的实践中,教师共同体可以提供更多的资源和支持,帮助教师更好地理解和实施元认知教学策略,反思教师实践的不足,获得学生表现的即时数据,打造更有效的元认知教学策略,提升课堂的教学效果。

本章将围绕教师共同体支持的元认知教学展开讨论,首先介绍教师共同体的概念和不同种类,然后探讨如何通过课例研究(lesson study)共同体促进元认知教学的实践和发展。我们将以一项语文案例研究为例,深入分析课例研究共同体在元认知教学中的作用和影响,以及介绍一项通过课堂学习研究(learning study)共同体发展元认知教学策略的案例。本章内容将围绕教师共同体在元认知教学中的作用展开,通过案例分析和实践探索,从教师合作共同体的视角为学校和教师提供有效开展元认知教学的思路。

一、教师共同体与元认知教学

(一) 教师共同体概述

元认知教学是一种有挑战性的教学方法,教师通常在实施中遇到诸种困难,因此教学合作必不可少。教师实践共同体(community of practice)是教师群体通过持续性互动提升专业知识和技能的群体(Wenger & Snyder, 2000)。[①] 教师们可以互相启发,促进对自身教学理念和方法的反思,提高元认知教学水平,促进教与学的双向发展。

一方面,实践共同体推动共同事业。在推进学生自主学习的过程中,教师通过与同伴的合作探讨,聚焦教学工作重要环节,辨识教学的关键点,论证适合的处理方法。对于学生,教师可以诠释学生能力中的潜在知识结构、知识进程,认识到元认知的重要作用,以及从设计的角度提供帮助学生驾驭自己学习的实践策略,使学生完善和内化自主学习的知识系统和能力架构,成为自主学习者。

另一方面,实践共同体促进同伴互助。教师在自主学习的课堂学习研究中,会与同伴进行课前讨论,进行课堂观察,课后协同反思总结,同伴的智慧和建议会帮助教师实施教学。同时,为提高学生的自主学习能力,教师需投入大量的时间和精力对学生进行辅导、分析、引导和跟进,同伴合作可视为非常重要的支持,共同帮助学生进行自主管理,积累相关的教育经验,分享工作心得,取得学科教学的进步。

实践共同体的优势在于,通过一起讨论、观摩、反思,促进平等的知识分享,可以聚焦教学工作的重要环节,帮助教师辨识教学的关键点,论证适合的处理方法,集同伴之智慧促进对教与学的反思。

---

① Wenger, E., & Snyder, W. M. (2000). Communities of practice: The organizational frontier. Harvard Business Review, 78 (1): 139 – 145.

1. 课例研究共同体

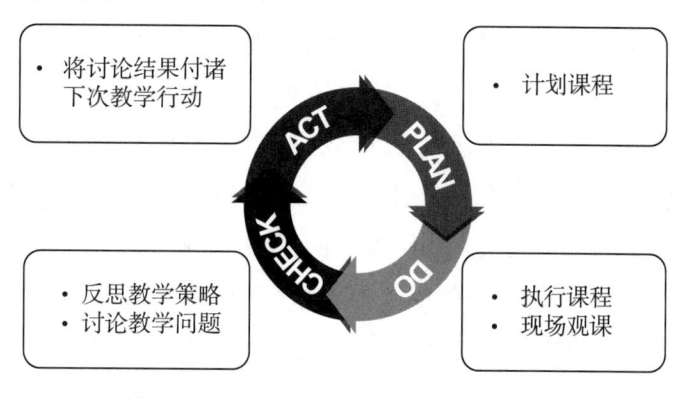

图 5-1 课例研究流程图

课例研究(Lesson study)是一种教师专业发展的形式,教师们组成实践共同体,通过深入研究和共同观课来提高教学质量。它强调教师之间的协作和反思,参加人员通常包括学科教师、课程领导人、学校领导、教学指导专家或高校教师,是一种教师专业发展模式。它是一系列"计划(Plan)—执行(Do)—检查(Check)—实施行动(Act)"的过程(见图5-1)。计划(Plan)是指教师们一同选择授课主题,确定学习内容,诊断学习难点并做出教学设计。执行(Do)是指一名教师会根据教学设计实施课堂教学实践,同伴教师会同步进行课堂观察。一般课程会进行记录或录像,以便稍后进行详细分析。课结束后,会对部分学生组织访谈,了解他们认为自己在课程中学到了什么。检查(Check)是指教师团队进行深入的讨论和分析,进行教学评价。通常会以会议的形式讨论、反思,也会对学生开展后测,或做出作业分析,评价整体教学效果。实施行动(Act)是指对检查反思的结果进行处理,保留教学中好的地方,对不足之处在下一轮教学中进行改进。需要强调的是,课例研究并非一轮PDCA循环,而是进行多轮PDCA实践,这是课例研究的运行机制,我们称之为"迭代"。

课例研究是提高教师教学水平的沃土。在这种实践中,教师会仔细检查学生的学习和发展目标,设计面向目标的学习体验,实施课程,观察和分析学生的学习情况以及修改课程设计以改善学习效果。课例研究支持反思性实践,并涵盖了单节课中教学的全部复杂性。同时面向已选主题,例如元认知教学、任务教学等,聚焦一段时间的教学效果,保证教学的连续性和时效性。课例研究促进教师回归学生的主体性,通过教师的支持使学生从单纯知识的客体,发展成为知识的主动者和指导者。

2. 课堂学习研究共同体

中国香港的"课堂学习研究"(Learning Study)整合了中国内地的教学研究以及日本的"授业研究"(Lesson Study),是对一堂课的教学内容进行集体备课、观摩教学、协同工作,进行有系统的反思以提升教学成效的教学过程。课堂学习研究基于变易理论(Marton & Booth,1997),聚焦课堂内容的关键特征,通过建立专业学习社群,解决教师在教学中遇到的困难和挑战,以及促进学生的学习成效,落实教改目标。[①] 下图是课堂学习研究的循环圈(见图5-2)。教师们在选定了研究主题后,拟定学习内容;之后教师通过前测等方式诊断学生的学习难点、分析确定学习内容和关键特征、教学设计;接着进行教学实践,一位教师上课,其他教师观课,教学实践会根据教师共同体的反馈进行完善,通常会进行数轮教师上课;进而进入评价和学习诊断阶段,再进入下一个教学循环。

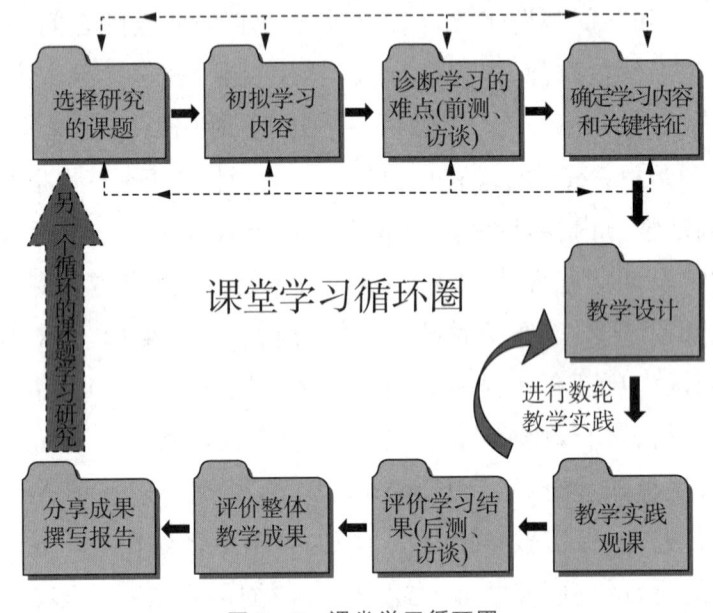

图5-2 课堂学习循环圈

课堂学习研究是一种行动研究,通过促进教师的专业发展来改善课堂的教与学(Cheng,2011)。[②] 这种研究式的教学模式,可以有效促进教师了解学生的学习状态,反思对学生的教授和指导。在充分了解学生认知状态的基础上,教师和

[①] 郑志强.课堂学习研究与教师专业发展[M].合肥:安徽教育出版社,2011:33.

[②] Cheng, E. C. K. (2011). The role of self-regulated learning in enhancing learning performance. International Journal of Research and Review, 6(1), 1-16.

学生实现在心理层面、知识层面和技能层面的深层互动。开展课堂学习研究有助于教师的专业素养的提升,教师能根据学生现有认知状态制定学习目标;用个人发展、未来成就或制定目标来激发学生的学习动机;对学生进行有针对性的指导,通过训练和实践发展学生的学习策略,提升策略有效性;完善学生自我调控系统结构,引导学生反思学习进程。

(二) 教师共同体与元认知教学

根据温格(Wenger,1998)对实践共同体的阐述,共同体是一个由教师组成的社群,他们共享教育目标、教学理念和实践经验。[1] 在这样的共同体中,教师能够互相交流和合作,共同面对教学中的挑战并共同创造新的教学方法。共同体的支持使教师能够跨越组织边界,分享和生产知识,促进个体和组织的学习与成长。元认知的教学目的是帮助学生发展对自己学习的知识和控制过程的意识。对于教师来说,采用元认知教学是富有挑战性的,因为它要求教师能够引导学生自主学习、监控自己的学习过程和应用有效的学习策略。共同体可以提供教师之间的支持和协作,为教师提供反思和改进教学的机会,并使他们能够共同制定和调整适合自己教学环境的元认知教学策略。

通过教师共同体的合作,教师们可以互相学习和分享使用元认知教学策略的经验,共同解决教学中的难题,并不断改进自己的教学实践。这种融合能够促进教师的专业发展和教育实践的创新,提供更有效的学习体验和更好的学习结果。因此,教师共同体支持教师在教育实践中共同探索和应用元认知教学策略。具体包括以下几点作用。

1. 促进资源共享

在教师共同体中,资源共享是重要内容之一。成员可以共享各类教学资源、经验和实践,提升整个社群的专业水平。教师们能够分享丰富的教学资源,包括教案、教材、课件等,形成了一个共同的教学资料库。通过这种共享,教师能充分利用彼此的经验和教学工具,提高元认知教学的实施水平。同时,教师们也可以分享专业经验和实践,促使成员们从成功经验中学习,共同探讨解决教学难题的方法。资源共享促进教师能够更好地理解和应用元认知教学策略,提升教学质量,形成更加紧密的学习社群,为元认知教学的创新与发展提供有力支持。

---

[1] Wenger, E. (1998). Communities of Practice: Learning, Meaning, and Identity. Cambridge, England: Cambridge University Press. 4-15.

表 5-1 是教师共同体在元认知教学中可以进行的资源共享情况。

表 5-1 教师共同体对元认知教学的资源共享

教学资料与工具的共享	专业经验与实践的分享
・元认知教学教案、课件等教学资料的共享 ・有效的元认知教学策略、手段分享 ・各类元认知教学评估工具的交流	・分享成功的元认知教学案例 ・讨论在元认知教学中的实际应用经验 ・探讨教学过程中遇到的问题及解决方法
专业知识和研究成果的共享	学科知识和跨学科知识的整合
・分享元认知教学相关的最新研究成果 ・交流参加研讨会和培训活动的收获	・整合各学科领域的教育资源,拓宽教学视野 ・探讨将元认知教学融入不同学科的教学中

2. 元认知教学策略的发展

教师共同体为教师提供了发展元认知教学策略的机会。通过集体备课、研讨和实践反思,教师能够不断发展和完善元认知教学策略的使用。首先,共同体帮助教师选择合适的元认知教学策略,并可以促进教师对以前不熟悉的教学策略的认识与使用。通过共同体成员的经验分享和专业讨论,教师们能够了解并学习到更多元认知教学策略,拓展了教学工具的多样性。例如,教师可以从共同体中了解到元认知策略中的"出声思维"作为激发学生思考的工具,从而引导学生更有效地理解和应用知识。

其次,共同体合作促进教师根据学生实际情况,不断调整元认知教学策略,增强与学生学习的适配性。通过教师观课与反馈,教师们可以了解到学生在学习过程中的困惑、不足,从而更有针对性地调整元认知教学策略。例如,在数学教学中,通过共同体的讨论,教师可能发现学生在问题解决时的困惑点,进而调整元认知策略,强调解题思维的引导和培养。

第三,教师的合作反思可以帮助教师整合多种元认知教学策略,更好地提升教学效果。教师们可以通过相互研讨,将不同教学策略的优势创造性地整合进教学过程中。例如,结合元认知策略中的目标设定和自我监控,教师可以设计出更有针对性的学习计划,让学生更好地管理自己的学习进程,推动教学的不断创新。正如维曼和斯潘思所言(Veenman & Spaans,2005):"教师应该积极参与共同体,以便不断更新和拓展自己的元认知教学工具箱,为学生提供更有效的学习体验。"①

3. 创生合作的环境

教师共同体是发生在一个"合作"的框架中,它创造了积极的学习环境,使成员之间建立了互相学习的关系。通过教师共同备课与听评课等活动,共同体成员能够以改进为导向进行研究和讨论,建立起基于合作的积极学习氛围。同时,在面对教学困境时,教师们一齐寻求解决问题的方案,促使相互之间的信任与协作,使得问题不再是孤立的,而是一个共同面对和解决的挑战。这种环境不仅强化了成员之间的交流,也为元认知教学理念的实际应用提供了平台。而在与参与者交流时,信任、尊重、可靠就显得更为重要。布尔基等人(Purkey et al.,1996)指出,如果没有一个合理的信任水平,参与者将不会自我披露或承担必要的风险来寻找新的存在方式。② 只有在合作文化中,成员才能够更自由地分享教学实践性知识,促使观点在交流中碰撞、跨界,从而形成更富创造性和创新性的教学理念和实践。

这种合作关系还需处理好专家型教师的权威性问题。在课例研究中,具有丰富教学知识和技能的教师会在教师社团中以他们的威信、职业、经验获得其他教师的尊重,应在课例研究社群中发挥重要的引领作用。这些教师包括校外邀请的具备丰富教学研究经验的专家、校内学科骨干教师,或者负责教师专业发展的部门主任或学科主管。因此在日常的课例研究中,专家的意见占有很大的分量,极大可能影响教师们的最终决策和教学改进的方向。教师共同体提供了教师多元协商的平台,因此,给予所有教师发言机会并珍视每一个人的意见是重要的,而不是简单顺从于某种"权威",最终方案应是理性协商的结果,而非妥协的产物。

合作文化的建立促使教师们在共同体内共同制定教学目标和计划,相互观摩和评估教学实践。这不仅有利于个体教师的发展,还加强了整个教师群体的整体素质和竞争力。通过共同体提供的平台,教师们能够参与专业培训和学习活动,不断更新知识和教学技能,从而提升整个教师群体的水平。在共同体中,

---

① Veenman, M. V. J. and Spaans, M. A. (2005). Relation between intellectual and metacognitive skills: Age and task differences. Learning and Individual Differences, 15, 159 – 176.

② Purkey, W., & Schmidt, J. (1996). Invitational Counseling: A Self-Concept Approach to Professional Practice. Pacific Grove, CA: Brooks/Cole.

教师们能够尝试新的教学方法和策略,通过互相交流和合作,不断改进教学实践。这种创造性的学习氛围可以激发教师的热情和动力,为教师提供更为丰富深入的职业体验。

4. 提供学校层面的支持

学校需要采取相应措施促进共同体的有效合作。首先,专业发展的懈怠是妨碍共同体发展的一大因素。学校可以提供激励机制,如奖励措施或专业发展计划,鼓励教师积极参与共同体,从而促进教师的专业成长。其次,确保共同体的目标和期望明确也是关键的。在教育领域,不断学习和专业发展对于提高教学质量至关重要。学校应促进设立清晰的教师发展目标,建立有效的沟通机制,保持共同体成员之间的协同努力。共同愿景有助于激发共同体成员的积极性,减少隐性分歧。

最后,学校需要为共同体提供必要的资源和支持,包括提供专业培训、资金支持、教学用具和技术设施,确保共同体成员有足够的条件进行合作和实践元认知教学策略。同时,学校还需协调解决时间冲突的问题。教师们平时的工作繁杂,学校要采取灵活的时间安排,例如设定特定的共同体活动的时间,确保教师有足够的机会参与。通过这些资源的支持,教师共同体可以更好地开展元认知教学研究,更有效地发挥合作创新的作用。学校也可以组织校级层面的教师研课磨课活动,使不同学科的教师共同探讨元认知教学的实施,提升认识,分享见解,促进教师们跨学科教学知识和能力的发展,为元认知教学的有效实施提供有力支持。

教师共同体与元认知教学的融合催生了新的教学模式。这一模式突破了传统的教学边界,强调协作、互动和个性化。通过共同体的支持,教师能够更好地应用元认知教学理念,创造出更具创新性和显著效果的教学实践,为学生提供更富有深度的学习体验。这种新的教学模式既反映了教育的不断演进,也体现了共同体与元认知教学之间的有机融合。

二、通过课例研究共同体促进元认知教学:一项语文案例研究

(一)案例概述

本节将介绍在上海初中语文学科开展的一项课例研究。研究采用了准实验研究方法,包括对照组和实验组。实验组由32名学生组成,由4名语文教师组成课例研究小组进行三轮课例研究。对照组由34名学生组成,由1位教师承担教学。两组均教授一个单元中的同样三篇小说课文。

课文 1:《初航》《制陶》(选自《鲁滨孙漂流记》)。

课文 2:《小人国被俘》(选自《格列佛游记》)。

课文 3:《了不起的粉刷工》(选自《汤姆·索亚历险记》)。

实验组 4 名教师组成了共同体开展课例研究,旨在改善教学实践并增强教师对有效教学策略、协作和反思的认识。教师合作设计和实施课程,并加深他们对学科知识和元认知教学实践的理解。因此,教师合作是该过程的关键特征。在进行课例研究的程序方面,采用了 PDCA 流程。(1) 在"计划"(plan)阶段,团队教师以"小说教学中的元认知教学策略"为主题共同设计了三节研究课。(2) 在"执行"(do)阶段,一位教师上课,其他人观察课程计划的执行情况,会特别注意学生的反应和与教师的互动。(3) 在"检核"(check)阶段,所有教师召开课后会议,分享观课感受和进行反馈,并提出改进教学的建议。(4) 在"完善"(action)阶段,教师们会讨论和修订教学方案。

这项研究通过教师合作的课例研究评估了元认知教学策略(教师示范、自我提问、出声思维和 KWL 策略)对学生阅读理解的影响。研究问题如下:

问题 1:元认知教学策略在多大程度上提高了学生的阅读理解能力?

问题 2:课例研究的 PDCA 周期在多大程度上发展了元认知教学策略?

研究周期为四周。研究者对两个班级的学生进行了前测和后测,以检验元认知教学对提高学生阅读理解的有效性。研究者还对教师进行了访谈,调查他们如何通过合作来发展元认知教学法。实验组教师们课前和课后会议将被录像并进行转录,用来评估 PDCA 循环对改善元认知教学策略的影响。

(二) 研究结果

1. 元认知教学策略提高了学生的阅读理解能力

在进行课例研究之前,通过 T 检验比较了对照组学生(平均分=41.10,SD=4.72)和实验组学生(平均分=41.21,SD=5.35)的预测成绩。p 值为 0.923(p>0.05),反映出两组的阅读理解没有显著差异,学生具有相同的阅读理解水平。进行本课研究后,通过 T 检验比较对照组(平均分=43.20,SD=5.62)和实验组(平均分=46.03,SD=5.41)的后测成绩。p 值为 0.035(p<0.05),表明课例研究后两组的阅读理解有显著差异。这表明课例研究在实验组中实施的元认知教学策略比对照组所采用的策略更有可能提高学生的阅读理解能力。

实验组教师的元认知教学可提炼为以下四个步骤:回忆先备知识、概括文章大意、深化内容理解和总结知识巩固(参见表 5-2)。

表 5-2　教师元认知教学四个步骤

教学过程	元认知教学策略	第一节课	第二节课	第三节课
回顾旧识	KWL (K,W)	(1) 对小说《鲁滨孙漂流记》，你知道哪些？	(1) 关于这本小说，你知道哪些？	(1) 你对《汤姆·索亚历险记》这本小说了解多少？
		(2) 关于这篇文章，你想知道些什么？	(2) 关于这个主题，你想知道些什么？	(2) 对这篇课文你有任何想探究的问题吗？
			(3) 你有任何不明白的问题吗？	
掌握主旨	思维导图	(1) 主要人物、故事背景和情节开始、高潮和解决方案是什么？	(1) 老师已经做了一个思维导图模板，请同学们画出子分支，并完成每个部分。	(1) 你可以像前两节课一样，自己制作思维导图吗？
				(2) 和你的同伴相互检查思维导图。
加深理解	出声思维	(1) 鲁滨孙在首次航行时以及在岛上时发生了什么变化？	(1) 让我示范如何用语言表达自己的思考过程(或者想法)。	(1) 我示范出声思维回答：汤姆成功的秘诀是什么？
			(2) 请出声思维：为何小人国的子民很艳羡格列佛？	(2) 同学们，请思考和解释"为什么汤姆被称为一名了不起的粉刷工"，与小组成员合作交流。
	提问	(1) 当遇到了暴风雨，鲁滨孙有什么感受？	(1) 你可以得出哪些结论？找出与小人国子民身高相关的句子。	(1) 汤姆做了什么吸引了本的好奇心？
		(2) 他如何应对制陶器过程中遇到的这些问题？	(2) 你可以找到几处细节支撑你的观点？请举起手指展示数字	(2) 基于你的经历，汤姆和其他相同年龄的孩子有什么不同之处？

(续表)

教学过程	元认知教学策略	第一节课	第二节课	第三节课
总结巩固	KWL（L）	（1）你从鲁滨孙的冒险经历中学到了什么？	（1）请写出你在KWL表的"W"一栏中提出的所有问题的答案。	（1）你从汤姆的故事中学到了什么？

在每节课的开始，教师都使用了KWL策略来激发学生的先验知识，并鼓励学生提出问题，以及鼓励学生出声思维并监督他们对课文的理解。在课程结束时，学生们普遍能够回答出他们在课堂开始时提出的问题（参见表5-3）。据观察，对照组中的学生没有机会自我质疑和反思所学。

表5-3 学生KWL图表的回答情况

学生不理解内容（W）	学生学到什么（L）
"我只晓得，这样做很对汤姆·索亚的心思。"为什么干活这种苦差事会对汤姆的心思？（5人）	这样说会让本觉得刷墙很有趣，骗本来刷墙。
"依我看，1000个孩子，兴许2000个孩子里面，也找不出能把墙刷得让她满意的。"为什么汤姆这么说？（9人）	其实汤姆是编造的，这样说是为了说明刷墙机会难得。
"汤姆让出了刷子，脸上显得很不情愿，心里可是乐滋滋的。"为什么"脸上显得很不情愿，心里可是乐滋滋的"？（6人）	汤姆故意做出不愿意把刷墙的工作让给本的样子，让本上当。
"汤姆姿势优雅地挥舞着刷子。本盯着他的一举一动，越看越有兴趣。"为什么本会越看越有兴趣呢？（2人）	因为汤姆说不是每一个孩子都能每天得到这个机会，勾起本的好奇心。
"那好，你来试试——不，本，不成。我怕——"都答应了，怎么又不愿意了呢？（3人）	欲擒故纵，让本本来的好奇心进一步放大。
"难道一个小孩子每天都能得到刷墙的机会吗？为什么说刷墙这种事是'机会'？"（3人）	这么说好像刷墙成了一种难得的体验，好让本心甘情愿地去刷墙。
"好吧，这也许是干活，也许不是。"为什么他会这样说，不直接说"不是"？（4人）	他在强调这个工作很有意思。

注：上表的人数是指提问这个问题的学生数。

在实验组中,教师教学生们用思维导图抓住课文的大意,并辅助以提问。由于思维导图的格式是提前给出的,包括人物、性格、环境、起因、经过、高潮、结局,因此学生没有遗漏结构要素,还可以理解小说中不同的元素是如何作为整体结构的一部分发挥作用的,并且可以通过视觉化的图形组织来比较人物的特征。而对照组中,教师要求学生记笔记写出小说大意来理解文本结构。学生们很容易漏掉一些要点,并不得不写出一个很长的段落,占用了较多课堂时间。

到第三次课,学生已经可以运用出声思维分析课文了。他们更加投入并专注于自己的思考过程。当教师提问:"汤姆为了唤起本的好奇心做了什么?"一名学生用出声思维来回答这个问题:

> 当本走过汤姆时,正在粉刷墙壁的汤姆装作惊讶地看到本。当我阅读这句话时,我想知道为什么汤姆说他没有注意到本,但实际上他看到了本。我认为汤姆是故意这样说的。他假装沉迷于粉刷墙壁,这使作品看起来很有趣。他欺骗本刷墙,并得到了本的苹果。

出声思维可以激发学生的思维,并帮助他们对所阅读的内容进行推断。而对照组教师也问了一些问题激发学生的反思。但是,大多数问题都是封闭式的,学生仅回答"是/否"或用简短的短语回答,教师也没有鼓励学生进行推理和预测以理解课文。

总之,元认知教学策略使本研究的学生能够使用思维导图、出声思维和KWL策略来回顾他们对课文的理解。这种自主学习对于发展学生的自我调节的学习和阅读理解至关重要。将元认知教学策略嵌入课程设计的四个阶段,使学生可以体验自己分析、推断、连接和反思的过程,增强了他们的学习自主性,并提高了阅读理解力。

2. 课例研究的PDCA循环发展了元认知教学策略

第一,课例研究有助于教师形成元认知自我意识。PDCA的课例研究周期可帮助教师反思自己的自我意识。实验组教师A和教师B的访谈结果表明,PDCA循环有助于他们发展反思实践和元认知教学的能力。

> 我反思如何整合学生的生活经验和文本的主要思想,帮助他们理解鲁滨孙的行为和汤姆的行为。(教师A)

> 会议中的同伴提问使我能够检查和审查自己的做法,并帮助我意识到自己在教学中的优点和缺点。(教师B)

课例研究通过教师合作让教师对自己的教学设计和行为有更深入的认识,

通过提供反思课程设计和实施的机会,增强了教师的元认知意识。

第二,PDCA 循环使教师根据学生需求使用元认知教学策略。在 PDCA 周期中,教师对元认知教学策略进行了完善,从以教师为中心转变为以学生为中心。他们共同设计了 KWL 图表,在预习阶段和课堂中使用,识别学生理解的困惑,导航学生的学习。另外,同伴观课也丰富了认识学生学习特点的视角,以及发现了学生的学习问题。观课教师 D 建议给予学生更多的自主权,教师 B 分享了她的设计意图:

"我们应该扮演促进者的角色。我们不是控制者。应该让学生创造性地思考,并引导他们逐步阐明自己的思想。"(教师 D)

"我要求学生出声思维:为什么这些小人羡慕格列佛?我给他们一个暗示,要注意小人的身高。"(教师 B)

在课例研究中应该考虑学生的当前特征和需求。一旦教师在 PDCA 周期中采用了元认知教学策略,他们的教学方式便从最初的"请写下我所说的答案"转变为以学生思考为主的"请比较、思考或推断,自己解决这些问题"。

第三,PDCA 循环可以帮助教师打磨元认知教学策略。课例研究的 PDCA 的运行机制,有助于帮助教师深入了解教学中的挑战和机遇,共同开发、分享和发展有效的教学策略。在实际促进自主学习的教学中,教师会遇到诸多问题。比如,不知何时讲、怎么去讲,不知怎样激发学生的学习动机等。在首次教学实践结束后,教师们发现了元认知教学策略可以改进之处,并通过教师共同体观课进行了印证,大家一起讨论改进措施。在后续的 PDCA 实践中,教师对这些策略如何运用在小说教学中进行多次的实践、讨论和检查,从而生成对学生行之有效的自主学习教学策略。

"在第一堂课中,教师 A 运用出声思维,却发现学生很难跟随。学生张不开嘴,或者学生之间在闲聊。我建议在练习之前向学生演示出声思维。我认为教师应该在下一课《小人国被俘》中为学生明确示范和解释该策略。"(教师 C)

教师 D 探索了其他支架促进元认知策略的方法。"我记得一种与细节建立联系的方法。如果学生可以建立联系,他们可以举起手指显示找到了多少处联系。"该方法可以鼓励学生进行推理并增加参与度。

在第一堂课中创建思维导图时,学生无法找到故事的核心思想和重要情节。然后,教师们讨论了如何在下一堂课中为学生提供便利。教师们商讨后达成一致,要提醒学生集中精力标识出指示时间的句子,例如"格列佛醒来时,是早晨",以及寻找"诸如""但""尽管"等连词。

此外,教师 B 建议:"这节课教师讲得太快,很多地方学生跟不上,学生参与课堂活动的效率不高。我建议教师让学生自我提问时,多花一些时间,停下来让学生进行自我理解。在下一课中,我们可以删除不重要的活动,预留时间用于学生的自我提问。"

(三)案例小结

此案例表明,元认知教学通过鼓励学生监视和控制其学习,对学生的成绩产生积极的影响。它为回应我国教育改革对培养自我调节学习者的要求提供了一条可行的路径。元认知教学应作为一种长期的方法来实施,不断改变学生的学习方式。教育主管部门可以考虑将元认知教学纳入课程体系。

学校可以更广泛地将课例研究运用于教学改进和教师专业发展。应允许教师通过实施 PDCA 循环来尝试创新教学方法。虽然课例研究可能不会在行政上占主导地位,但它确实需要学校领导者的支持,包括建立共同的愿景,邀请专家培训课例研究,并做出全面的规划来实施课例研究项目。建议学校提供更多资源与培训机会,加强教师之间的合作和在教学方法上的专业发展,发展学生的自主学习能力和批判性思维,使教师的教学紧跟课程改革思想。

这项研究有助于我们了解教师如何通过课例研究使用元认知教学促进自主学习。教师应用元认知教学策略需要投入更多的时间和精力,在课例研究社群中,教师的合作使他们有机会反思自己的实践并了解学生的学习需求。特别是当尝试新的教学方法时,教师共同体的作用尤为重要,教师可以分享他们的知识,讨论教学上的困难,并向其他小组成员提供建设性反馈。

三、通过课堂学习研究打造元认知教学策略:一项教师教育研究

本节将介绍一项在香港开展的教师教育研究,通过课堂学习研究(Learning Study)发展元认知教学策略。本研究讨论了在教师教育课程中应用课堂研究方法,加强预备教师的元认知教学知识和技能,帮助其应对香港"学会学习 2.0+"课程改革的挑战。

(一)研究背景

自从全球推出学会学习课程以来,元认知教学已成为教师教育中的一个创新研究议题。"学会学习 2.0+"课程重点在于培养学生的通用技能,包括决策、

计划和解决问题的能力。所有这些都可以概念化为"元认知技能",课程包含了科学、技术、工程和数学(STEM)教育、信息素养、跨课程语言、价值教育和电子学习等多种要素(香港课程发展委员会,2015)。课程发展委员会建议学校实施这些课程,提高学生的元认知能力,实现终身学习。然而,"学会学习2.0+"课程给学校的课程实施和教学设计带来了新的挑战和影响(香港课程发展委员会,2015,2017)。[1] 教师专业能力的发展是影响课程改革成果的关键因素(Cheng,2017)。[2] 如果他们要成功实施"学会学习2.0+"课程,课堂学习研究是一种适合的方法,支持教师获得相应的知识和技能(Cheng & Lee,2019)。[3]

元认知是监控认知的机制。认知涉及记忆、学习、解决问题、注意力和决策等心理过程。这些过程帮助学习者产生新知识并使用他们已经内化的知识。元认知让学习者能够主动控制自己的认知,本身也是一种认知过程:它是关于思考的思考。有效控制元认知可以提高学习者的学业成就和适应能力。元认知是学习者监控和控制其认知过程的能力,它可以改善学术成就、促进阅读和理解能力、提高批判性思维能力,以及增强问题解决和数学能力(Kramarski,Mevarech & Arami,2002;Ku & Ho,2010;Van der Stel & Veenman,2014)。[4][5][6] 在数学学习表现中,元认知的影响超过智力(Schneider & Artelt,2010),[7] 与自主学习、

---

[1] Curriculum Development Council. (2015). Ongoing renewal of the school curriculum—focusing, deepening, and sustaining. Updating the technology education key learning area curriculum (primary 1 to secondary 6), consultation brief. Hong Kong: Author. Retrieved from https://www.edb.gov.hk/attachment/en/curriculum-development/renewal/Brief_TEKLA_E.pdf

[2] Cheng, E.C.K. (2017). Managing School-based Professional Development Activities. International Journal of Educational Management, 31(4), 445 – 454.

[3] Cheng E. C. K., & Lee J. C. K. (2019). Lesson Study: Curriculum management for 21st century skills. In M. Connolly, D. H. Eddy-Spicer, C. James, & S. D. Kruse (Eds.), The SAGE handbook of school organization, (pp.447 – 464). London: SAGE Publications Ltd.

[4] Kramarski, B., Mevarech, Z. R., & Arami, M. (2002). The effects of metacognitive instruction on solving mathematical authentic tasks. Educational Studies in Mathematics, 49(2), 225 – 250.

[5] Ku, Kelly Y. L., & Ho, Irene T. Metacognitive Strategies that Enhance Critical Thinking. Metacognition and Learning, 2010, 5(3), 251 – 267.

[6] Van der Stel, M., & Veenman, M. V. J. (2014). Metacognitive skills and intellectual ability of young adolescents: a longitudinal study from a developmental perspective. Eur J Psychol Educ 29, 117 – 137.

[7] Schneider, W., & Artelt, C. (2010). Metacognition and mathematics education. ZDM, 42(2), 149 – 161.

独立学习和自我管理呈正相关(Backer,Keer & Valcke,2015)。[1]

元认知知识和技能是可以教授的。文献显示,通过与同侪、教师和父母的互动,可以增长学习经验进而发展元认知能力(Pintrich,2002;Veenman,2006)。[2] 元认知教学策略是用于发展学生元认知的教学方法。在元认知教学中,教师需要对自己教学策略进行有意识的调节,满足学生的需求。采用课堂学习研究来培养预备教师的元认知教学技能的立论是,它提供了一个平台,使教师能够通过合作课程规划、观察和反思课程,同时特别关注学生的学习表现,获得教学策略有效性的证据(Dudley,2014;2015)。[3][4] 在真实的教学环境中,预备教师可以互相分享教学思想和教学设计,发展对教学思维技能的批判性观点,调节他们的教学策略。

本研究通过香港一所教育大学的一门教师教育课程,检视课堂学习研究在多大程度上可以提升预备教师的元认知教学技能度。该课程采用了学校合作模式,包括大学课程教师、来自合作学校的教师和预备教师。该模式为预备教师提供真实的学习环境,提升他们的元认知教学能力。课程采用了一系列元认知教学策略,包括自我调节策略,如解决问题活动、示范、思考过程和学习策略,鼓励学生反思和讨论他们的学习(Whitebread,2017)。[5] 课程邀请中学校长和教师作为客座讲师,将课程实施教学经验分享给预备教师。这些经验丰富的从业者向预备教师开放了一些学校的课程,让预备教师进行课堂实施。大学课程教师、合作学校的教师和预备教师利用课堂学习研究来实施元认知教学策略和技能。

本研究对预备教师的元认知教学行为进行了干预前/后的调查,以测量他们对学习的感知。探索性因素分析(EFA)和可靠性测试确认了工具的构建效度和

---

[1] De Backer, L., Van Keer, H., & Valcke, M. (2015). Exploring evolutions in reciprocal peer tutoring groups' socially shared metacognitive regulation and identifying its metacognitive correlates. Learning and Instruction, 38, 63 - 78.

[2] Veenman, M. V. J., Van Hout-Wolters, B. H. A. M., & Afferbach, P. (2006). Metacognition and learning: conceptual and methodological considerations. Metacognition and Learning, 1, 3 - 14.

[3] Dudley, P. (2014). Lesson Study: A Handbook. Cambridge: LSUK. http://lessonstudy.co.uk/lesson-study-a-handbook/

[4] Dudley, P. (Ed.). (2015). Lesson Study: professional learning for our time (1st ed., Routledge research in education). London: Routledge. https://doi-org.ezproxy.eduhk.hk/10.4324/9780203795538

[5] Whitebread, D., Coltman, P., Pasternak, D. P., Sangster, C., Grau, V., Bingham, S., Almegdad, Q., Demetriou, D. (2008). The development of two observational tools for assessing metacognition and self-regulated learning in young children. Metacognition and Learning, 4(1), 63 - 85.

可靠性。EFA实证提取了示范思维过程、促进学习反思、审查思考过程、促进自我调节、提供动机反馈等因素。结果表明，课堂学习研究显著提高了他们在追溯思考过程、反思和自我审查方面的教学知识和技能。

（二）文献综述

课堂学习研究提供了一个教师创建教学知识的协作平台，以弥合课程实施的差距(Cheng，2018)。① 研究表明，课堂学习研究使教师能够生成教学实践知识(Mostofo，2014；Saran，2018)，②③以及教学和技术内容知识(Meng & Sam，2013)。④ 课堂学习研究有助于教师构建以教学、教学策略和学生对特定主题的理解为导向的教学内容知识(Coenders & Verhoef，2019)。⑤ 课堂学习研究流程方面，涉及一个或多个循环的协作课程计划、同侪课程观察和课后会议。教师在教学方面进行协作，并分享他们对学生学习方式的认识、课堂中的反应以及如何在计划、观察和反思阶段使学生的思考过程可见。这样的过程也有利于教师之间的同侪学习，并帮助他们专注于学生的学习，进行有效的教学设计(Hourigan & Leavy，2019)。⑥ 在制定课程目标时，教师可以设计教学方法使学生的思维过程可见，例如布置他们讨论、比较、评论和反思想法的练习(Cerbin，William & Kopp，2006)。⑦ 课堂学习研究的"计划(Plan)—实施(Do)—检查(Check)—行动(Action)"循环增强了预备教师的批判性思维、沟通和协作能力、元认知、解析能力。获得这些能力使他们能够教授学生21世纪需要的技能(Susilo，Sudrajat &

---

① Cheng, E. C. K. (2018). Successful Transposition of Lesson Study: A Knowledge Management Perspective. London: Springer.

② Mostofo, J. (2014). The impact of using lesson study with pre-service mathematics teachers. *Journal of Instructional Research*, 3, 55-63.

③ Serra, M., & Metcalfe J. (2009). Effective implementation of metacognition. In Hacker, D., Dunlosky, J., & Graesser (Eds.). *Handbook of Metacognition in Education* (pp. 278-298). New York: Routledge.

④ Meng, C. C., & Sam, L. C. (2013). Developing pre-service teachers' technological pedagogical content knowledge for teaching mathematics with the geometer's sketchpad through Lesson Study. *Journal of Education and Learning*, 2(1), 1-8.

⑤ Coenders F. & Verhoef N., (2019). Lesson study: professional development (PD) for beginning and experienced teachers. *Professional Development in Education*, (45)2, 217-230.

⑥ Hourigan M., Leavy A. M. (2019). Learning from teaching: pre-service primary teachers' perceived learning from engaging in formal lesson study. *Irish Educational Studies*, (38)3, 283-308.

⑦ Cerbin, W., & Kopp. B. (2006). Lesson study as a model for building pedagogical knowledge and improving teaching. *International Journal of Teaching and Learning in Higher Education*, 18(3), 250-257.

Indriwati,2018)。[1] 毫无疑问,全球课堂学习研究的发展已证实它是创建教学实践知识的强大工具。

课堂学习研究使在职教师和预备教师都能够掌握教学技能,发展他们的教学设计能力,并促进他们的反思能力(Cheng,2011;Lamb & Aldous,2016;Angelini & Álvarez,2018)。[2][3][4] 一个趋势是在大学的教师教育课程中采用课堂学习研究,通过微教学或通过合作学校的实习(Cheng,2014;Moghaddam et al,2020)来提高预备教师的教学技能。[5][6] 洛夫特豪斯和考伊(Lofthouse & Cowie,2018)改进了课堂学习研究,为预备教师开辟了教授思维技能的先河。[7] 将元认知概念和教师指导整合到预备教师的课堂学习研究培训中,可以改善学生的学习(Martin & Clerc-Georgy,2014)。[8] 然而,文献仍然缺乏足够的相关研究,探索使用课堂学习研究来制定元认知教学策略。为了弥合这一研究差距,本研究在香港一所教育大学的课程中应用课堂学习研究,以及学校合作支持,制定和发展元认知教学策略。

元认知是一个高阶思维的过程,涉及"思考的批判分析",以及监控、调节和

---

[1] Susilo, H., Sudrajat, A. K. & Indriwati, S. E., (2018). Using lesson study for capability development of undergraduate biology education students. *Proceedings of the 2nd International Conference on Learning Innovation*, Malang, Indonesia, (1)ICLI, 136 – 144.

[2] Cheng, C. K. (2011). How lesson study develops pre-service teacher instructional design competency? *The International Journal of Research and Review*, 7(1), 67 – 79.

[3] Lamb, P., & Aldous, D. (2016). Exploring the relationship between reflexivity and reflective practice through lesson study within initial teacher education. *International Journal for Lesson and Learning Studies*, 5(2), 99 – 115.

[4] Angelini, M. L., & Álvarez, N. (2018). Spreading lesson study in pre-service teacher instruction. *International Journal for Lesson and Learning Studies*, 7(1), 23 – 36.

[5] Cheng, E. C. K. (2014). Learning Study: Nurturing the instructional design and teaching competency of pre-service teachers. *Asia-Pacific Journal of Teacher Education*, 42(1), 51 – 66.

[6] Moghaddam, A., Arnold, C., Azam, S., Goodnough, K., Maich, K., Penney, S. & Young, G. (2020), "Exploring lesson study in postsecondary education through self-study", International Journal for Lesson and Learning Studies, Vol. ahead-of-print No. ahead-of-print. https://doi.org/10.1108/IJLLS-05-2020-0025

[7] Lofthouse, R. M. & Cowie, K., (2018). Joining the dots: Using lesson study to develop metacognitive teaching. *Impact: Journal of The Chartered College of Teaching*, 3. Retrieved from http://eprints.leedsbeckett.ac.uk/5264/1/JoiningtheDotsAM-LOFTHOUSE.pdf

[8] Martin, D. & Clerc-Georgy, A. (2015), Use of theoretical concepts in lesson study: an example from teacher training, *International Journal for Lesson and Learning Studies*, 4(3), 261 – 273.

协调认知过程(Serra & Metcalfe,2009)。[1] 元认知是个体理解和操纵自己的认知过程的能力(Reeve & Brown,1984)。[2] 这意味着个体对其认知结构有意识,并能够组织它(Akturk et al.,2011)。[3] 弗拉维尔(Flavell,1979)和布朗(Brown,1987)是元认知的代表人物。他们指出元认知是学习者对自己的认知或一般认知的了解。布朗认为认知调节的概念是指一系列监控、调节和协调的认知活动,这些活动有助于学生控制他们的学习,其效果类似于弗拉维尔模型的四个元素(元认知知识、元认知经验、目标和认知策略)的交互作用。弗拉维尔和布朗的元认知模型的概念在许多教学研究中得到了测试和实现(Pintrich,2002;Veenman et al.,2006)。[4][5]

元认知教学策略种类丰富。例如,教师示范他们的思维过程,使学习者了解他们的认知,通过解决问题的活动让学生参与反思,并审查自己的问题解决过程,这些都是发展学生元认知的关键策略(Schraw,1998);[6]促使学生进行"计划—实施—评估"循环的迭代过程,解决学习问题,使他们能够调节认知,进行有效的学习。研究人员采用了施劳(Schraw,1998)、宾特里奇(Pintrich,2002)和韦内曼等(Veenman et al.,2006)对元认知教学的设想,并将其总结为设计元认知教学和学习活动的五项指导原则。它们是示范思维过程、促进学习反思、审查思考过程、促进自我调节和提供动机反馈。[1][2][3]

示范思维过程可以将教师心中的不同策略的差异价值可视化,发展学生元认知知识。教师心中关于认知的知识可以通过他们向学生出声思维来可视化。

---

[1] Serra, M., & Metcalfe J. (2009). Effective implementation of metacognition. In Hacker, D., Dunlosky, J., & Graesser (Eds.). *Handbook of Metacognition in Education* (pp. 278-298). New York: Routledge.

[2] Reeve, R. A., & Brown, A. L. (1984). *Metacognition reconsidered: implications for intervention research*. (Technical report no. 328), University of Illinois at Urbana-Champaign, Illinois. Retrieved from https://www.ideals.illinois.edu/bitstream/handle/2142/17676/ctrstreadtechrepv01984i00328_opt.pdf?sequence=1.

[3] Akturk, A. O., & Sahin, I. Literature Review on Metacognition and its Measurement. Procedia—Social and Behavioral Sciences,2011(15), 3731-3736.

[4] Pintrich, P. R. (2002). The role of metacognitive knowledge in learning, teaching, and assessing. *Theory Into Practice*, 41(4), 219-225.

[5] Veenman, M. V. J., Van Hout-Wolters, B. H. A. M., & Afflerbach, P. (2006). Metacognition and learning: Conceptual and methodological considerations. *Metacognition and Learning*, 1(1), 3-14.

[6] Schraw, G. (1998). Promoting general metacognitive awareness. *Instructional Science*, 26(1), 113-125.

示范是教师对学生进行的一个概念的演示,通过这一过程,学生经历了隐性学习(Haston,2007)。[1] 元认知知识和调节具有内隐性,因此,教师应该将元认知教学嵌入内容中,并将元认知作为教学目标。出声思维是揭示和可视化教师思维过程的有效方式。教师演示出声思维,并描述他们做出某一选择的原因,学生便学习到了教师的思维过程。学生接着出声思维自己的想法,然后进行错误检测活动,有助于他们调节认知过程,进行有效的学习。

促进学习反思是一种教学策略,可以促使学生调节他们的认知,包括学生进行问题解决活动的提问和参与。这样的调节过程可以通过思考—结对—分享活动而触发,教师让学生分组讨论解决问题的方法,并鼓励他们分享自己的思维过程和提问。将元认知知识的讨论组织为日常交流的一部分,可以帮助学生培养分享思考和认知的语言表达习惯(Pintrich,2002)。[1] 提问和基于问题的学习是促使学生思考并将其引导到学习目标的关键。问题的设计或构建可以基于布鲁姆的分类法中的六个认知层次(Larson & Keiper,2013)。[2]

审查思考过程这种元认知教学策略,可以提供学生机会审查并展示他们的思维过程,调节认知,解决问题。这样的活动可能包括教师安排学生演示,要求他们明确报告自己的思考过程,之后教师可以评估学生的先备知识并仔细听取他们对自己认知过程的描述。学生在演示中出声思维自己的想法,随后进行错误检测活动,以进行有效的学习。

促进自我调节使学习者能够监控、调节和协调认知活动,这是元认知教学的核心任务。这一任务可以通过进行自我调节的活动来实现,发展学习者规划、监控和评估其学习进展的能力。这些活动包括帮助学生设定学习目标、制定学习策略、进行自我提问促进理解,并检测自己的错误。教师进行活动并使用监管清单、策略评估矩阵,帮助学生检查他们的目标是否实现,提升自我调节能力。

为学习者提供动机反馈可以提供积极的学习经验,帮助学生持续进行元认知学习。弗拉维尔对元认知经验的概念强调了学生学习的动机方面。如科恩和卡兹马斯基(Kohen & Kramarski,2018)所描述的高元认知课堂会"鼓励学生中心

---

[1] Haston, Warren. (2007). Teacher modeling as an effective teaching strategy: Modeling is a technique that can help your students learn effectively in many situations. *Music Educators Journal*, 93(4), 26-30.

[2] Larson, B., & Keiper, T. (2013). Instructional strategies for middle and high school (2nd ed.). Abingdon: Routledge.

的学习,其中知识通常是从学生的需求和兴趣中发展出来的"。[①] 因此,教师的积极反馈以促进学生的自我效能和动机是元认知教学中重要原则。这些教学法包括积极评价学生的努力、强调学习过程而不是成绩、帮助学生具体设定目标、培养元认知学习环境、促进使用元认知语言表达和奖励学习中所作的努力。

对于这项研究,选择了上述五项元认知教学原则作为课堂学习研究课程的干预(Liyanage & Bartlett,2010)。[②] 本研究评估了通过课堂学习研究,预备教师是否能够使用和内化这五项元认知教学原则。因此,本研究的研究问题是:课堂学习研究方法在多大程度上培养了预备教师的元认知教学技能?

(三) 研究设计

本研究的研究对象是香港一所教育大学的110名预备教师。研究者采用了实验设计,其中包括一个对照组(N=50)和一个实验组(N=60)。实验组的课程由一系列系统设计的教程、支持性合作会议和学校实习组成,而对照组的课程则包括校园讲座和关于教学方法的教程。在实验组的课程中,预备教师在教程中学习元认知教学的理论和实践,然后在小型学科小组中共同工作,得到教师的支持和指导,再在合作学校实施课程研究项目。预备教师都必须参加课程研究小组,根据需要为研究课程的规划和评估做出贡献,并实施一次课程观察和上一次研究课。这60名学生根据他们的科目领域主要分为8个小组,每个小组包含7—8名学生,共同完成一个课程研究案例。

对照组和实验组都需要完成元认知教学的前后干预调查问卷。问卷基于五个量表构建,用于测量元认知教学原则的变量。研究者对弗拉维尔(Flavell,1979)和布朗(Brown,1987)的元认知模型以及施劳(Schraw,1998)、宾特里奇(Pintrich,2002)和韦内曼(Veenman,2006)的研究进行了内容分析。然后将这些原则转化为问卷中的陈述,通过问卷直接从参与者那里收集数据。问卷共包含24个问题。在两个部分中都使用了李克特六级量表来衡量。李克特量表假设

---

① Kohen Z., & Kramarski, B. (2018). Promoting mathematics teachers' pedagogical metacognition: A theoretical-practical model and case study. In Dori, Y. J., Mevarech, Z. Y., & Baker, D. (Eds.), *Cognition, metacognition, and culture in STEM education: Learning, teaching and assessment* (Innovations in science education and technology; v. 24), 279 – 305.

② Liyanage, I. & Bartlett, B. J. (2010). From autopsy to biopsy: A metacognitive view of lesson planning and teacher trainees in ELT. *Teaching and Teacher Education*, 26(7), 1362 – 1371.

"非常同意"和"同意"的区别与"同意"和"既不同意也不反对"的区别相同(Likert,1932)。[①]

我们采用探索性因素分析(EFA)和可靠性测试来确认问卷的结构效度和信度。对变量进行主轴因素分析的 EFA 用于确认工具的结构效度(见表 5-4)。本研究探讨了一个理论上未受独特和误差变异影响的解决方案,并且设计了一个基于预期产生观察变量的基础构建的框架。主轴因素分析旨在揭示一组指示符之间的潜在因素,这些指示符之间存在相关性,并且假设存在隐含的潜在因素模型。对来自学习过程和学习结果的项目分别进行了主轴因素分析。Promax 旋转是一种斜交旋转方法,它假设生成的因素彼此相关,用于提取因素。特征值大于 1 用于确定适当的因素数。T 检定用于检验前后测之间的差异,以及五个教学原则的控制组和实验组的增量分数的显著性。

(四) 研究发现

探索性因素分析(EFA)的结果如表 5-4 所示,清楚地表明了变量的五个因素结构既在实际上可行,又在理论上可接受。结果显示提取了 16 个因素负荷高于 0.5。EFA 确认了工具的结构效度。提取的五个因素是:示范思维过程、促进学习反思、审查思考过程、促进自我调节和提供动机反馈。可靠性系数为 0.7 或更高被认为可接受(Caplan、Naidu& Tripathi,1984)。[②] 本量表的可靠性系数范围从 0.714 到 0.848。

表 5-4 每个量表的因素分析和可靠性测试结果

因子	题项	因子负荷系数
促进自我调节 (特征值=7.751, 可靠性 α=0.848)	Q20 我教学生如何设定学习目标。	0.987
	Q21 我教学生如何使用方法和策略来实现他们的学习目标。	0.878
	Q19 我教学生自我提问的方法,以便他们可以监控自己的理解。	0.645
	Q18 我教学生定期检查错误,以便他们可以监控其学习过程。	0.583

[①] Likert,R. (1932). A technique for the measurement of attitudes. *Archives of Psychology*,22(140),1-55.

[②] Caplan,R. D.,Naidu,R. K.,& Tripathi,R. C. (1984). Coping and defense:Constellations vs. components. *Journal of Health and Social Behavior*,25(3),303-320.

(续表)

因子	题项	因子负荷系数
促进学习反思 (特征值=1.493, 可靠性 α=0.756)	Q10 我提供机会让学生讨论如何解决问题。	0.763
	Q9 我鼓励学生分享他们的思维过程。	0.752
	Q12 我鼓励学生就学习内容提问。	0.600
	Q13 我为学生安排解决问题的活动。	0.503
示范思维过程 (特征值=1.303, 可靠性 α=0.738)	Q3 我问学生推论性问题,并检查他们的答案是否正确。	0.779
	Q4 我向学生展示了回答推论性问题的思维过程。	0.767
	Q11 我向学生展示了解决问题的思维过程。	0.460
	Q2 我教学生如何用他们学到的策略完成作业。	0.421
提供动机反馈 (特征值=1.226, 可靠性 α=0.814)	Q23 我通过教导他们如何认识自己的自我价值来激励学生的学习。	0.794
	Q24 我通过教导他们自我奖励的概念来激励学生的学习。	0.714
	Q22 我通过赞扬他们的能力来激励学生的学习。	0.707
审查思考过程 (特征值=1.026, 可靠性 α=0.714)	Q6 我在课后与学生审查有益于他们学习的思维过程。	0.720
	Q7 我评估学生是否能报告他们的学习过程。	0.665
	Q8 我分配课堂时间让学生报告他们如何解决问题。	0.560

实验组的后测结果显示,所有教学原则在 6 级量表上的得分都高于 5.0。这表明预备教师认同他们知道如何实践这五种元认知教学策略。他们可以通过示范和出声思维向学生展示教师的思维过程;通过解决问题的活动引起学生的深思;帮助学生回顾他们的问题解决过程;给予学生动机反馈,并培养学生的自我调节学习行为。

在对照组和实验组的前后测之间识别出了五种教学原则的积极增量得分。实验组的前后测在示范思维过程($p=0.007$)、促进学习反思($p \leqslant 0.000$)和审查思考过程($p=0.044$)方面发现了显著差异。对于对照组,仅在审查思考过程一项的前后测中发现显著不同(0.015)。

（五）讨论

本研究提取了五种元认知教学策略——示范思维过程、促进学习反思、审查思考过程、促进自我调节、提供动机反馈。这反映了施劳（Schraw,1998）和韦内曼（Veenman,2006）提出的元认知教学指导原则在概念上是适用的，可以从问卷项目中推导出具有内容效度的量表，用于衡量元认知教学行为。由于这五个指导原则源自弗拉维尔（Flavell,1979）和布朗（Brown,1987）模型的要素——认知知识、认知调节和学习动机，因此这些结果验证了弗拉维尔和布朗模型解释元认知行为的能力。

课堂学习研究培养预备教师的元认知教学技能，实验组前后测之间的增量得分确定了五个教学策略。此外，在示范思维过程、促进学习反思和审查思考过程方面识别出了显著差异。这表明课堂学习研究的协作式课程规划、同侪课堂观察和课后讨论有助于预备教师将他们的思考过程明确地视觉化，以解决问题、提供引人思考的活动来引发学生的反思，并指导学生审查他们的思考过程以改善他们的问题解决能力。

问卷调查前后测呈现出显著增量，支持了课堂学习研究使预备教师掌握核心元认知教学策略的能力，并为设计活动和在研究课程中实施这些活动制定元认知知识。这一发现与利亚纳盖和巴特利特（Liyanage & Bartlett,2010）的观点相似，即课程规划中的元认知策略框架对于发展预备教师的课程规划能力具有积极影响。[1] 这一发现也呼应了达德利（Dudley,2014;2015）的研究，即课堂学习研究使教师通过协作式课程规划、观察和反思课程，特别关注选定的一组学生及其学习，意识到他们的教学策略的有效性。[2][3]

在课堂学习研究中的协作式教学设计方面，预备教师设计解决问题的活动来引发学生的思考，安排小组讨论解决问题，鼓励学生分享他们的思考过程并提问。通过研究课的实施，预备教师已经发展了出声思维的技能，得以示范和视觉化其解决问题的思考过程。他们可以指导其学生如何完成分配的学习任务并通过提问检查答案的准确性。参与同侪课堂观察和课后会议使他们能够与他人对

---

[1] Liyanage, I. & Bartlett, B. J. (2010). From autopsy to biopsy: A metacognitive view of lesson planning and teacher trainees in ELT. *Teaching and Teacher Education*, 26(7), 1362-1371.

[2] Dudley, P. (2014). *Lesson Study: A Handbook*. Cambridge: LSUK. http://lessonstudy.co.uk/lesson-study-a-handbook/

[3] Dudley, P. (Ed.). (2015). *Lesson Study: professional learning for our time* (1st ed., Routledge research in education). London: Routledge. https://doi-org.ezproxy.eduhk.hk/10.4324/9780203795538

话。课堂学习研究使预备教师能够协作学习,并在教学设计中变得更具元认知和自我调节能力(Cheng,2011)。[1] 这一观点也得到了洛夫特豪斯和考伊(Lofthouse & Cowie,2018)的支持。[2] 他们主张通过课堂学习研究,教师可以在对话中体验最能够通过与他人进行对话来解决、理解和应用的学习情境、活动和内容,从而成为元认知和自我调节的教师。

这项研究的另一结果显示,在促进自我调节和提供动机反馈方面,前后测之间没有显著差异。这一发现很有趣。要激励和培养学习者成为自我调节的学习者通常需要更长的时间。这是因为这样的自我调节教学策略包括设定学习目标,无论是短期还是长期目标,帮助学习者回顾哪些学习策略使他们实现了学习目标,并帮助他们成为自我激励的学习者。这项研究的预备教师仅实施了一个特定课程计划的两次研究课程,因此,不足以令这两个策略的增量上出现显著差异。然而,所有教学策略的积极增量得分对于教师教育者和课堂学习研究社群中的参与教师都具有意义,因为他们可以使用元认知教学策略来发展学生的认知调节能力,回应21世纪的新课程改革要求。

这项研究的结果支持在教师教育中使用课堂学习研究来提升元认知教学技能。课堂学习研究为教师提供了机会来审查和调节他们的认知过程。由于元认知教学是通过示范和出声思维将教师的思考过程可视化,因此需要教师意识到他们的思考方式,并反思如何调节自己的思考过程以改进教学设计。有效的元认知教学取决于教师自己的元认知水平——他们对如何计划和理解文本、处理学习材料,如何调节自己的认知以最大化学习以及如何使用和制定解决问题的策略进行反思。

课堂学习研究不仅使教师能够专注于学生的学习困难和他们的思考方式,还使教师意识到他们自己如何在自己的认知技能中建构这些技能。这也让他们思考如何教导学生有意识地使用这些技能。课堂学习研究为教师的元认知教学开创了道路。这项研究中的教师安排了示范,学生在示范中报告自己解决问题的方案,教师可以评估学生是否能够报告自己的学习过程,以及回顾思考和学习

---

[1] Cheng, C. K. (2011). The role of self-regulated learning in enhancing learning performance. *International Journal of Research and Review*, 6(1), 1-16.

[2] Lofthouse, R. M. & Cowie, K., (2018). Joining the dots: Using lesson study to develop metacognitive teaching. *Impact: Journal of The Chartered College of Teaching*, 3. Retrieved from http://eprints.leedsbeckett.ac.uk/5264/1/JoiningtheDotsAM-LOFTHOUSE.pdf

过程。课堂学习研究可以是一种实际的方法，支持教师创建用于实施"学会学习"课程的元认知教学法。

（六）结论

本研究得出的结论是，课堂学习研究激发了预备教师对教学设计的元认知意识，促使他们深入思考如何采用适合的教学法促进学生反思。课堂学习研究使他们能够将在校学习的理论、在合作学校中的实践经验以及课堂学习研究相结合，实现真实的反思学习。该研究还为衡量元认知教学提供了一个有效和可靠的工具。学校合作模式使研究者能够与学校教师和预备教师进行课堂学习研究，这有助于制定元认知教学策略和实用的教学知识，以实现教师教育课程的学习目标。

第六章 教师的元认知

本章导语

　　我一直有写教学反思的习惯。尽管上完一天课程已经很累,可我都会复盘,在每节课教案后面认真写出教学反思。这可以帮助我回顾自己的体会、感想,总结上课的得与失,发现不足。如果不去主动思考,每节课仅仅是上完了,我可能会一直原地踏步,失去提升教学的宝贵机会。

——某校杨老师

　　教学是一项充满挑战的工作。教师在教学中常常面临着一系列不可预知、多样化的事件。通常没有统一答案;教师必须及时处理、并适应学生多样化的想法和不断发展的理解。这对教师的工作能力、处理问题的策略和教学方法等方面提出更高要求。在此背景下,元认知作为教师个体对自身认知活动的深度理解和有效调节的机制,显得尤为关键。元认知不仅涉及教师如何精准把握和解读自己的教学行为,还包括如何监控教学过程、识别潜在问题,并据此调整教学策略,满足不同学生的学习需求。通过启动自身的元认知,教师可以更有效地应对教学中的不确定性,优化教学效果,实现教学目标。

　　本章首先从"教师元认知:自觉与专家角色"这一主题开始,讨论教师元认知的基础和专家角色如何促进教师元认知发展。接着,在"教师的元认知反思"一节中,我们主要讨论教师反思的重要性和支持步骤;在"教师的元认知技能"部分将关注教师元认知技能的内涵、测量教师元认知意识的工具。最后探讨元认知如何在推动教育者与人工智能协作方面发挥更大作用。

一、教师元认知：自觉与专家角色

21世纪以来，教师面对着复杂的教育情境、多元的社会诉求、不可预测的人际关系、数字化教学挑战，并且需要促进学生的可持续学习能力和综合素养的发展，因此，教师需要投入更多的时间和精力来应对社会期望和学生需求，其责任压力比以往任何时候都突出。面对教育中的不确定性和挑战，教师需要不断地反思自我，加深对教育真谛的理解和对学生需求的敏锐洞察，持续提升自己的教学能力和水平。他们必须成为能够迅速适应并应对各种教育情境的决策者，而非仅仅是遵循既定规则的执行者。

元认知对教师的职业发展非常重要。如前文所述，元认知是"关于思考的思考"，它强调有意识、有目的的行动。其中包含两个关键部分：其一，意识到自己的知识，即关于任务变量和处理问题策略的知识；其二，控制和自我调节自己的知识，即监控个人的认知活动。元认知不仅影响教师的教学实践，还关系到教师的自我提升和专业成长。元认知使教师能够对自己的教学实践进行深入的反思，识别教学中的优势和不足，不断改进和优化教学方法；教师通过元认知能够识别新的教学理念和方法，快速适应教育环境的变化，不断更新自己的教学知识和技能；元认知还有助于教师更好地理解自己的教学方法和学生的学习过程，提高教学效果。

当教授一个内容时，自我调节的教师会首先获取教学知识（关于理解和教学的专业知识），在教授这些知识时再依据学生个性化需求稍作调整，适应不同学生和不同文本情况，并在教学情境的变动中重复这个过程。因此，优秀的教师往往表现出元认知行为。他们"导航"自己的教学行为，紧紧围绕教学目标的实现，在教学过程中根据学生反馈进行教学调整，在方法不奏效时放弃常规流程，并根据实际情况将知识从一种情境转移到另一种情境。

需要关注的是，元认知行为不仅仅是"认知"的，也是情感的。教师通常在非常紧张的教学氛围中工作，常在自我调节时表现出彷徨、疑惑和其他情绪。课堂环境因素众多、复杂多变，面对种种突发的情况，教师需要灵活、恰当地处理来保证课程的持续推进，而教学行为的不可逆性大大增加了教师压力，课程目标的实现风险通常也更高和更复杂。为了在这些高度紧张的环境中进行自我调节，教师必须控制自己的教学情感和认知。元认知不是让个体成为知识的被动使用者，或是以程序性方式应用知识，而是去塑造教师的主动心态和"负责"的情感力量。问题是,教师如何培养这样的"心态"?

(一) 自觉的职业追求是教师元认知的基础

元认知行为背后的情感动因使教师倾向于按照自己的信念、追求和愿景行事,而不是照本宣科。这样做需要精神和情感的力量,但是力量从哪里来呢?

我们相信它植根于一种教师的职业追求——自觉的职业追求。也就是说,面对当前社会对教育的高度关注、学生需求多样化、学校行政工作繁杂等形势,教师要迎接挑战,主动对自己的工作实施控制和改进。这需要教师具备强烈而明确的个人使命感和内心的召唤,它提醒教师,不断追求教学的精进,让学生学得更好。学术界也提出了其他相关概念,例如"个人实现",是指教师在职业生涯中追求自我价值、潜能发挥和个人成长的过程,教师发挥自我效能,在专业和个人层面上的持续自我提升,在实现个人目标和职业理想的过程中获得满足感和成就感(Zimmerman,2000)。[1]

不管标签如何,重点是教师对教育教学的个人追求和价值观的自觉认识。对于一些教师来说,使命是赋予学生分析问题和解决问题的能力,或是为了培养对社会和生活的感知和判断,以及是为了让学生具备谋生发展的手段。具体情况因教师而异,但"自觉的职业追求"总是超越了现场教学和文本教材等可见的课程形式,而是设定更为长远的目标,是"隐藏课程"的一部分,反映出教师关于教学目的和人才培养的愿景、理想和追求。正如一位教师所言,"如果你对为什么教学要有明确的认识,你就可以主动尝试改变,任何突发的事件也不会改变初衷"。

因此,自觉的职业追求提供了心理力量,是元认知教学的源泉,使教师能够继续努力进行自我调节,控制并克服日常教学的困难。另一方面,当教师对自己职业生涯有清晰的追求时,他们就能够控制伴随众多任务而来的情感迟疑和疲态,并且更有可能在强调考试成绩和追求复杂的课程目标之间取得平衡。总之,当教师自觉意识到自己的职业追求时,他们更有可能进行元认知行动。

(二) 专家角色促进教师元认知发展

在传统研究领域,教师教育和专业发展是基于理性线性模型,不强调形成职业追求或自我意识去调节自己的教学。然而由于当今社会的发展,学生的知识

---

[1] Zimmerman, B. (2000), Attaining self-regulation: A social cognitive perspective. In M.Boekaerts, P, R. Pintrich, & M. Zeidner (Eds.), Handbook ofselfregulation. SanDiego, CA: Academic Press. 13-39.

基础和学习能力均有提高，客观上需要更善于思考、适应性强的教师。对于学校而言，培养这样的教师需要采用更具活力的社会文化方法。尽管教师专业发展的方法各异，但都需要设定目标、协同创新和参与式实践。所有这些都基于建构主义思想。正如我们知道，学生会根据他们已经知道和相信的东西构建对新知识的理解，教师也会根据他们已经知道和相信的东西构建对新知识和如何教学的理解。培训专家也需要重视教师的不完整理解和误解，积极帮助他们的职业发展。

然而，教师发展的建构主义方法并不容易，教师本人和负责培训的专家都面临困难。例如，教师认为他们已经知道如何教学，尤其是对于那些教龄长的教师；当要求作出教学改革时，教师常常不是立刻实施课程改革计划，而是在现有教学中插入微小的变化；学生成绩的绩效压力进一步延缓了教师采用元认知控制的步伐。同样，专家们也面临困难。杜菲（Duffy，2005）提出，因为起主导作用的终究是教师个人，专家在教师培训中发生了四次身份转变。[1]

第一个转变：专家寻求实现的目标。在这个转变中，专家的首要任务是激发教师专业发展的主动性。这意味着教师不能再依赖于专家提供答案。专家的首要任务是让教师能够自我调节并自己做出决策。为此，当面对教学中的日常不确定性时，他们需要清楚了解自己的信念和职业追求。不同的教育工作者提出了各种方法来实现这一目标。比如，让参加培训的教师进行"愿景陈述"，注重培养教师的"个人实践知识"，教师讲述自己的职业史以唤起他们的信念。但无论采用何种方法，目标都是让教师建立一种心理模型，使他们意识到自己是"负责任的人"。在当今教学环境中，教师要依靠自主决策力去处理教育问题，因此培训强调的是教师的远见。教师需要有能力做出决策，而不是依赖于专家提供答案。

第二个转变：专家的领导者角色。在传统教师专业发展模型中，专家在讲座中介绍要做什么，然后参培教师跟随。而在协作模型中，专家明确目标及方案，以及如何评估教师的努力。教师决定如何实施目标，以及采用什么形式参与评估。专家角色比传统培训时要灵活得多。而且，由于领导角色的变化，专家们在与教师互动中的物理位置也发生了变化。专家们不只是"站在前面"，代表着权

---

[1] Duffy(2005) Developing Metacognitive Teachers: Visioning and the Expert's Changing Role in Teacher Education and Professional Development. In Srael, S. E., Metacognition in Literacy Learning, Lawrence Erlbaum Associates. 299－314.

威,而是在"学习共同体社群"或"知识社区"内工作,该社区可能是会场的中心、教师座位旁,采用与教师结对或其他组合形式一起工作。无论何时,专家都会提供指导和支持。与传统培训模式不同,教师不但需要依从行政安排参加培训,实际上,教师也主动期望获得专家的建议和帮助。

第三个转变:专家的课程责任。专家不仅是传播专业知识的角色。自我调节的教师并不是简单地使用知识,而是在教学时即时调整知识。知识传播还须强调知识的适应性,如舒尔曼所说的"知识的转化",适应不同情况下的不同需求。因此,专家的课程责任是培养教师转化知识的能力,而不仅仅是"知道"。标准的教师教育课程(即专业知识)仍然是培训的一部分,包括教学的理论、文本丰富的环境、课堂管理、学生发展和显性教学等。这些知识仍然很重要,因为个人无法自我调节不具备的知识。同时,专家必须培养教师"转化"知识的能力,需要明确提示他们进行自我调节。例如,在学习一种新教学法时,教师不仅需要"了解"通常意义上的方法,而且还需要修改该方法适应不同教学情境;在学习非正式评估工具时,教师不仅"知道"如何以标准方式使用这些工具,而且还需要改变评估管理以适应不同条件的教学任务;在学习教育技术时,教师不仅学习技术,还需要针对不同课程内容设计灵活的信息技术方法。专家需要让教师认识到,最好的教师是"方法论上的折中",不局限于单一的方法、技术或一套材料,而是对教学施加自我监管控制,从实践中进行选择,并转变知识来适应具体情况。

第四个转变:专家在实践现场的角色。专家在实践现场扮演着新的角色。首先,交由教师主导教学反思,专家负责提供明确的帮助。课堂的真实性往往复杂,充满干扰因素,专家是协作者,不对教师行为做出直接干预,反思应是教师进行主导。专家要注意确定何时直接干预,何时开展合作,何时简单地观察和倾听。专家应为教师提供脚手架,协助教师评估其努力的有效性。第二,必须投入大量时间在真实的教学情境中进行练习。元认知教学是一个本质上巧妙的过程,因为每种教学情况在某种程度上都是独特的。因此,专家必须长期跟随教师,不能只是进入现场,进行指导演示,然后离开。第三,要结合教师的实际情况进行练习。实践必须处于无法提前预期的底层复杂性中。因此,成功的实施取决于专家的深入实践,指导教师解决遇到的情境障碍。用研究的视角处理教学问题,如采用聚焦明确主题的课例研究或课堂学习研究(详见第四章),可以帮助教师进行调整和变革,使创新成为可能。

总之,培养教师自我调节需要在专家支持下进行。教师对教学进行规划、感知、建构、辨别,专家深度参与,让教师积累来自"教育现场"的智慧。随着时间的推移,教师反思他们的实践经验,同时塑造自觉职业追求,专家提供指导,通过知识的转化加强教师的元认知。

(三) 教师元认知意识量表(MAIT)

巴里萨坎和杰姆(Balcikanli & Cem,2011)开发了《教师元认知意识量表》(Metacognitive Awareness Inventory for Teachers,简称 MAIT),该量表旨在评估教师的元认知水平和特征,帮助教师清晰地意识到自己的元认知状态,从而促进其专业发展和提高自我调节的学习能力(见表 6-1)。① MAIT 聚焦于"教师元认知意识",认为如果学习者需要负责自己的学习,就需要具备计划、监控和评估学习的能力,而这正是元认知意识的核心。元认知意识被认为是学习的关键因素,对有效学习至关重要。该量表将教师的元认知意识划分为三个部分,包括元认知知识(知道什么)、元认知技能(正在做什么)和思考当前认知或情感状态。问卷共包含 24 道问题,具体指标包括元认知知识和元认知调节,元认知知识包括了程序性知识、条件知识、程序性知识,元认知调节包括了计划、控制和评估。通过使用 MAIT,教师可以更全面地了解自己的元认知水平,有助于引导其教学实践,提高教育质量,促进专业发展。

表 6-1 教师元认知意识量表(MAIT)

描述性知识	描述性知识
• 教师在批判性地思考教学之前需要具备的事实知识; • 知道 What、about、that,教师需要的实际的知识; • 关于策略、智力资源和能力的知识。 程序性知识 • 为了完成程序或过程而应用知识; • 关于如何(How)执行教学的过程/策略的知识; • 运用知识去完成一项任务。 条件性知识 • 关于 when、why 的知识; • 某种情况下,特定的过程、技能或策略可以进行转化; • 在某种条件下运用描述性知识和程序性知识。	1. 我知道自己在教学中的优点和缺点。 7. 我知道要成为一名好教师最重要的是什么。 13. 我可以控制自己的教学水平。 19. 我知道我应该教什么。

---

① Balcikanli, Cem. Metacognitive Awareness Inventory for Teachers (MAIT). Electronic Journal of Research in Educational Psychology, 2011, 9(3), 1309-1332.

(续表)

程序性知识	条件性知识
2. 我尝试使用过去有效的教学手段。	3. 我用自己的优势来弥补自己在教学中的劣势。
8. 我在课堂上使用的每种教学策略都是有原因的。	9. 在教学中,我可以激励自己。
14. 我意识到自己在教学时使用的教学方法。	15. 我会根据情况的不同,使用不同的教学方法。
20. 我会自动使用有效的教学策略。	21. 我知道何时使用何种教学策略最有效。
计划 • 制订计划,设定具体目标,配置教学资源。 控制 • 评价教学策略的使用情况。 评价 • 定期地分析教学行为和教学策略的有效性。	计划
^	4. 我在教学时会调整进度以获得足够的教学时间。
^	10. 在开始教学之前,我已经制定了特定的教学目标。
^	16. 我会问自己关于教材的问题。
^	22. 我会安排自己的时间以求最好地完成教学目标。
控制	评价
5. 我会定期问自己在教学过程中是否达到教学目标。	6. 当我完成一节课时,我会思考完成教学目标的程度如何。
11. 我发现自己会评估使用的教学策略在教学中的有效性。	12. 在每次教学之后,我会问自己是否可以使用不同的策略。
17. 我会定期评估学生在学习过程中对主题的理解程度。	18. 讲完一部分内容后,我问自己下一次是否可以更有效地讲授这部分。
23. 我会问自己在教学中的表现如何。	24. 在讲完一个部分之后,我会自问是否考虑了所有可能的教学方法。

二、教师的元认知反思

教师元认知技能促进教师对自己教学的思维、策略和决策的意识和反思。教师元认知技能使他们能够制订计划,从教学行为中学习,预测教学行为,在课程中回顾教学,并反思教学结果与设定的目标是否一致,如果不是,教师会进行及时的调整和修正。教师是持续的反思实践者。教师的整个教学生涯都紧紧围绕"反思",可以说,反思是教师元认知的主旋律。

(一)教师的元认知反思内涵

反思能够激发个人信念并发展对知识的批判性思考,与元认知关系紧密,元认知是反思自己的思维的能力,"自我反思"可以作为元认知发展的标志。反思涉及一系列行为,如解决问题、比较和对比观点、推导出合理的教学决策。通过把关注行为本身作为思想的催化剂,教师教育者将反思描述为一种工具,让未来的教师根据新的学习、解决冲突以及在理论和实践之间建立联系来审视他们以前的经验和信念。当新教师生成"新元素和其先备知识间的关系"时,便启动了元认知。这些心理图式有助于帮助新教师组织看似不相关的信息群,特别是结构不良的元素信息。随着构建和重建潜在的思想关系,并选择出最相关的信息,元认知心理图式会不断深化。这些心理行为描述了教师在进行反思时"了解"和"思考"的不同方式。凯恩等(Cain et al.,2019)将教师反思定义为"检索出合适知识的能力,将这些知识应用于课堂管理事件中,分析其中的因果关系,并将此知识与更大的社会问题联系起来的能力"。[1] 此定义强调反思是一种能力或认知技能,在教学实践中的目的是熟练地使用知识来理解课堂活动中的关系。反思也离不开相关的思维技能,如检索、应用、感知、分析和连接。凯特纳和尼曼(Ketonen & Nieminen,2023)认为反思是"构建或重组经验、问题或现有知识或见解的心理过程"。[2] 教学反思包括以下三个特点。

1. 教学反思涉及思维的循环

教学涉及系列的计划、行动、观察、评估的反思循环,教师会计划(制订教学计划,抛出问题),开展行动(进行教学),观察(关注学生的表现),做出评估(学生反馈是否积极、环节设置是否合理),重新启动循环(制定后续问题)。教师的思维体现出"元过程":在一节课上,教师监控学生对教学的反应,根据学生的反馈调整教学方案和进度。通常一节课包含多个教学决策,教师根据学生反馈做出

---

[1] Cain, T., Brindley, S., Brown, C., Jones, G., & Riga, F. (2019). Bounded decision-making, teachers' reflection and organisational learning: How research can inform teachers and teaching. British Educational Research Journal, 45(5), 1072–1087.

[2] Ketonen, L., & Nieminen, J. H. (2023). Supporting student teachers' reflection through assessment: The case of reflective podcasts. Teaching and Teacher Education, 124, 104039–104055.

下一个决定,这些决策是开放式和递归的。教师不仅进行教学的反思和监控,还会对整体课程进行设计、实施、反思和评价的循环,而这种教学层次上的思维循环往往嵌套在本门课程层次(当计划的活动根据监控进行修改时)的循环中。

2. 教学反思是一种"学术"的专业实践

教学行为的依据和教学效果的检验都离不开教育理论,教育理论为教师反思提供了知识和方法论方面的支撑。教师在进行教学反思时,常常需要依据理论进行现状分析,鞭辟入里,从新的视角深层次反思教育问题,获得新的感悟。教学反思涉及"如何做事的知识",在"专业实践"中,教师将广义的命题或抽象化理论进行本土化和具体化,结合每个班级、学生、课程及环境的具体情境和独特特征进行教学,能够更好地应用于复杂、多维和难以预测的情况下。教师在实践中采取研究导向,通过对教学现场的持续反思,更新教学理念,发展教学认识,寻找学生学习的证据,生成实践性知识,提升尝试新想法的意愿,以指导未来工作。

3. 教学反思需要系统的调查和分析

反思若要对教学有实质性帮助,教师需要进行系统的调查和分析。包括对照其他教师的教学方法,检验理论在实践中的应用效果,研究学生的学习表现,参考相关理论和研究结论等。同时,反思意味着教师要仔细和系统地回顾与分析他们过去所做的事情,在未来持续或改进他们的实践。反思让教师更全面、深入地分析教与学:教什么?为何这样教?这样教是否有效?学生学习的特别增长是如何发生的?什么问题更具反思价值?我从中收获了什么?反思将教学的增量与更广阔的工作视角联系起来,令教师向着更高层次的职业道路前进。

4. 教学反思会呈现从单维到多维的过程

通常对于新教师,由于教学经验和学科知识发展水平所限,反思智能表现为对某一方面、某一过程的自我反思和调节。他们在对教学活动进行反思时,往往只从某一侧面或角度去考虑。而教学经验丰富的教师,会从反思这节课的教学方式,进而反思单元、课程,以及素养如何落实。从一部分学生的表现,推演到一个班级,甚至是一届学生,从而获得学生差异性和特殊性的认知。反思需要占用教师本就紧凑的时间和精力。西尔维娅和菲利普斯(Silvia & Phillips, 2011)指出,自主反思需要占用个体有限的信息加工能量。反思过程含有大量子过程或成分过程,只有这些过程达到熟练、自动或习惯,才能保证有意义的反思[1]。

(二) 教学反思的四个层次

齐克纳和利斯顿(Zeichner & Liston,1985)描述了反思思维的四个层次:事实、审慎、理性和批判性。[2]

1. 事实。事实是关注事实和程序步骤,是最基础的反思层次,关注教学过程中的具体事实和步骤,包括了教师在课堂上做了什么、使用了哪些教学策略、学生的反应如何等。这个层次的反思帮助教师回顾实际发生的事情,确保他们清楚地了解自己在课堂上所做的每一个细节。例如,教师会记录和回顾某节课使用的具体教学方法、教学材料和课堂管理策略,以及学生的学习单和参与情况等。

2. 审慎。审慎是聚焦对教学经验和结果的评估,这一层次的反思是教师对教学经验和结果的评估。这意味着教师不仅仅关注发生了什么,还要评估这些行为和结果的有效性。通过评估教学效果,教师能够识别哪些策略有效,哪些需要改进,从而提升教学质量。例如,教师会分析学生的作业或测试成绩,考虑这些成绩是否实现了教学目标,并思考如何调整教学策略来更好地满足学生的需求。

3. 理性。理性是提出行动的理由,在这一层次中,教师不仅要评估结果,还需要提出他们采取特定行动的理由。这包括解释为什么选择某种教学方法或策略,以及这些选择如何符合教学目标和学生的需求。理性层次的反思帮助教师明确自己的教学决策背后的逻辑,使其教学实践更加有目的和有根据。例如教师可以解释为什么选择某种教学活动来增进学生的理解,或为何在课堂管理中采取特定策略去解决学生的行为问题。

4. 批判性。批判性是对行为方法的审视。这是最深入的反思层次,是教师对其教学行为和方法的全面审视。教师在这一层次上不仅要考虑个人的教学实践,还要思考这些实践如何受到社会、文化和教育背景的影响。批判性反思促使教师对自己的教学方法进行深入的分析,质疑现有的做法,并寻求改进的机会。这种反思可以促进教育公平、照顾学生多样化需求和提升教育质量。如教师会批判性地分析人工智能时代新技术带给学生学习方式的转变,并要求自己的课

---

[1] Silvia, P. & Phillips, A. (2011). Evaluating self-reflection and insight as self-conscious traits. Personality and Individual Differences, 50(2), 234-237.

[2] Zeichner, K., & Liston, D, (1985). Varieties of discourse in supervisory conferences. Teaching and Teacher Education, 1(2), 155-174.

程要更好利用数字化平台和资源,组织教学内容,让学生更活跃地参与到课程中;又如教师反思自己教学中的潜在偏见,考虑如何更好地满足不同背景学生的需求,或反思自己教学方法如何与教育政策和社会期望相一致。

(三)支持教师反思的方法

1. 支持教师反思性学习的方案

(1)反思教学。意图对成功的元认知很重要,教师反思需要具有目的性和进行集中的思考。教师首先要树立反思的意识,知道反思在教学中的重要性,知道教学水准可以由不断反思而发生改变。在具体教学情境下,教师会规划教学(教学目标、教学时间、进度、教学资源的准备),监控教学过程(策略、方法、环节、任务、学生学习情况是否达到目标等)和评估教学目标的完成情况。教师积极反思自身的教学实践与学生的学习反馈,不断修正教学。如教师在课后反思这节课没有按照预期完成教学内容的原因,教师对教学过程进行了回顾和再理解,发现是小组讨论耗时过多而导致。这一过程强调教师持续审视自我教学,力求实现教学的精进。

例如教师能够主动反思自己教学的不足,并在下次上课时改进。"像朱自清的《春》,去年我也教过一次。一开始觉得很简单,只讲内容,就是文章描写了什么,其实学生都会,一节课很快就过了。现在思考的是,这篇看似简单的文章应该怎么教,避免教得干巴巴的。其实文本的教学价值非常多样,学生蛮多东西是不知道的,就看教师如何处理。调整之后我主要讲了散文语言的精妙和句式错落有致,一节课还讲不完,和以前相比教学的区别就显现出来了。"

(2)行动研究。行动研究适用于课程改革的探索阶段,可以为教师引入创新教学手段或解决特定问题带来启示。教师以研究者的身份通过两到三轮行动研究,进行探索性的教学实践。行动研究通常包括计划、行动、观察和反思四个阶段,并不断循环进行。教师在行动研究中持续尝试并优化课程设计和教学方法,提升教学效果。此过程中可以是一位教师完成,也可以是教师团队一起完成。教师既是教育实践者,又是研究者,实现了教学与研究的有机结合。

(3)教学日志写作。教师通过深入的调查和体验,撰写教育实践日志,详细记录教学中的关键事件、学生反应和个人感受等,记录内容要真实、详尽,便于后续分析,并从中提炼教育智慧和记录课后反思。教师需要结合教育理论,定期回顾和分析这些记录,提炼出有价值的教学经验和策略。这种方法凸显了对教育实践的深层次反思,有助于教师的专业成长。

（4）课程发展分析。此方法适用于教师或教育机构系统评估和改进课程设计，特别是在课程实施过程中遇到瓶颈或寻求突破创新时。教师对现有课程进行彻底的审查，包括教学目标、内容安排、教学方法和评估手段等，识别课程中存在的问题和改进点。收集和分析学生的学习需求和反馈，确保课程设计符合学生的实际需求和兴趣。通过系统分析课程设计与实施过程中的问题，不断调整课程设计，完善教学内容与方法，确保课程的持续优化与提升。

（5）专家—新手监督。学校可以采用专家与新手教师结对，提升新手教师的教学认识和教学技能。新手教师受教学经验和学科知识发展水平所限，对教学的认识多停留在单一角度。而专家型教师经验丰富，会从一节课的设计和教学方式推演到单元、课程层面，以及素养如何落实。专家型教师可以提供指导、培训讲座、示范教学，帮助新手教师了解最新的教育理论和教学策略，发展新手教师对教学内容、学情、教学情境的认识，反思教学不足和改进措施，有效传承与共享教学经验和知识。有专家的引领与指导，新手教师可以快速成长，促进教师队伍的整体发展。

例如一位青年教师在更富有教学经验的教师那里获得了上课的灵感。"之前自己听过带教师傅的课，上课中就借鉴了师傅进行游戏化教学的一些做法。""我很欢迎师傅来听课，他的点评总能坚定我的信心或者一针见血地指出存在的问题。不暴露缺点是不会进步的，对不？"

2. 教师反思的方法

（1）使用评价清单

教师可以在课程结束时下发评价清单，快速衡量学生对课程内容的理解程度。该工具提供了学生对课程内容掌握情况的即时反馈，使教师能够参照进行反思，再决定是否可以进入下一个教学阶段。除了帮助教师了解学生对课堂内容的掌握，评价单也可用于收集有关教学方法和策略的反馈，帮助教师了解教学效果，并根据学生的反应进行调整和优化。

（2）在教案中加入反思模块

教师在教案底部预留一定区域作为教学反思模块，在教学结束后，可以将自己的教学体会补充在这部分，促进自己对教学进行评估和反思。教师可以提问自己以下问题：本次课程的成功之处和不足之处是什么？产生这些结果的原因是什么？学生的表现如何？原因是什么？在未来的课程中，我应在哪些方面进行改进？教案的固定栏目可以促使教师形成教学反思的习惯，有助于教师系统地分析教学效果,及时记录下自己的心得体会和有灵感的地方,并为未来的课程设计提供改进依据。

（3）引入额外的观察者

引入额外的观察者可以为教学提供第三方的专业反馈。教师可以邀请同事在课堂上进行观察,从专业角度评价教与学的效果。观察者可以留意到上课教师无暇关注的方面,如后进生的表现、小组讨论的实际效果等,发现教学盲点,提供有关教学方法、课堂管理以及教学效果的建设性意见。通过这种同伴观课的方式,教师不仅可以获得具体建议,还可以从同事的教学经验中获取学习机会,而其他教师也可以通过观察学习到新的教学技巧。

（4）非正式笔记

教师可以通过非正式笔记进行日常反思,将笔记本放在易于记录的位置,在课堂期间或课后随时记录观察的结果和即时想法。笔记内容可以是成功的讲解策略、课堂生成的亮点、课堂管理技巧、教学设计的不足、需要更新或完全舍弃的内容,以及自己想到的应对方法。定期回顾这些记录,并在后续课程中加以应用,有助于教师持续优化教学方法,提高教学效果。

（5）录制教学过程

课程录制是一种有价值的反思工具。教师可以通过回顾课堂录像,分析教学内容、教学策略、师生对话和学生表现等。录像能够揭示教师在教学过程中未曾注意到的细节,从而提供改进的依据。这个方法不仅有助于教师反思课堂表现,还能帮助教师识别、纠正教学中的潜在问题。需要注意的是,进行课堂录制时,教师需确保学生在摄像机存在的情况下感到舒适,可以自然地投入课堂学习。

三、人工智能合作教学中教育者的元认知技能

教育数字化已成为全球教育改革的趋势,人工智能越来越多地应用在了课堂教学、教师备课等教育环节中。人工智能的计算能力优于人类,在处理大量数据、识别模式和预测结果方面往往表现得更好。然而,人工智能很难理解常识性情况,做出直觉决定,并对新情况做出反应——这些任务是人类可以出色完成的。这些互补的优势,再加上人工智能的会话能力和情境感知的改进,意味着协作智能提供了在一系列领域优化性能的潜力。如果教师希望协作智能应用程序可以实现其预期效益,那么与人工智能有效地协作将不可避免。尤其是最近,大

型语言模型(如 ChatGPT、Bard、文心一言)技术的问世和迅速应用,引发了众多关于教育者定位和如何利用生成式人工智能的争论。

元认知能力关联着增强控制与自我导向的能力,可以在推动人类与人工智能协作方面发挥更大作用。元认知能力可以帮助我们判断在使用 AI 工具过程中的不足之处,并通过调整学习策略克服这些不足;反思性识别 AI 的角色和在合作中的定位;帮助我们更好地设定目标和理性评估 AI 的表现。在人类与人工智能合作的背景下,元认知可以发挥以下四方面的作用。

(一)减少对认知启发模式的依赖

元认知有助于反思知识运用(关于自己的技能和正在进行的任务)和调节心理(监视自己正在做什么,这些策略是否有效,然后利用这些信息调整自己下一步的行动)。尽管人们都会启动元认知过程,但与人工智能合作需要对自己的优势和弱点有更敏锐的认识。首先,我们应该考虑人工智能可以在哪些方面提高任务性能;其次,也要确定什么时候我们自己的人类智能对实现最佳任务性能至关重要。它还有助于了解人类大脑产生的启发式生成或心理捷径,以及它们如何影响我们的决定。当应用不当时,这些启发式生成会变成一种偏见,因为它过度简化了复杂的情况,从而有可能导致错误决策。这些偏见情况包括:

1. 锚定效应(Anchoring effect)。人们在做出决定时会不由自主地受到最初获得信息的影响,这些信息如同"锚",禁锢了人们的思维和判断。AI 可能给予这些信息更多权重,从而限制人们的全面思考,从而使人们忽略最佳解决方案。

2. 光环效应(Halo effect)。又称晕轮效应,对人、事物某一方面有积极评价,我们往往会将这种正面的看法扩展到他们的其他方面。然而,人工智能不同于人类,它可能在特定任务上表现出色,但在其他任务上的表现可能不尽如人意。因此,在评估人工智能时,应该注意不要因为它在某些领域的优秀表现而对它在其他领域的能力盲目推崇。

3. 沉没成本谬论(Sunk-cost fallacy)。人们在面对已经投入大量时间、精力或金钱的项目时,往往会倾向于继续坚持现有的策略,而不考虑是否还有其他更好的选择。人工智能在训练过程中依赖特定的数据,可能无法提供完全符合需求的解决方案。然而,人们常常因为已经投入了大量资源而不愿意轻易放弃,即便理智上知道可能有更好的选择,依然会觉得"既然已经投入这么多,就应该继续坚持下去"。

4. 确认偏误(Confirmation bias)。在信息处理过程中,人类往往不自觉地偏向于吸收和采纳那些与自身既有观念或偏好相契合的信息。人工智能工具可以从大量数据中提取信息,但如果我们让自己的偏见影响 AI(例如,通过搜索来找到支持自己观点的证据),AI 可能会筛选出有利于我们信念的信息,同时忽略更多支持其他观点的数据。这种偏见会导致 AI 的结果偏向我们原有的信念,而不是全面地呈现所有相关的信息。

虽然人工智能被设计为理性和客观的工具,但在某些情况下,它也可能表现出类似于人类的认知偏差。这些偏差的出现可能有多种原因。人工智能的判断能力依赖于其接受的训练数据,如果数据本身存在偏差,比如缺乏多样性或包含刻板印象,人工智能则可能会学习到这些偏差。此外,一些偏差也可能来源于开发者和用户的主观判断,人类的偏见和主观倾向可能会在选择训练数据、设定参数或定义任务目标时无意中影响 AI 系统。因此,教师在与人工智能合作时,需要认识到 AI 也并非完美,以及自身可能存在这些偏见(例如教师可能会用已知信息来判断表现,产生"光环效应"或通过"锚定"策略来影响决策),并审慎评估所依赖的信息是否与实际工作任务和环境相关,不要让人工智能过多地影响自己的思维,否则将无法为"合作"增加价值。

(二)处理创新和定义不明确的问题

在与人工智能合作时,元认知技能也将变得更加重要,因为在未来,教师抑或是人类将关注更多新颖的、定义不明确的问题。人工智能可以被训练来处理那些明确定义和以前遇到过的问题。然而,当遇到一个新的问题或环境时,它的表现就不那么好了。在人类和人工智能的分工中,人类将处理创新和不明确的任务。正是在这些情况下,元认知技能才增加了价值。元认知技能将提高教师将知识和技能转移到新的和不熟悉的环境中的能力。此外,元认知技能被发现在处理复杂的、没有明确解决方案的开放式的问题时特别有益。

在与人工智能合作时,元认知能力将跃升为不可或缺的关键素养,尤其是在处理创新的、定义不明确的问题。人工智能擅长并且可以高效地解决那些界限清晰、问题明确、数据丰富的问题,其局限性也显而易见——面对前所未有的挑战或复杂变化的情境时,其应变能力相对薄弱。因此,人类,特别是教师角色,将被赋予更多探索未知、界定模糊议题的使命。

在这一人机协作的新形态下,元认知技能成了连接已知与未知的桥梁。它赋予教育工作者将既有知识与能力灵活迁移至陌生领域的能力。这种能力不仅关乎适应现有世界,更在于创新与超越,使人类能够在面对复杂多变、没有既定答案的开放性问题时,展现出非凡的洞察力和创造力。

(三) 合作中的仲裁

合作的特点是团队合作、相互尊重、合作和共同创造。面对人工智能与人类判断之间的潜在分歧,人类凭借其卓越的综合性智力,往往扮演最终仲裁者,决定是信赖自身的专业知识与积累的经验,还是采纳人工智能所呈现的数据分析与观点。这一决策过程考验着人们对于自我能力边界的认知,以及对人工智能优势和局限的深刻理解与平衡考量。元认知技能使我们能更精准地评估自己的知识储备、技能水平及表现成效,从而在复杂情境中保持清醒的头脑。元认知技能也能帮助我们评估多种解决方案,依据外部反馈与内部反思,灵活调整策略路径,优化决策质量。

例如某职业教育教师遇到教学问题,在做出解决方案后,亦用人工智能进行解答。教师需要做出合理裁断,人工智能在哪些方面可取,哪些方面不足,以更好促进教学工作。教师在设计《电商直播:农产品文案撰写》一课,按照任务教学法的步骤设计了课程,分为创设情境、提出任务、明确文案撰写方法、完成任务、汇报并评价任务几个部分。再通过生成式人工智能大模型进行 AI 教学设计。结果生成后,教师发现,尽管 AI 教学设计流程并不如自己设计的清晰,但在"明确文案撰写方法"部分,却提到"进行市场调研"。教师考虑后认为,这一点确实是保证产品的文案撰写更符合市场需要的重要方面,因此在自己正式的教学设计中将这一点采纳了。

(四) 对人工智能的补充

新技术增加了对人类技能的需求。众多人工智能专家的普遍共识是,人工智能不会在短期内具备自我意识,无法像人类那样审视自身的思考过程。元认知是一种独特的人类技能,它可以帮助我们意识到自己的偏见、人工智能的优势和局限性,以及发展我们对所处环境的理解,来弥补人工智能的不足。我们的使命,在于调节这一平衡,在融合人类智慧与人工智能过程中,找到最佳的解决方案。

人工智能在数据存储与信息处理方面的表现远超人类。人工智能甚至可以接受训练,促使我们考虑替代信息,探索不同视角的信息,解决人类可能出现的某些偏见。最终,我们的使命将是运用元认知技能,以尽可能最好的方式利用人工智能,使其成为我们实现公正、明智决策的强大助力。

基于此,我们提出了教师与 AI 合作教学的元认知方法(见表 6-2)。下表强调了元认知过程需要跳出我们当前的认知焦点,思考我们的思维能力。这个过程包括监察、调节和控制认知过程,改善学习、解决问题和工作决策,其在与人工智能合作中发挥更为积极的作用。

表 6-2　教师与 AI 合作教学的元认知方法

元认知技能	解释	举例(自我提问)
意识	与 AI 合作前,能认识到自己的优势、劣势,以及可能存在的认知偏见会影响自己与人工智能的沟通和回应方式。	· 我在完成此项任务时,优势是什么? · 我的劣势是什么? · 什么样的偏见会影响我的判断?
计划	确定任务目标,并在自己和人工智能之间最佳地分配任务,预判可能出现的差错。	· 我在这项任务中想要达到什么目标? · 当我在这类任务中使用这个人工智能工具时,我需要注意哪些类型的错误?
监控	在工作时,定期进行回顾;监控自己和 AI 互动的进度,以及实现目标的进度。	· 我是否朝着目标取得进展? · 任务完成后如何评估我们的合作效果?
评估	任务完成后,评价哪些进展顺利,哪些不顺利,以便改进未来与人工智能合作的方法。	· 我是否可以更好地利用 AI 完成任务?我应该怎么做?

下篇　元认知教学实践部分

第一章 幼儿教育案例

案例 学前教育游戏教学个案

一、案例背景

幼儿教育在促进儿童的认知、情感和社交发展方面扮演着关键角色。随着教育理论和实践的不断进步,研究者对早期教育的重要性及其具体方法展开了深入探索。例如强调早期儿童教育的目的是透过质性研究,探讨如何促进基础学习和幼儿对思考过程的理解,揭示思维发展视角。研究者还探讨儿童在面对困难时的元认知和自我调控过程,以及表达困难感对资源调动和目标达成的重要性。这些研究共同凸显了在幼儿教育中整合多种教学策略和支持系统的重要性,以促进儿童的全面发展。

本章旨在阐述可以促进儿童全面发展的元认知教学策略和支持系统。早期的学习和发展在幼儿教育中扮演着至关重要的角色。学者们积极探索如何通过教育来促进幼儿的认知、情感和社交发展。大部分教育研究强调早期儿童教育的目的应包括促进基础学习和元认知。例如从对幼儿园儿童思考过程的理解,到儿童面对困难时的自我调控过程,各方面的研究都揭示了发展元认知对幼儿教育的重要性。元认知训练和自我行为的调节培训已经被证明对幼儿发展有积极影响。

二、元认知与幼儿教育的文献回顾

(一)元认知发展是幼儿教育的一个主要目的

杜菲(Duffy,2022)的研究旨在通过收集来自幼儿园经验丰富的幼儿工作者的质性数据,确定早期儿童教育的主要目的。[①] 这项研究采用现象学的质性方法,以理解早期儿童背景下的个体经验。研究对具有早期教育经验的幼儿工作

---

① Duffy, E. B. (2022). It All Begins with Play: A Phenomenological Study on Child Led Pedagogy. ProQuest Dissertations & Theses.

者进行了系统抽样,参与者在年龄、教育经验和文化背景上存在差异。研究通过半结构化访谈和参与观察,探讨幼儿如何以及为什么学习,重点关注幼儿教育中的以儿童为主导的学习教学法。完成轴心编码后,结果确定了基础学习、元认知和赋能的三个幼儿教育主题。

随着认识到从幼儿时期开始培养良好思考能力的重要性,思考能力成为当代早期儿童课程的目标,有关培养儿童思考能力的研究不断增加。帕潘德里欧和克洛达(Papandreou & Kalouda,2023)深入研究了幼儿对思考概念和过程的理解。[①] 他们采用了社群文化的观点,将思考及其发展概念化为一个动态的、社群化的过程。该研究邀请了35名4—6岁的希腊儿童参与了一项绘画及叙述活动。通过对参与者的绘画和口头回答进行主题分析,结果揭示了儿童观念的新方面,反映了思考概念的固有复杂性。绘画活动让幼儿以可视化的方式表达了对思维的理解,融合了他们的生活经验和环境中的视觉影像。

- 困难感与元认知

文图拉(Ventura,2023)的研究调查了六岁儿童在任务参与过程中的元认知和自我调控过程,以及它们与儿童在线元认知体验(尤其是困难感)之间的关系。[②] 研究对60位一年级学生(57%为男孩,平均年龄6.2岁,标准偏差3个月)进行了个别访谈。他们参与了一个生态且具有挑战性的图形任务。研究根据C.Ind.Le编码方案,考虑了元认知知识(即对人、任务和策略的知识)、元认知调节(即计划、监控、控制和评估)以及情绪和动机调节(即情绪和动机的监控和控制)的指标。此外,还对儿童自发的困难感评论进行了编码。研究结果显示,困难感的表达与元认知和自我调控的展开显著相关,除了计划方面。在任务中表达困难感使儿童能够调动资源并实现他们的目标。事实上,展现出更高程度元认知和自我调控的儿童认为任务会很困难,但他们能够解决它。研究论证了在教育环境中促进和聆听儿童对其元认知体验的声音和判断的重要性,有助于解决活动中的问题。

---

① Papandreou, M., & Kalouda, A. (2023). "I Should Do Her Finger Here, on Her Cheek—Hmm, to Play or to Draw? That's How One Thinks": What Preschoolers Tell Us about Thinking through Drawing. Education Sciences, 13(12), 1225 – 1252.

② Ventura, A. C. (2023). Metacognition and self-regulation in young children: does it matter if metacognitive experiences are communicated? Early Years (London, England), 43(4 – 5), 1118 – 1130.

• 写作过程的自觉理解

在儿童写作的研究中,过往的焦点常集中在写作能力的发展,而非儿童对于学习写作过程的自觉理解。然而,教师需要了解儿童的理解程度,以建立新学习的基础。因此,基于对学龄初学者的访谈研究,探讨他们对学习写作的感知,显得尤为重要。马尔塞洛(Martello,1999)的研究探讨了儿童的回答,涉及家庭和学校经验,揭示了他们对写作性质的概念发展,以及他们在学习写作时使用的策略。[1] 该研究显示,儿童在元认知和元语言意识方面存在差异,而且他们的回答与课程教学策略的建议高度一致。研究还讨论了一些在学校一年级写作教学中有用的教与学的策略。总之,此类研究有助于教师更好地理解儿童的写作学习过程,从而建立适切的教学基础。

• 传授日常文化观念扩展元认知

布朗和布莱斯(Blown & Bryce,2020)的研究考察了中国和新西兰3至18岁学生的天文知识来源,以及他们对不同知识来源(如日常语言、儿童文学、民间传说和学校科学知识解释)的意识发展。[2] 研究采用半结构化访谈的方式,通过语言、绘画和建模等三种形式,对358名学生进行了调查。此外,还对80名家长、65名教师和5名当地图书馆员进行了问卷调查,重点关注年轻人对白昼、夜晚以及太阳、月亮在日常事件中的角色的理解。研究结果强调了作者先前提出的"关于日常概念和科学概念在儿童心中共存"的论点。研究发现,儿童早期学习的观念深深影响了他们的理解,这些观念起源于学前经验,并得到家人的大致认同。此外,研究还提供了民间传说在中国东北平原地区持续影响儿童理解的证据。作者认为,在向年轻学生传授早期学习的日常文化概念,如当地小区知识和民间传说以及学校科学课程内容时,可以获得更多益处。这反映了儿童早期观念与科学知识之间的差异,需要教师加以重视。

情感和行为支持的课堂体验对发展幼儿自我调节是重要的。自我调节是元认知能力的一个重要元素。布鲁克赫伊曾等(Broekhuizen et al.,2017)调查了113名荷兰儿童(平均年龄为37个月),探讨课堂情绪行为支持、儿童社交融入和积极情绪的关系,以及儿童行为自我调节的调节作用。结果显示,对行为自我调

---

[1] Martello, J. (1999). In their Own Words: Children's Perceptions of Learning to Write. Australasian Journal of Early Childhood, 24(3), 32–37.

[2] Blown, E. J., & Bryce, T. G. K. (2020). The Enduring Effects of Early Learned Ideas and Local Folklore on Children's Astronomy Knowledge. Research in Science Education, 50(5), 1833–1884.

节低的儿童,课堂支持与社交融入正相关,但对自我调节高的儿童无此关联。[①]意外地,自我调节低的儿童在高度支持的课堂里有更多融入,低支持课堂则无差异。儿童积极情绪与课堂支持呈正相关,但与自我调节无关。研究强调课堂情感行为支持对幼儿社交情绪发展的重要性;同时也提出,自我调节低的儿童不应被视为社交风险群。

(二)元认知是可以通过训练而发展的

塞辛格和德米里兹(Sezgin&Demiriz,2019)探讨了培训计划对学前儿童行为自我调节技能的影响。研究采用了控制组的预测—后测实验设计。[②] 研究共有54名儿童参与。行为自我调节技能采用Head-Toes-Knees-Shoulders方法测量,教师意见则采用儿童行为评分量表。由于样本不符合正态分布,研究使用了非参数统计检验。为保证实验组培训计划的有效性,研究采用Mann-Whitney-U检验和Wilcoxon符号秩检验,比较了预测测试和后测的得分差异。结果发现在后测得分方面,实验组和对照组存在显著差异,实验组儿童的表现更佳。这表明所采用的培训计划能有效促进学前儿童的行为自我调节技能。

陈等(Chen at al.,2022)基于安吉游戏(Anji Play),设计了一个名为元认知训练循环课程的元认知增强计划。通过准实验研究,检验了训练计划对5—6岁中国儿童元认知的影响。[③] 研究将两个5—6岁儿童班级随机分为实验组(n=25,10位女生,平均65.92个月,标准偏差为3.58)和对照组(n=22,10位女生,平均66.77个月,标准偏差为3.87)。实验组接受了为期三个月的训练计划干预,对照组则接受了常规教学活动,未进行任何干预。所有儿童在干预前后进行元认知测试。结果发现实验组和对照组在预测测试中的元认知能力没有显著差异,但实验组在大多数元认知能力维度上优于对照组;而实验组的元认知能力增益显著高于对照组。这些结果表明元认知训练循环课程能够促进幼儿元认知能力的发展,具有积极意义。

[①] Broekhuizen, M. L., Slot, P. L., van Aken, M. A. G., & Dubas, J. S. (2017). Teachers' Emotional and Behavioral Support and Preschoolers' Self-Regulation: Relations With Social and Emotional Skills During Play. Early Education and Development, 28(2), 135 – 153.

[②] Sezgin, E., & Demiriz, S. (2019). Effect of play-based educational programme on behavioral self-regulation skills of 48 – 60 month-old children. Early Child Development and Care, 189(7), 1100 – 1113.

[③] Chen, C., Wu, J., Wu, Y., Shangguan, X., & Li, H. (2022). Developing Metacognition of 5-to 6-Year-Old Children: Evaluating the Effect of a Circling Curriculum Based on Anji Play. International Journal of Environmental Research and Public Health, 19(18), 11803.

（三）发展幼儿元认知的教学法

元认知教学法在幼儿教育中扮演着重要角色，可以有效促进儿童的认知、批判性思维和自我调控能力。研究表明，不同类型的教师反馈对儿童的元认知控制有显著影响。例如自我调节反馈能有效提升学前儿童的计划、监控和评估三个维度的控制能力。记录儿童作品然后作提问可以培养他们的元认知和批判性思维。丰富、开放的任务可以支持幼儿的高阶思维和元认知能力发展。角色扮演法配合多角度思考和出声思维，可以促进儿童的批判性理解和自我表达。问题导向学习中的元认知教练角色及童话故事的应用，能激发儿童的元认知思考，帮助他们理解和解决问题。这些研究共同强调，在幼儿教育中采用多元化的教学策略和反馈机制非常重要，可以全面促进儿童的认知和思维发展。

1. 反馈

穆诺兹和克鲁兹（Muñoz & Cruz,2016）的研究探讨了学前教育教师的课堂反馈类型是否会影响儿童的元认知控制。[①] 研究方法采用准实验性的横断面设计，包括两个实验组和一个对照组，参与者为 4.8 至 5.3 岁的儿童，他们在智利圣地亚哥的一所学校上课。教育者接受了自我调节反馈或任务/人员反馈方面的培训。结果显示，接受自我调节反馈的学前儿童在元认知控制方面显著优于接受其他类型反馈的儿童，特别是在计划、监控和评估三个维度上。该研究表明，自我调节反馈能有效促进学前儿童的认知发展。

2. 访问记录作品

为了探讨先天和后天在决定孩子的个性和人生成功方面的相互作用，萨尔蒙（Salmon,2008）开展了一项行动研究项目，旨在培养幼儿的思维文化。[②] 该研究在两所"受瑞吉欧·艾米利亚（Reggio Emilia）教育理念启发"的学校进行，教师将儿童的作品记录作为教学的一部分。这些记录是使儿童的思维可见的关键元素，帮助他们建立思维和语言的文化。研究发现，通过重新访问记录作品，儿童发展了元认知和批判性思维能力，培养了对思考和学习的积极态度。

[①] Muñoz, L., & Cruz, J. S. (2016). The preschool classroom as a context for cognitive development: Type of teacher feedback and children's metacognitive control. Revista Electrónica de Investigación Psicoeducativa y Psicopedagógica, 14(1), 23 – 44.

[②] Salmon, A. K. (2008). Promoting a Culture of Thinking in the Young Child. Early Childhood Education Journal, 35(5), 457 – 461.

3. 任务

诺尔斯(Knowles,2009)提供了一个丰富、开放和真实的任务示例,展示了年幼学生在数学学习中的进展。[1] 研究指出,教师需要将年幼儿童的非正式数学知识与学校要求的正式数学知识联系起来,并支持高阶思维和元认知能力的发展。文中描述的塔斯马尼亚州一年级数学课程中的冰屋任务,有效地让儿童参与估算、计数策略和心算等数学概念的学习。

4. 角色扮演

摩根和约克(Morgan & York,2009)探讨了一种创新的角色扮演法,旨在通过多角度思考来使用出声思维。[2] 该方法取材自转化式与批判式教育理论,鼓励儿童在阅读小说和非小说文本时,通过虚构人物或真实历史人物的视角来理解世界。此外,这种方法促使儿童在研读文本时发表自己的思考并探讨不同视角。本文讨论了该教学法的基础理论、书本选择指引及使用创意的出声思维方法来对照或比较多重视角的教学实例。

5. 问题导向

在问题导向学习中,教师的角色是担任元认知教练,通过提问帮助学生计划他们的任务,引导他们探究问题并评估进展。费德勒等(Fidler et al.,2011)介绍了西弗吉尼亚大学的戴安妮·特伦布尔博士在心理动力性心理治疗课程中使用童话故事来教授发展相关知识。[3] 特伦布尔博士利用童话故事中的原型体验,帮助幼儿了解健康和病态的解决方案,并激发幼儿的元认知思考。

(四) 元认知与游戏教学

在儿童早期发展研究中,游戏的作用一直是学者关注的焦点。研究表明游戏不仅是孩子们探索世界和自我表达的重要方式,还对儿童的认知和行为调节有显著影响。父母通过社群互动和鹰架建构可以影响幼儿婴儿时期的努力控制发展,并对未来自我调节能力产生长远影响。幽默活动和扮演游戏等形式的游戏,能促进幼儿的创造性思维和认知发展。不同文化背景下的亲子游戏互动,也能创造共享的想象情境,促进科学学习和社群意义的建构。随着中西方早期教

---

[1] Knowles, J. (2009). Building an Igloo: A Rich Source of Mathematics For Young Children. Australian Primary Mathematics Classroom, 14(1), 28-32.

[2] Morgan, H., & York, K. C. (2009). Examining Multiple Perspectives With Creative Think-Alouds. The Reading Teacher, 63(4), 307-311.

[3] Fidler, D., Trumbull, D., Ballon, B., Peterkin, A., Averbuch, R., & Katzman, J. (2011). Vignettes for Teaching Psychiatry With the Arts. Academic Psychiatry, 35(5), 293-297.

育哲学的融合,小组导向的游戏在中国幼儿园中展现出高水平的自我调节能力,开拓了新的教育方向。此外视频数据和反思活动也被证明是研究和教学的有价值工具,有助于揭示幼儿的自我调节和元认知行为。心理状态语言在结构化和自由游戏中的使用,以及成熟游戏观察工具的应用,为理解和提升儿童游戏中的学习效果提供了重要的理论和实践依据。总的来说,这些研究为我们提供了丰富的洞见,揭示了游戏在儿童认知和行为发展中的核心地位。

有证据表明,父母可以通过社群互动影响婴儿时期儿童努力控制的发展。婴儿时期的有趣互动通常涉及鹰架建构(Scaffolding),即父母在游戏中提供鹰架建构和示范来让儿童解决问题和学习。然而,以往的研究发现,这种对婴儿的鹰架建构行为,随着时间的推移很少有一致性。为探讨这个问题,尼尔和怀特布雷德(Neale & Whitebread,2019)的研究使用一个新的分层编码系统,评估母亲在玩具上面提供鹰架行为在同一时间点和随机时间的一致性,以及评估父母鹰架行为的特征是否与儿童努力控制的同时或未来测量有关。[①] 他们的研究邀请了36对母亲和孩子在孩子12个月、18个月和24个月时进行共同游戏。包括抑制或努力控制测试,在孩子12个月时实施"抓取任务",即使用装满食物的匙子进行物体检索任务;在24个月时进行两个延迟满足的任务(小吃延迟和礼物延迟);在18个月时进行了贝利婴儿发展量表认知量表的测试。结果显示,母亲的鹰架倾向在玩具上和随机时间最具一致性。12个月时母亲的相应性干预预测了孩子24个月时的努力控制。序列分析表明,母亲的相应性干预措施导致孩子的成功行动,可能是支撑相应性和后续努力控制之间关系的发展机制。游戏中的母亲行为可能为认知和行为的策略性调节奠定基础。

洛伊索(Loizou,2005)研究了幽默活动作为一种游戏形式对幼儿认知发展和学习的影响。[②] 该研究在一所大学附属托儿所的婴儿房进行,采用了多种质性数据收集方法。研究结果显示,在幽默事件中,儿童主要参与了以下游戏活动:(1)与材料玩耍;(2)与语言玩耍;(3)角色扮演游戏;(4)身体游戏。这些游戏形式因儿童展现的创造力而转化为幽默事件。此外,儿童还参与了将例行活动

---

① Neale, D., & Whitebread, D. (2019). Maternal scaffolding during play with 12-to 24-month-old infants: stability over time and relations with emerging effortful control. Metacognition and Learning,14(3), 265-289.

② Loizou, E. (2005). Humour: A different kind of play. European Early Childhood Education Research Journal,13(2),97-109.

巧妙地变成有趣幽默事件的游戏。本研究结果显示，在研究游戏、创造力和幽默之间的关系时，应考虑不同的社会认知特征，如社交互动、创造性思维和元认知经验。这些因素在幼儿幽默游戏中扮演重要角色，值得进一步探讨。

杰默等（Germeroth et al.，2019）认为成熟的想象游戏是儿童发展新技能和学习沟通的重要组成部分；尽管关于游戏的理论解释强调了想象游戏对儿童实现社交和学术能力的重要性，但缺乏可靠和有效的衡量儿童成熟想象游戏的方法妨碍了对这种主张的评估。[1] 罗布森（Robson，2010）探讨了一组三至四岁儿童展示自我调节和元认知的证据的方式。使用观察框架，分析了儿童活动的录像片段和儿童与教育者之间有关活动的对话的录音。[2] 数据显示，三岁和四岁的儿童展示了广泛的元认知和自我调节行为，无论是在活动还是对话中，频率的平均水平相似。然而，尽管活动中的大部分证据是元认知调节和技能的，对话中的证据则更多地展示了元认知知识。同时，也提出不同的社会背景可能会影响儿童发展和展示自我调节的机会。研究建议使用视频数据和给予幼儿反思活动的机会作为教学工具，以及引导幼儿发表对自己生活的观点。

根据文化历史的观点，郝和菲尔（Hao & Fleer，2016）将游戏概念化为创造一个想象情境，探讨了亲子之间的游戏互动如何创造共享的想象情境，促进科学学习。[3] 研究对象是中国大陆一个中等城市的3岁儿童及其父母。研究关注游戏活动中存在的具有"真实"含义的"虚构"符号（如儿童用木棍折成一匹"马"）。当孩子们有意识地处理游戏中的"假装"符号和它们的"真实"意思之间的关系时，就可以识别出有价值的学习过程。研究发现，在家庭共同参与的过程中，虚构符号并非预先确定，而是通过父母和孩子之间持续共享的想象情境不断创造、更新和发展。当孩子在亲子游戏中重新想象某些科学现象时，孩子的科学学习得到支持，因为虚构符号在其中形成并嵌入了社群意义。研究认为，通过参与家庭游戏的社群实践来分析孩子的游戏学习，在重新想象的过程中出现的内在变化显

---

[1] Germeroth, C., Bodrova, E., Day-Hess, C., Barker, J., Sarama, J., Clements, D. H., & Layzer, C. (2019). Play it High, Play it Low: Examining the Reliability and Validity of a New Observation Tool to Measure Children's Make-Believe Play. American Journal of Play, 11(2), 183–221.

[2] Robson, S. (2010). Self-regulation and metacognition in young children's self-initiated play and Reflective Dialogue. International Journal of Early Years Education, 18(3), 227–241.

[3] Hao, Y., & Fleer, M. (2016). Pretend sign created during collective family play: A cultural-historical study of a child's scientific learning through everyday family play practices. International Research in Early Childhood Education, 7(2), 38–58.

示为一种自我调节的形式。这一观点为理解家庭中亲子互动如何支持和促进幼儿科学学习提供了新的视角。

越来越多的证据表明,在中国,东西方的早期儿童教育哲学和项目正在融合。尽管研究已经关注到这一变化,但对于儿童和教师如何体验到不同文化信念和实践的关注较少。菲尔和李(Fleer & Li,2023)报告了一项关于中国《幼儿教育指导方针(试行版)》背景下基于游戏的实践的研究。[①] 在陕西省的六所农村幼儿园中,对16名教师进行了关于他们的游戏和学习实践的访谈,并观察了205名参与教师基于游戏课程的儿童。收集和分析了30小时的数字视频观察、989张照片、252份儿童绘画作品和20小时的小组访谈。研究发现,儿童在以小组为导向的游戏中表现出很高的自我调节水平。在儒家价值观的背景下,发现了新形式的游戏表达,为幼儿教育开拓了新的方向。

心理状态语言(Mental state language)是指个体内在状态的语言,涉及情感、欲望和偏好、知觉和认知。盛、董和胡(Sheng,Dong & Hu,2023)的研究探讨了八位中国教育者在结构化和自由游戏中与婴儿互动时的心理状态语言性质。[②] 总共分析了3169个语言信息(一个信息包括一个主词和一个动词),结果显示心理状态语言信息占教育者语言的7.7%。在对话互动中,结构化游戏中教育者的心理状态语言出现频率高于自由游戏。欲望和偏好术语被最频繁地使用,并且往往引发短暂的对话互动3至4回合。结合沟通功能问题、陈述、命令和提议的分析,该研究提出在问题中呈现的认知和知觉相关的心理状态语言促进了较长的对话互动(5个回合或以上)。这些发现可以告知教育者如何有效地使用心理状态语言,并提出在保育日程中平衡结构化和自由游戏的考虑,这在不同文化中可能存在差异。

三、游戏教学个案分析

(一) 游戏教学个案概况

我们将分享一项幼儿园个案,分析游戏教学法在促进幼儿认知和行为发展

---

① Fleer, M., & Li, L. (2023). Curriculum reforms as a productive force for the development of new play practices in rural Chinese kindergartens. International Journal of Early Years Education,31(1),63-78.

② Sheng, L., Dong, W., & Hu, J. (2023). Mental state language in Chinese educator-infant conversational interactions during structured and free play. Early Years (London, England),43(2),426-441.

中的应用和效果。报告将详细描述教学背景、课堂情景、游戏设计及其在实际教学中的实施,并通过观察和评估幼儿的表现来探讨教学效果。探讨在幼儿园课堂中,通过设计有趣且具挑战性的游戏活动,如何有效促进幼儿的认知发展和行为调节。研究对象为香港幼儿园的24名6岁幼儿。

研究基于尼尔和怀特布雷德(Neale & Whitebread,2019)的鹰架建构理论、斯莫尔卡等(Smolucha & Smolucha,2021)的假装游戏理论,以及郝和菲尔(Hao & Fleer,2016)的共享想象情境理论。[1] 此次教学活动设置在幼儿园的一间多功能教室内,教室内布置了多个互动游戏区域,包括建构区、假装区、语言游戏区和身体游戏区。每个区域都有相应的教具和材料,旨在激发幼儿的兴趣和参与。教师以鹰架建构法在游戏过程中提供适当的支持和指导,如提示、示范行为等,帮助幼儿解决问题和学习。幼儿分组进行游戏,教师鼓励他们合作与交流,培养其社交能力和团队合作精神。通过访问记录作品,让幼儿反思自己的行为和学习过程,增强元认知能力。

本研究采用建构挑战游戏活动来发展幼儿的空间认知和问题解决能力。在这个活动中,幼儿将使用积木建造特定形状和结构的建筑作品。教师提供开放的建构场地,鼓励幼儿自由发挥想象力,探索不同的组合和建构方式。教师会进行指导和支持,但主要角色是观察和引导,而不是直接解决问题。在建构挑战活动中,幼儿展现了出色的创造力和解决问题能力。他们积极参与建构过程,通过堆栈积木来建造各种形状和结构的作品。有些幼儿展示了出色的空间认知能力,能够想象并实现复杂的结构。在合作方面,许多幼儿能够与其他幼儿一起工作,共同解决建构中遇到的问题。教师的引导帮助他们克服了一些挑战,并学会了有效的沟通和合作。研究者观察幼儿在建构过程中的合作情况和解决问题的策略。教师密切关注幼儿之间的互动,包括合作建构和讨论。同时,教师还会观察幼儿的空间认知能力,包括对结构的理解和建构技巧。

在这个活动中,幼儿扮演建筑师、工程师角色。教师提供硬质积木、连接件等,扩大幼儿的建构选择,并引导幼儿参与情景剧表演。幼儿通过模仿和互动来体验不同的社会角色和情境,并通过表演来发挥创造力。在角色扮演活动中,幼儿展现了丰富的想象力和社交技能。他们能够发挥创造力,想象各种情景,并通过角

---

[1] Smolucha, L., & Smolucha, F. (2021). Vygotsky's theory in-play: early childhood education. Early Child Development and Care, 191(7−8), 1041−1055.

色扮演来表达自己的想法和感受。研究者观察幼儿在角色扮演中的表现是关键。教师将密切关注幼儿如何扮演不同的角色,包括他们的动作、语言和情感表达。同时,教师也会观察幼儿之间的社交互动,包括合作、分享和解决问题的能力。

(二)教学活动分析

1. 活动任务

教师设计一些具有挑战性的建构任务,如要求幼儿建造特定的几何形状或建筑物。教师引导幼儿思考如何完成任务,鼓励他们尝试不同的方法,如:

"你有什么想法可以让这个结构更稳固吗?"

教师提供专业工具和素材,如软硬质积木、连接件等,扩大幼儿的建构选择范围。

在角色扮演中,幼儿分享自己的想法和解决方案,并从中学习。教师适时提供引导性问题,启发幼儿思考不同角色的需求和挑战。如:

"作为一名建筑师,你会如何设计这栋房子?"

2. 反馈

教师适时提供鼓励性反馈,赞赏幼儿创造力和解决问题的努力,如:

"你的构想真有意思!"

"你想出了非常巧妙的方法来解决这个问题。"

教师适时提供鼓励性反馈,赞赏幼儿的语言表达,如:

"你讲的这个故事真生动有趣!"

"你用了这么多生动的词语,真是太棒了!"

教师引导幼儿反思自己的建构过程,思考哪些步骤顺利,哪些遇到了困难。教师还让幼儿分享成功的经验和面临的挑战,如:

"你在搭积木的时候遇到了什么问题吗?"

"你是怎么解决的?"

教师提供具体、建设性的反馈,帮助幼儿思考如何优化或改善作品,如:

"如果你把这一块积木移到这里,会不会让整体结构更稳固一些?"

3. 访问幼儿作品记录

教师仔细观察并记录幼儿的建构作品,了解他们的设计理念和建构历程,与幼儿一起讨论:

"你为什么选择这种形状?"

"你是怎么想到的?"

教师提出一些启发性的问题,引导幼儿思考解决问题的策略,如:

"如果你想要建造一座很高的塔，你会采取什么方法？"

教师鼓励幼儿主动提出问题，并与同伴一起讨论，寻找解决方案。教师会适时提供提示或建议。教师观察幼儿提出问题的情况，了解他们的思维模式，并给予适当的引导。通过上述元认知教学元素的融入，教师帮助幼儿反思自己的建构过程，提高空间认知和问题解决能力。同时，教师的观察和记录也为评估和改进教学活动提供了重要依据。教师将详细记录幼儿在游戏中的语言使用情况和词汇量增长；观察幼儿如何描述情节和想法，以及他们如何运用语言来表达自己的意见和情感。同时，教师还将关注幼儿之间的互动，包括聆听、回应和提问的能力。

整体而言，教师鼓励幼儿主动提出语言表达上的问题，并与同伴一起讨论解决方案。教师适时提供提示或建议，提供一个开放的语言游戏场地，鼓励幼儿分享他们的想法和故事，并积极参与词汇的交流和学习。活动之后教师拍照收集幼儿的作品，建立档案，定期查看，观察他们在空间认知和问题解决能力方面的进步情况。教师定期与幼儿分享档案，让他们反思自己的学习历程，并设定新的目标。

四、结果与讨论

这份研究报告旨在探讨游戏教学法在幼儿园课堂中对幼儿认知和行为发展的应用和效果。研究对象为香港一所幼儿园的24名6岁幼儿。基于鹰架建构理论、假装游戏理论以及共享想象情境理论，教师在多功能教室内设置了互动游戏区域，包括建构区、模拟区、语言游戏区和身体游戏区。教师以鹰架建构法提供适当的支持和指导，帮助幼儿解决问题和学习，并鼓励合作与交流。活动中的建构挑战游戏和角色扮演活动有效促进了幼儿的空间认知、问题解决能力和社交技能。教师提供了具体的反馈和引导，帮助幼儿反思和改进作品，同时记录他们的表现，以便评估和改进教学活动。这份报告强调了教师在幼儿发展过程中的重要角色，以及游戏教学法对于提高幼儿综合能力的积极影响。

通过观察和评估，发现幼儿在游戏中展现出显著的认知能力提升，包括问题解决能力、空间认知和语言表达能力的增强。在游戏过程中，幼儿逐渐学会了自我调节和合作，表现出更高的社交能力和行为控制能力。反思活动显示，幼儿能够通过观察和讨论认识到自己的学习过程和行为，增强了元认知能力。本章主张通过精心设计的游戏活动，幼儿在认知和行为发展方面获得了显著的提升。这一结果支持了现有的理论基础，并强调了游戏在幼儿教育中的重要性。未来研究可以进一步探讨不同类型的游戏活动对幼儿发展的长期影响。

第二章 小学教育案例

案例 基于KWL模式的小学说明文教学策略优化的个案

一、案例背景

(一) 引言

小学阶段的学生在进行语文阅读时,面对大段的,特别是缺乏情节性的文字时,常会感到枯燥乏味,难以产生学习的动力。这时,学生的预习工作也只是流于形式,多数学生仅标好自然段号、圈画生字,连文章都不愿细读就结束了预习。课堂上,大部分情况下教师的分析代替了学生的思考,学生通常是被动接受文本信息,缺乏自主学习与探究的意识。教师的教和学生的学都存在着一定的困难。

新课标指出:"阅读是学生的个性行为,不应以教师的分析代替学生的阅读实践。"在课堂教学中,将学生从简单的"听"阅读分析引导至"做"阅读分析、"探究"阅读分析是实施新课程标准的重要途径。[1] 我们认为:如果没有一个好的预习监督机制,很难改变学生的自主阅读习惯,不利于学生提高课堂学习效率。结合背景知识、阅读主题及阅读目的等各方面的自主提问,将有助于学生从被动式阅读向主动式阅读转变,使得阅读更具有积极性和持续性。

(二) 问题的提出

说明文于语言上通常缺少生动性,学生通常感到枯燥乏味,难以产生学习的动力。小学阶段的学生在学习说明文时,通常是被动接受文本信息,只关注记忆、理解、应用等,缺乏自主学习与探究的意识,课堂上,教师的分析往往代替了学生的思考。教师的教和学生的学存在着一定的困难。有效的阅读方法可以帮助学生更自然地理解文本内容,使科学知识的传递不零散不枯燥。

KWL教学法具有简单、直观和清晰的特点,是一种实用的可视化思维工具,将抽象的思维结构与过程呈现出来,创建对知识的认知模式。在语文的说明文

---

[1] 汤文学,边艳杰. 图形组织者在语文阅读教学中的应用[J]. 电脑知识与技术,2011,7(04):952-953,963.

教学中应用KWL表,有助于帮助学习者通过直观的图表理清阅读思路、形成不同观点间的对比、建立自己的学习监督体系,将学习从简单而乏味的聆听中剥离出来,在K、W和L三个阶段有针对性地提升学生的思维能力,激发学习兴趣,发展学生的分析、评价、创造等能力,从而提升学生的语文素养。为了帮助学生在预习阶段回顾先备知识,自主设定阅读目标,做到统筹管理整个阅读过程,并在课后达成阅读目标及完成阅读后的自我评价与反思,本研究尝试以KWL模式为基础,探索适用于小学阶段语文阅读体验的KWL教学策略和应用途径。

(三) KWL教学策略

KWL是一种以学生为导向,基于建构主义理论的教学模式。KWL图表是以学生为中心建构的可视化脚手架工具,用于辅助教学,最初是由Donna Ogle于1986年创建,用于在课堂阅读前激发学生关于学习主题所拥有的背景知识。[1] KWL教学策略可以看作是一个脚手架工具,也可以看成一种教学策略或教学模式,更可以作为一种可视化图表用于课堂教学中。其中,K是"What we know",即在阅读前获取学生对于相关主题已经知道什么;W指"What we want to find out",即对于所要阅读的主题学生想知道什么;L指"What we learned and still need to learn",即对于相关阅读主题学生学到了什么以及后续还要开展哪些学习。这三个认知步骤能促使学生积极思考所阅读的内容,教师也可以针对学生的学习情况设计教学,并有针对性地指导学生解决在学习过程中遇到的问题。

二、案例设计

本研究以部编教材四年级下册第二单元的课文《飞上蓝天的恐龙》为例,教师尝试利用KWL表格支持学生对说明文过程的学习。我们结合本土学生的实际情况,对该表格进行了调整和优化,从单一的一次性使用调整为二次应用——2KW+L应用表格(见表2-1),贯穿于学生课前自主阅读到课堂学习的整个过程,并延伸到课后探究,进一步发挥了该模式在语文阅读教学中的作用。本研究具体流程图参见图2-1。

---

[1] Ogle, D. K-W-L. (1986). A Teaching Model That Develops Active Reading of Expository Text. Reading Teacher, 39(6), 564–570.

表 2-1 2KW+L 应用表格

课前完成		课后完成
K (我已经知道了什么?)	W (我还想知道什么?)	L (通过学习我知道了什么? 产生了什么新问题?)
预习前	预习前	
预习后	预习后	

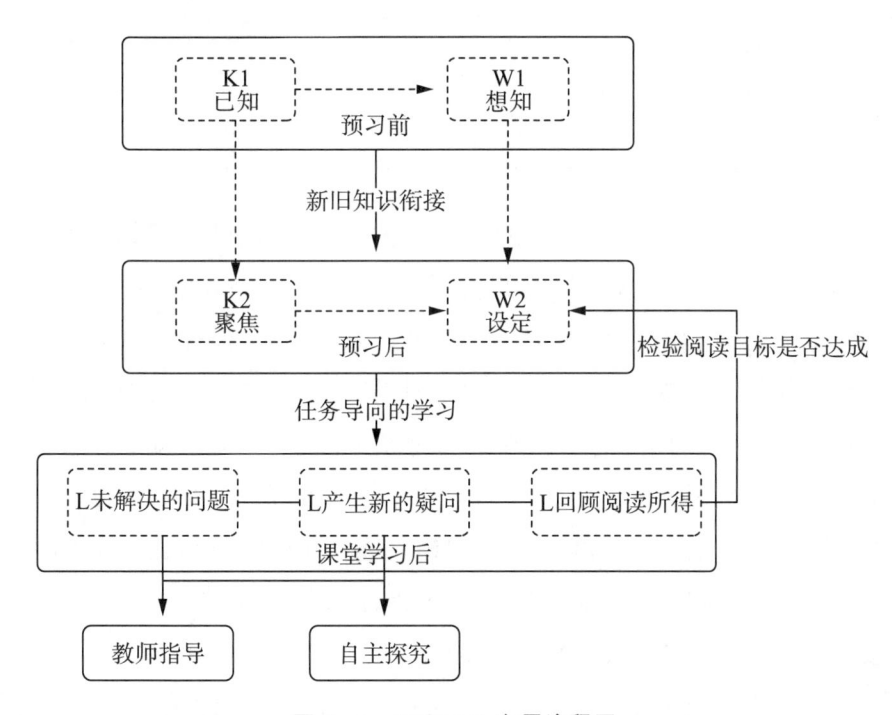

图 2-1 2KW+L 应用流程图

三、实施过程

(一)"KW"阶段的一次使用

1.预习前"K"的实施:回顾先备知识

预习前"K"栏的目的是让学生回忆自己的已知经验。在预习前,即读了课题,还未阅读课文时,学生会不自觉地对其中的关键词产生先备知识的调动,构建与文章内容相关的知识背景,并以此进行对文本初步的理解和推论。对于《飞上蓝天的恐龙》一课,学生首先关注到了课题中的关键词"恐龙",回顾关于恐龙的先备知识,并自觉地将其进行梳理和罗列,填写在预习前的"K"一栏,为课文内容的学习建立最初的知识背景。

表 2-2 "K1"阶段填写情况表

K1 填写情况	
填写内容及形式	学生占比
恐龙的外形、种类、生活习性(自由组织语言)	63%
恐龙的历史、起源(查找资料并摘抄)	24%
无效信息及错误信息	13%

据统计可知(见表 2-2),63%的学生在这一栏中自己组织语言填写了恐龙的外形、种类、生活习性等信息,如:恐龙有庞大的身躯和长长的尾巴,白垩纪时期的恐龙数量最多。24%的学生利用图书、互联网等工具自行查找了相关资料并摘抄,如:恐龙是生活在远古时期的大型动物,种类丰富,主要栖息于湖岸平原上的森林或开阔地带。13%的学生对有关恐龙的知识一无所知,没有填写,或填写了无效信息。作为教师,需要了解学生关于本课的先备知识,以便在教学过程中提供相关的有效信息,帮助学生丰富知识储备,同时也应当鼓励学生相互之间分享先备知识,更大程度地激发学生的阅读兴趣和积极性。

2. 预习前"W"的实施:激发阅读兴趣

预习前"W"栏的目的是引导学生针对课题质疑,激发阅读兴趣。《飞向蓝天的恐龙》这一单元的学习要素是:阅读时能提出不懂的问题,并试着解决。这是基于四年级上册第二单元"阅读时尝试从不同角度去思考,提出自己的问题"这一要素在阅读策略上的进一步发展,旨在增强学生主动提问的意识,引导学生养成阅读时积极思考、主动解决问题的良好习惯。学生能在阅读中不断质疑、不断挑战自我,试着解决阅读中的疑问是非常可贵的阅读品质。而且这正是这类科普文教学的一个重要目标。

在学生读了"飞向蓝天的恐龙"这一课题后,教师引导学生质疑:"读了这一课题,你想知道什么?"请学生把自己的问题记录在阅读表第二栏。据统计,学生主要聚焦以下三个问题:(1)恐龙是怎样飞上蓝天的?(2)恐龙为什么会飞上蓝天?(3)恐龙飞上蓝天后会怎么样?课题是文章的精华所在。学生在预习前能有意识地针对课题提出问题,是质疑能力的提升,也是对文章主要内容和中心思想的高度把握。同时,教师也可以顺势理出学生主要聚焦的问题,以利于教学设计的改进。

(二)"KW"阶段的二次使用

1. 预习后"K"的实施:聚焦关键信息

预习后"K"的目的是使学生更聚焦文本的关键信息。学生在初步阅读过课文后,回顾阅读所得,从文章内容、写法等方面对文本要点自主进行初步的提炼,摘录或概括被认为是重要的文本信息。

表 2-3　"K2"阶段填写情况表

具有代表性的填写内容	分析	学生占比
本文是一篇说明文,运用了打比方、做比较、举例子、列数字的说明方法。	理解正确并进行了归纳总结	8%
鸟类和恐龙有亲缘关系。	理解正确	29%
恐龙种类很多,体型和习性相差大。	理解正确	16%
恐龙与鸟类骨骼相似,变成了鸟。	表述有误	10%
恐龙最后变成了鸟类。	理解有误	13%

据表 2-3 统计可知,除去 24% 的学生在文中摘录的不具代表性的信息内容,53% 的学生(表格前三行)在预习后能简单归纳并正确理解阅读后获取的信息,有 23% 的学生(表格后两行)存在表述错误或理解错误的问题,需要引起重视,对此,教师也有意识地在教学设计中进行了调整和强调。与预习前"K"的第一次使用情况相比较,可以发现,虽然学生预习后所得信息是碎片化的、有些是理解错误的,但学生的聚焦点也在发生改变,越来越关注到课文本身想要传达的关键信息。同时也有利于学生在阅读时养成信息提炼和梳理的习惯。

2. 预习后"W"的实施：设定学习目标

预习后"W"的目的是帮助学生进一步思考并提出问题，明确学习的目标。"问题导学"是激发学生阅读兴趣的推进器，学生质疑能力的培养在整个阅读过程中都需要加以重视。学生在自主阅读过课文后，记录对课文内容或写法提出的问题，或是由此引发的延伸性问题，设定课堂学习的重点，明确自身所要关注的学习目标与方向，有利于提高学习时的自我认知，提升学习效率。据统计，学生提出的问题可以分为内容和写法两方面（见表2-4）：

表 2-4 "W2"阶段填写情况表

	课文内容	文章写法
与教学目标有关	·中生代时期是什么时代？ ·科学家是如何推测出恐龙演化成鸟儿的过程，依据是什么？ ·恐龙是怎么演化成鸟的，过程中发生了什么变化？	"点睛之笔"一词在第二自然段中有什么作用？
与教学目标无关	·"脑颅"是什么？ ·鸟类全都是一种小型恐龙的后裔吗？ ·只有鸟类和恐龙有关联吗？其他恐龙还进化成了什么？ ·科学家怎么知道第一种恐龙大约出现在两亿四千万年前？ ·恐龙化石如何保存这么久？	第一自然段为什么加上"似乎"一词？

根据学生"KW"阶段的二次使用情况，教师进行了关于本课更有针对性的学情分析，从这些共性的问题中找出与教学目标相关的问题，及时调整教学设计，如：针对学生普遍提出的"科学家是如何推测出恐龙演化成鸟儿的过程的，依据是什么？"这一有价值的问题，教师将其纳入到教学环节中，并作为其中一个教学重点进行设计，帮助学生更好地理解。

从学生的角度展开的"KW"统计，能更清晰地获取学生对于相关阅读主题的真实需求，也只有来自学生的反馈才能更清晰、更客观地判断教学的效果如何。教师可以由此掌握学生预习的真实、详细情况，这是了解学生学情的关键所在。

（三）"L"阶段的回顾总结与拓展

"L"栏的内容应用于课堂学习之后，培养学生自我诊断与评价的能力。在一堂课的学习后，学生进行自我总结与回顾，在"W"栏反思是否已解决自主阅读时提出的问题,自主设定的学习目标是否已达成;对于未达成仍想解决的问题,可归总到"L"栏,并在"L"栏归纳出课堂学习后得出的要点。完成了"W"栏和"L"栏的内容之后,学生能清晰地看到自己的学习结果与预先设定的阅读目标之间的差别,此时做出的自我评价及反思更具有说服力。"W"栏与"L"栏对学生在阅读过程中自我认知与自我监控能力的培养非常有效。

据统计可知,83%的学生基本能完成自主设定的学习目标,并在"L"栏进行总结性回答,如"通过学习,我知道了有一种体形小的恐龙转移到树上生活或是在地上奔跑,经过漫长的时间,最终学会了飞行"。有个别学生在反复的阅读过程中还有了新的发现和思考,如:"文章有些内容是科学家推测而来的,'很可能'等词说明了作者用词严谨。"55%的学生还提出了新的疑问,如"有没有可能恐龙的另外一支进化成了其他动物?"。17%的学生表示还有未完成的学习目标、未解决的学习问题。

教师应当将满足学生的需求作为推动教学的基础。对于学生还没有解决的有关问题,教师采用课后个别辅导的方式进行完善;对于学生提出的新问题,鼓励学生通过回读课文,对知识进行再次梳理、上网查找资料、合作探究等不同方式自主学习,试着解决问题,并及时加以指导。

四、成效反思

(一)有利于学生自主学习的真实发生

通过课后对学生进行问卷调查及访谈可知,所有学生都对KWL表格对语文学习的作用持肯定态度,认为该模式对课前的预习、课堂中的学习以及课后的复习都存在着一定的作用,主要体现在以下几个方面:

1. 学前:课前预习,自主提问,以问题导引学习

KWL教学模式的这三个认知步骤能够使学生在自主阅读时保持集中注意力,有意识地整理思路,使得预习更全面,能够关注前后文本内容之间的联系。同时,学生通过使用表格进行提问,清楚了自己的疑问和学习兴趣所在,在后续学习中,更具有方向性和目标性。问卷调查显示,80%的学生认为表格的使用提高了自己的预习效率。更有学生在访谈中提到:"使用了KWL图表之后,我才知道在预习时怎么针对课文提问,当我提问之后,我就对上课充满了动力,因为我很想知道其他同学是不是和我一样对这个问题感兴趣。还有,我也想知道这个问题的答案是什么……"

2. 学中：带着问题，自主探究，学习解决问题

KWL教学模式帮助学生自主预习，课前提问，教师可以对学生预习阶段的提问进行整理，导航教学过程。相关实践教师均表示："有了这个表格，我常常会根据学生提出的问题，重新组织自己的教学内容。对于学生提出较多的问题，我会做更多的教学准备，反复思索怎么才能将知识点讲得清楚，让学生有更深入的理解。"对于个体学生而言，整节课的学习都是在自己问题的引领下，自己主动探寻问题答案的过程。如学生在访谈中提到："预习时，我对课文内容产生了疑问，在课上，当老师讲解到时，我就会很想知道问题的答案是什么。听课中，我又会有一些新的问题，这时候，我就会和同学讨论，并跟老师交流。"在这个过程中，教师可以有针对性地指导学生养成有效的问题意识，自主提问，主动探究（自主阅读与小组讨论等），基于文本，寻找问题的关键或答案，进一步学习提出问题和试着在学习过程中解决问题，促进进一步阅读。

3. 学后：聚焦问题，归纳总结，开展反思学习

在收集学生的预习与课堂作业后，教师根据学生在KWL模式第一、第二阶段提出的许多问题以及前后的变化进行了分析，发现学生提出的问题的维度发生了变化：从与文本内容无关到有关，从零散的问题到聚焦的问题，从聚焦的问题到关键的问题。我们欣喜地发现，学生学会了寻找关键的细节和信息，也学会了有针对性的提问。问卷调查显示，约有90%的学生表示在使用KWL表格时，自己更能保持阅读的专注力，通过细致阅读，深入到文本，提出的问题有了聚焦点。同时，有了这个表格，学生能根据文本涉及的核心问题，开展反思与复习，在复习时可以直接以问题为主要线索，梳理巩固知识。如有学生说道："每次复习时，我都会根据在学习时产生的核心问题链，一一梳理课文中的知识点，这样，我的思路会很清楚，记忆起来也特别方便。有的时候，我还会产生新的问题，去查阅课文之外的资料。"

（二）有利于教师教学能力的切实提升

KWL的统计能帮助教师对学生的学习情况进行量化：多少比例的学生对什么问题感兴趣，高比例的问题代表普遍性问题。表格经过两次、双重的使用，会让教师更清晰地掌握学生从"自主学习所得"到"课堂学习所得"的过程，精准定位教学目标和重、难点，以及学生真正感兴趣的点，让教师的学情分析更精准，教学设计更有针对性。比如：文章第一自然段中"似乎"一词的运用，本不在教学设计中。教师经过学情分析得出这是学生聚焦的问题，觉得很有必要将之

提炼、总结,加入教学设计的环节中。而如何将这个词串联到这节课所要呈现的主旨中,就需要考验教师搭建支架的能力。又如:学生认知兴趣的起点在于"点睛之笔"一词在句子中的作用。教师预设的目标是让学生知道这篇说明文是如何写清恐龙到鸟类的转化的,教师找到两者之间的联系——科学家"欣喜若狂"正是因为"鸟类是由恐龙的一支演化而来的"这一假说终于被验证了。这是关键的一个环节,体现了实证的内容,补充了"假说"到"证实"的过程中最关键的部分。这样就使得学生的认知起点和最后要达成的单元教学目标产生了联系。在搭成了支架之后,学生就会更懂得如何从"点睛之笔"的切入去理解这篇文章。

KWL模式的二次使用关注学生最近发展区,强调在预习前后对学生的已知知识和质疑问题进行两次检测,以确定学生在预习前后知识经验和认知水平上的改变,筛选出更具有代表性和有价值的问题,进而完善教学过程,将教学重难点更有针对性地指向需要教师介入的部分,以更有效地满足学生问题解决的需求。这个过程既是对教师的挑战,也有利于促进教师的教学能力提升。

(三) KWL教学模式的反思

KWL模式在语文阅读教学中确实起到了一定的助推作用。该模式的运用应当贯穿于课前、课中及课后。在整个实施过程中,学生始终在提出问题,并寻求问题解决的方法。但从学生的反馈情况来看,KWL模式还是存在一定的局限性。

第一,在"L"阶段的回顾反思过程中,学生在课堂学习过后,可能也会产生一些新的疑问,在此模式下未得到及时解决。在实践过后,教师认为可以在此基础上再增加一栏"H":你准备用什么方法解决问题?鼓励学生课后及时进行自主探究,更有利于驱动学生的思维活力,发挥学习的主观能动性。

第二,在"W"栏中,以"想知道什么""对什么感兴趣"的形式为主,学生可以集体讨论的方式自主确定阅读目标,也可以小组合作的方式一起整理相关的信息内容。让学生针对阅读文本,更明确自己"想做什么""要做什么"。如此有目的性的合作式阅读,比完全让学生自主进行更降低了难度,更容易提高学生的学习积极性,也使学生持久保持注意力集中。教师应当坚持以学生为本的阅读模式,更有效地激发学生的阅读热情,使学生更主动、更自然、更深入地理解文本,让教学目标的确立更有针对性,教学思路更清晰,教学过程更顺畅,也让知识的传递不再零散而枯燥。

  总之,任何教学模式的应用都不是一成不变的,需要结合学生的实际情况以及教学内容加以调整,灵活运用,使其在教学中发挥出更大的优势。

(鸣谢上海市浦明师范学校附属小学朱韵清老师提供本案例,
上海市浦东教育发展研究院郑新华老师进行了项目支持)

第三章　中学教育案例

案例1　元认知教学策略在英语阅读教学的应用

一、案例背景

随着英语课程改革不断深化,学生在外语学习中自主学习能力的发展越来越受到重视。根据2022年版《义务教育英语课程标准》的要求,初中英语教学应更加注重培养学生的语言运用能力和自主学习能力。标准明确指出,教师要引导学生学会管理自己的学习,明确学习目标,"对照学习目标,评价和反思自己的学习过程和学习效果,根据学习需要调整学习方法与策略,切实提高学习效率"。

初中学生应该具备初步的自主学习能力,包括制订学习计划、选择学习方法和评估学习效果等。元认知教学可以帮助学生建立自主学习意识,培养自我监控和自我调节的能力,满足新课程改革对于学生学习能力培养的要求。

随着教育理念的不断革新与教学技术的飞速发展,传统的英语阅读教学模式已逐渐暴露出其局限性,难以满足当代教育的多元化需求。传统的阅读教学往往过分聚焦于词汇的识记和语法的讲解,而相对忽视了对学生阅读策略的培养、语言学习能力的增强以及实际应用能力的拓展。在这种模式下,学生往往缺乏独立阅读和思考的机会,进而可能导致其持续学习兴趣的减弱。英语教师应基于学生的认知基础、学习兴趣和学习能力,积极调整教学策略,以确保不同类型、不同水平的学生都能在阅读中感受到成就感,激发他们持续学习的动力。

元认知教学在学生的英语学习过程中具有重要意义。可以增强学生的学习管理、自我监控和自主学习的能力,有助于学生更深入地理解英语阅读材料。元认知教学策略可以促进学生对学习的调节和反思,符合新课程改革理念。因此,本案例将元认知教学策略融入初中学生英语阅读课程中,通过两轮行动研究,探讨这些策略是否可以促进学生元认知能力的发展。

二、案例设计

本案例首先进行了学生元认知能力的前测调查,接着采用两轮行动研究实施元认知教学策略,基于每轮行动研究的效果和学生反馈,进行元认知教学策略模型的完善,从而探索适合在初中英语阅读开展的元认知教学策略样态。

(一) 学生元认知能力调查

1. 问卷编制

研究以某校初一年级某班学生为元认知教学策略的实施对象,该班共有48名学生。本研究使用的《中学生英语阅读元认知能力调查问卷》基于O'Malley和Chamot元认知策略分类体系的框架以及刘慧君(2004)的元认知问卷,并依据本校学生实际情况编制。[1][2] 问卷共有20个问题,涉及四个维度:计划策略(1—5题)、选择注意策略(6—10题)、监控策略(11—15题)和评估策略(16—20题)。问卷采用李克特五级量表,表示从"非常符合"到"非常不符合"五个梯度,分别对应5、4、3、2和1分,详见本案例附件1。在行动研究之前,研究者向学生共发放了48份问卷,回收有效问卷48份,回收率100%。问卷的信度和效度检验结果如下:

表3-1 问卷的信度

克隆巴赫 Alpha	项目
0.728	20

问卷的信度也就是问卷的可靠性,用来检验此问卷是否可信可靠。Cronbach's α系数是衡量量表或者测验信度的一种方法,用于检验各维度内部的一致性。对信度进行分析时,我们要解析α系数,若此值大于0.8,则反映了信度高;假如该数值在0.7—0.8的范围内,则表明信度良好;当该值在0.6—0.7之间,表示信度可接受;如果此值低于0.6,说明信度较差,这时需要修改调整问卷。根据表3-1,本问卷的Cronbach α为0.728>0.7,说明此次调查问卷的信度比较高,结果可靠。

问卷的效度指的是问卷内容能否真实反映其所要调查的内容,即问卷的有

---

[1] O'Malley, M. J., & Chamot, A. U. (2001). *Learning Strategies in Second Language Acquisition* [M]. Shanghai: Shanghai Foreign Language Education Press.
[2] 刘慧君.元认知策略与英语阅读的关系[J].外语与外语教学,2004(12):24-26.

效性和正确性。我们通过 SPSS 25.0 使用 KMO 和 Bartlett 检验进行效度检验。KMO 值有助于判断信息提取的适合程度,若此值大于 0.8,则说明非常适合信息提取,效度好;假如此值在 0.7—0.8 的范围内,则说明比较适合信息提取,效度较好;当该值介于 0.6—0.7,说明可以进行信息提取,效度一般;如果此值低于 0.6,说明信息较难提取,效度低。根据表 3-2,问卷的 KMO 值为 0.828>0.8,巴特利特球形度检验 Sig.=0.000>0.05,因此问卷效度较好。

表 3-2 问卷的效度

KMO 和巴特利特检验		
KMO 取样适切性量数		0.828
巴特利特球形度检验	近似卡方	925.962
	自由度	210
	显著性	0.000

2. 问卷结果

第一次问卷调查的结果为前测,旨在了解学生元认知能力的基础。问卷数据结果见表 3-3。通过数据可以发现,学生回答的 20 道题平均分普遍在 3 分以上,不超过 3.5 分。只有 3 题平均分在 3.4 分以上,7 题平均分在 3 分以下,其他题平均分在 3.00—3.27 分之间。学生的计划、选择注意、监控与评价四个维度策略的平均值均不高,最高值为计划维度的 3.268,最低值为评价维度的 2.876。这说明学生以往的阅读状况并不乐观,很少有学生在阅读前制定明确的阅读计划,大多数学生在阅读过程中没有监控自己的阅读速度和方法。阅读材料的逻辑结构和关键信息没有得到重视。学生在阅读后很少主动反思自己的阅读过程、评价所采用的阅读策略和方法是否有效。同时,学生对于阅读目标是否达到也存在很大怀疑或不确定性。

表 3-3 问卷的描述统计

问题	项目	平均分	标准差
第一维度:计划	48	3.268	0.064
Q1	48	3.42	1.381

（续表）

问题	项目	平均分	标准差
Q2	48	2.96	1.336
Q3	48	3.23	1.403
Q4	48	3.27	1.267
Q5	48	3.46	1.237
第二维度:选择注意	48	3.022	0.057
Q6	48	3.10	1.462
Q7	48	3.06	1.493
Q8	48	2.85	1.384
Q9	48	3.08	1.541
Q10	48	3.02	1.407
第三维度:监控	48	3.064	0.023
Q11	48	2.90	1.533
Q12	48	3.21	1.487
Q13	48	2.81	1.497
Q14	48	3.40	1.469
Q15	48	3.00	1.473
第四维度:评估	48	2.876	0.071
Q16	48	2.54	1.501
Q17	48	2.75	1.313
Q18	48	3.02	1.345
Q19	48	2.88	1.393
Q20	48	3.19	1.468

3. 问卷结果分析

第一，学生阅读计划性分析。

调研学生需要改进其阅读计划和自主性。根据前五个问题的调查数据，超过半数的学生没有意识到阅读计划的重要性。他们不会根据自己的实际情况制定合理的阅读时间和计划，也不了解或不知道阅读策略和方法的正确运用。但他们通常会首先明确阅读目的，如完成作业、捕捉信息、提高成绩等，然后开始阅读。

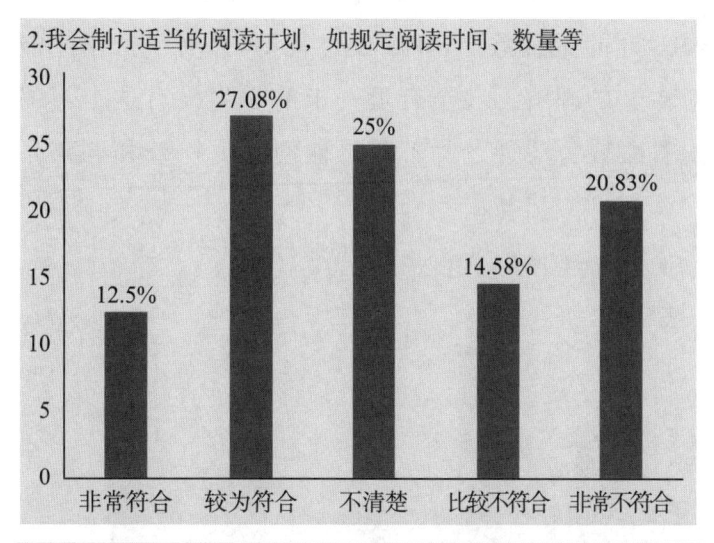

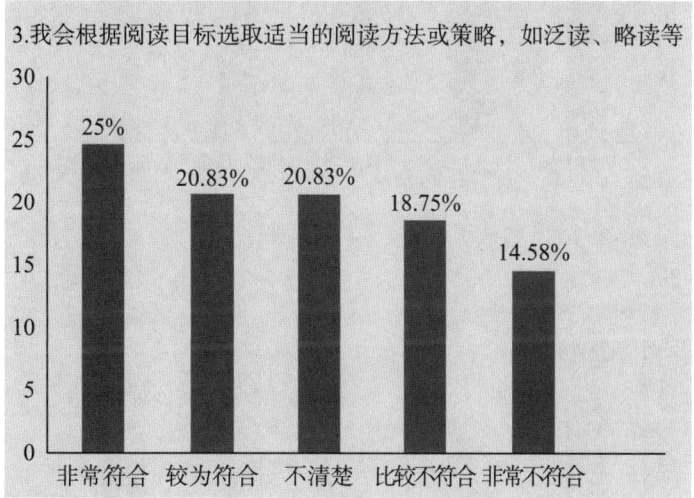

2.我会制订适当的阅读计划，如规定阅读时间、数量等

非常符合	较为符合	不清楚	比较不符合	非常不符合
12.5%	27.08%	25%	14.58%	20.83%

3.我会根据阅读目标选取适当的阅读方法或策略，如泛读、略读等

非常符合	较为符合	不清楚	比较不符合	非常不符合
25%	20.83%	20.83%	18.75%	14.58%

图 3-1 初中学生的元认知能力——阅读计划维度的作答情况

第二，学生监控阅读过程的分析。

大多数学生不会主动监测自己的阅读过程，并缺乏监测方法。问题 6 的统计图显示，班级中 27.08% 的学生在阅读过程中经常关注每段的主题句和重点句，20.38% 的学生养成了这一习惯，这有助于他们更好地把握文章主题，理解阅读材料。然而，当问及学生是否通过做记号或画线来突出文章主题时，25% 的学生认为他们经常这样做，近 44% 的学生认为他们没有这样做。他们很少做笔记或画线来突出文章主题，因此容易忽略文章的组织逻辑等关键信息，不会依靠上下文推断词义。50% 以上的学生在阅读过程中为了完成课后练习，会反复琢磨阅读长难句。他们经常暂停阅读进度，直到找到问题的答案。

根据第 13、15 题的调查数据，在阅读过程中，只有少数学生能够通过自问自答来检验自己对课文的理解。甚至有近一半的学生没有这个习惯。他们一般更愿意和同桌校对答案或者等待老师解释。他们很少检查和调整自己的阅读方法和速度。

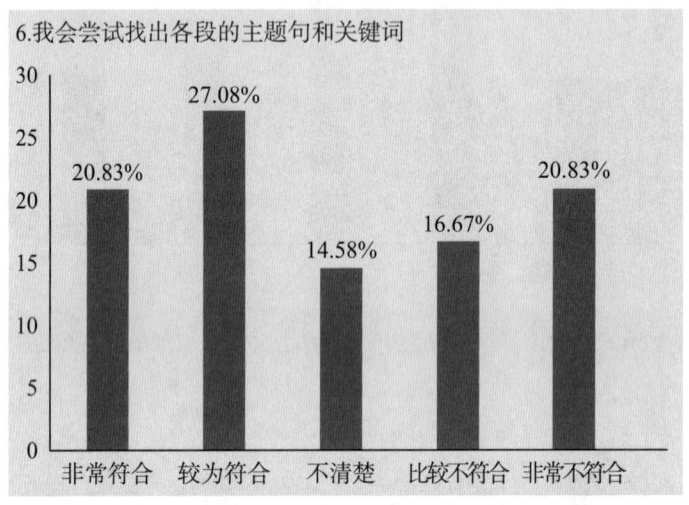

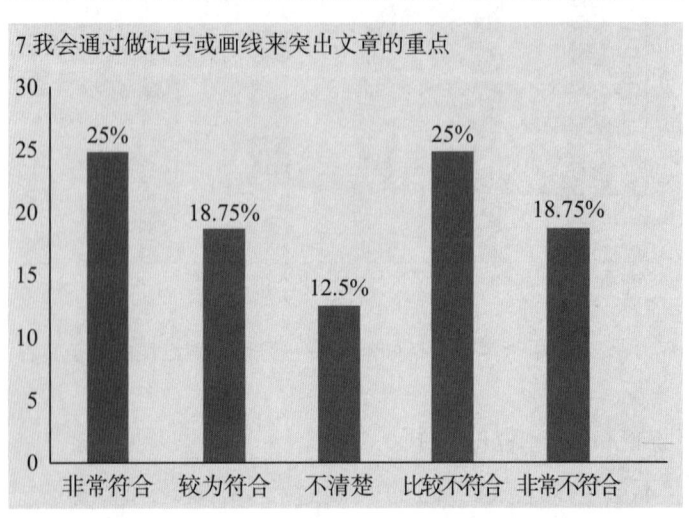

6.我会尝试找出各段的主题句和关键词

非常符合	较为符合	不清楚	比较不符合	非常不符合
20.83%	27.08%	14.58%	16.67%	20.83%

7.我会通过做记号或画线来突出文章的重点

非常符合	较为符合	不清楚	比较不符合	非常不符合
25%	18.75%	12.5%	25%	18.75%

13.我会进行自我提问来寻求答案

选项	比例
非常符合	18.75%
较为符合	18.75%
不清楚	14.58%
比较不符合	20.83%
非常不符合	27.8%

15.我会及时检查阅读方法和速度是否恰当,随即调整不当方法和速度

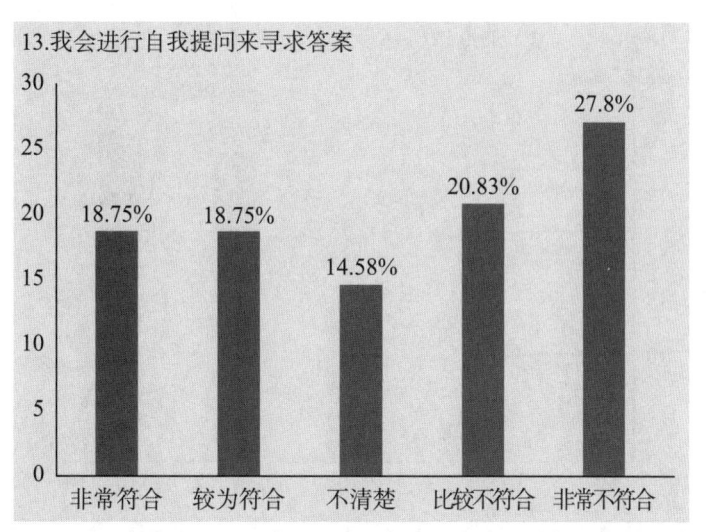

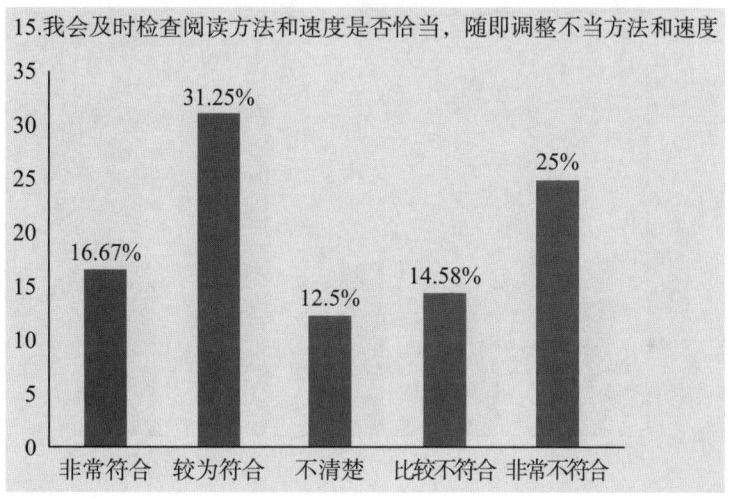

选项	比例
非常符合	16.67%
较为符合	31.25%
不清楚	12.5%
比较不符合	14.58%
非常不符合	25%

图 3-2 初中学生的元认知能力——阅读监控维度的作答情况

第三,学生评价阅读成果的分析。

大多数学生没有对阅读进行总结和评价。第 16 题的结果显示,超过 60% 的人表示阅读后不会用中文或英文概括文章大意。只有 25% 的人表示会这样做,符合程度较高。根据第 17 题的数据表,大多数学生对阅读目标的实现持否定态度,选择"比较不符合"和"非常不符合"的比例达到了 52.09%;而"非常符合"和"比较符合"的比例仅为 29.17%;18.75% 的受访者表示"不清楚"。这说明部分受访者对阅读目标是否实现存在很大的疑虑或不确定。因此,有必要进一步分析原因,采取相应措施,提高阅读目标的达成度。此外,大部分学生不仅没有对自己阅读后是否透彻理解文章内容进行评价,而且对自己的阅读策略和方法是否恰当进行评价和调整的主动性也不高。

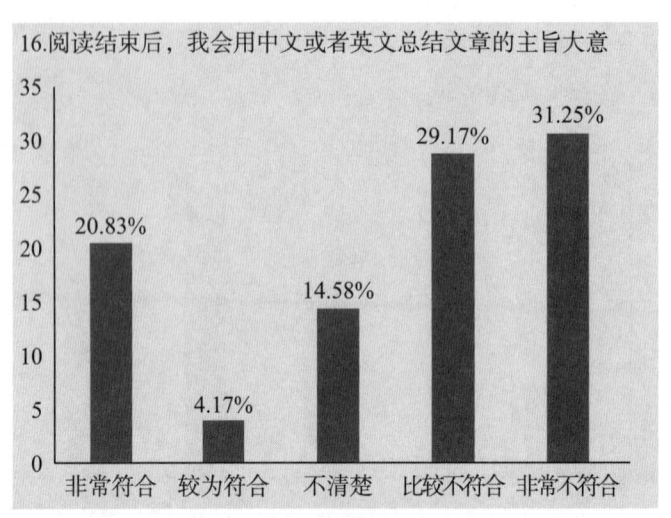

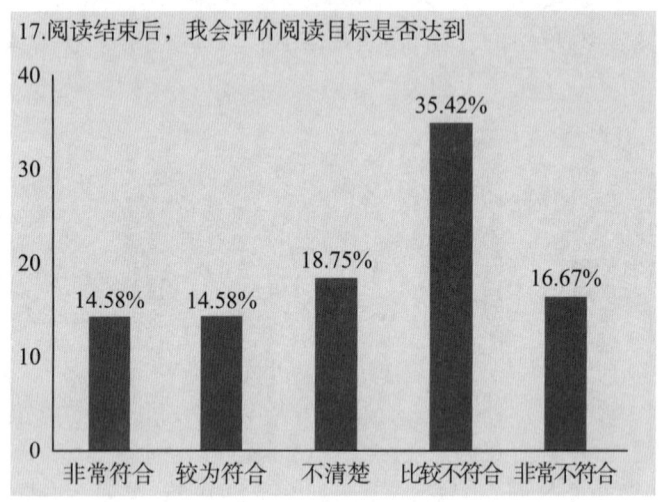

16.阅读结束后,我会用中文或者英文总结文章的主旨大意

非常符合	较为符合	不清楚	比较不符合	非常不符合
20.83%	4.17%	14.58%	29.17%	31.25%

17.阅读结束后,我会评价阅读目标是否达到

非常符合	较为符合	不清楚	比较不符合	非常不符合
14.58%	14.58%	18.75%	35.42%	16.67%

图 3-3 初中学生的元认知能力——阅读评估维度的作答情况

总之,本班学生的阅读计划性不强,缺乏对自己阅读过程的监控。他们不会对自己的阅读结果进行多方面的评价。大多数学生在阅读前较少使用计划策略。不了解阅读过程中的元认知监控,也不清楚自己在阅读过程中是否进行了元认知监控。他们对元认知知识的了解较少。这些结果表明,本班学生的元认知能力处于中等偏低的水平。为了提高学生的阅读能力和教学质量,教师需要有意识地培养学生的元认知能力,运用元认知教学策略开展阅读教学。

(二)教学设计

本案例构建了 P(计划)+M(监控)+E(评价)的元认知教学策略模型。图 3-4 是应用于英语阅读课的元认知教学策略教学模式。

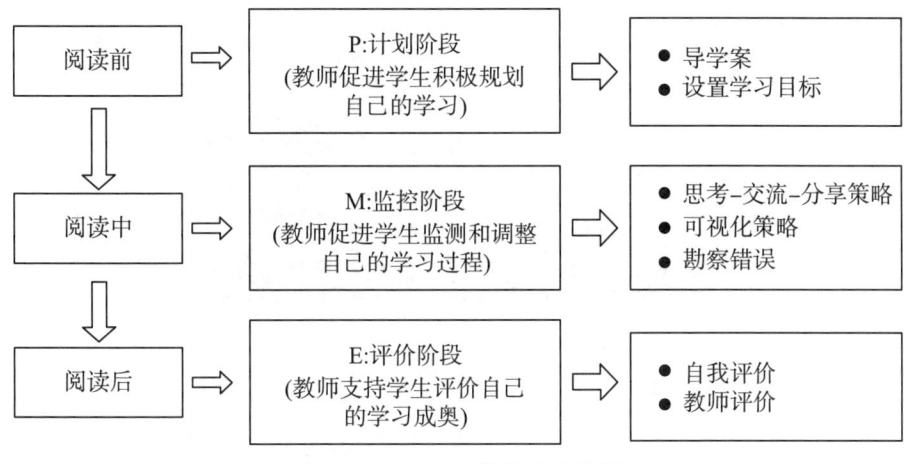

```
阅读前 ⇒  P:计划阶段              ⇒  ● 导学案
              (教师促进学生积极规划       ● 设置学习目标
              自己的学习)
  ⇓
阅读中 ⇒  M:监控阶段              ⇒  ● 思考–交流–分享策略
              (教师促进学生监测和调整     ● 可视化策略
              自己的学习过程)            ● 勘察错误
  ⇓
阅读后 ⇒  E:评价阶段              ⇒  ● 自我评价
              (教师支持学生评价自己       ● 教师评价
              的学习成果)
```

图 3-4　元认知教学策略模型

1. 计划阶段。首先，在计划阶段，教师会分发导学案给学生，明确学习目标，让学生了解课程内容的整体框架。采用"新课导入—泛读—精读—课堂总结—作业布置"的流程，教师在灵活运用多种元认知教学策略的同时，确保每个步骤的顺利进行。

2. 监控阶段。教师会通过导入环节组织学生进行游戏、话题讨论，或呈现生活案例，以体验式活动调动学生已有的知识储备，激发其学习兴趣，形成对课文的阅读期待。在泛读课文的过程中，教师融入了思考—交流—分享策略和勘察错误的教学策略，帮助学生更好地理解课文内容。在精读过程中，则采用可视化教学策略，通过检查学生的阅读表现，更直观地了解学生的理解情况。

3. 评价阶段。教师的评价贯穿整个教学过程，促进学生的反思。通过组织学生补充思维导图等方式，教师促进学生对文本结构和知识点的掌握。同时，教师鼓励学生对本节课的学习情况进行自我评价，加深对学习过程的认识和理解。

三、实施过程

（一）行动研究前的元认知介绍

在行动研究开始前，教师会向学生介绍元认知的基本概念和在个人学习中的重要作用。教师利用班会和多媒体课件向学生介绍了元认知的概念和策略，如计划策略、监控策略、评价策略等，并引导学生根据不同文本，如议论文、说明文、记叙文、实用文等，选择合适的元认知策略指导自己的阅读过程。同时，教师讲解了元认知教学策略，如设定学习目标、错误勘察、出声思维等，以及说明了学生在这些策略中应该做什么事情。学生对他们接下来要参与的元认知教学过程有了整体认识。

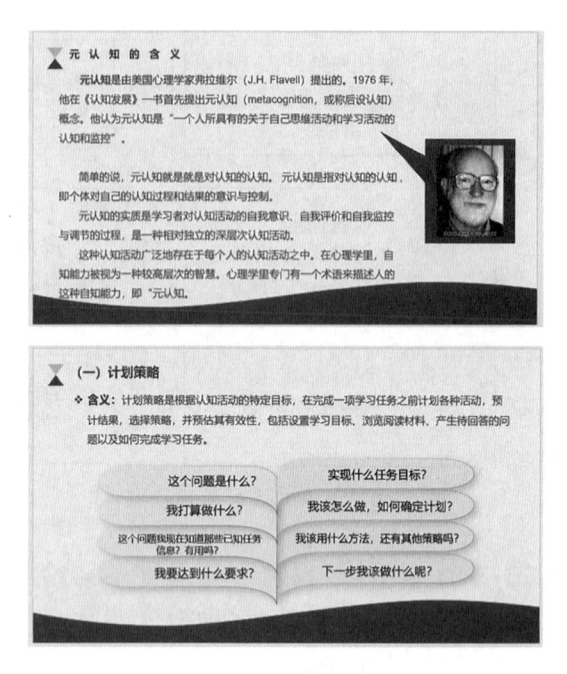

图 3-5　元认知介绍的课件

（二）第一轮行动研究

1. 计划

根据班级实际情况，教师设计了为期三周的第一轮行动研究。经过前期班会的介绍，学生调整了心理状态，克服了对学习新事物的恐惧心理。在讲解了本次行动研究的计划后，学生们对元认知知识有了大致的了解，也明白了本次行动研究的目的和实施步骤。首先，教师根据元认知教学策略模型组织教学内容并进行教学设计。其次，在这三周的英语阅读教学中融入了元认知教学策略。相关主题的听力原文和练习材料作为辅助教学材料。同时，运用元认知教学策略训练学生的元认知阅读能力。最后，在第一轮行动研究结束后，教师对部分学生进行了访谈，记录学生的学习反馈，了解了第一轮行动研究的效果，并进行反思。

（1）教学内容

本课程的教学内容是：要求学生阅读正式的邀请函，熟悉以电子邮件为载体的邀请函的表达特点，运用阅读策略提取详细信息，掌握正式邀请函的 4 个核心信息。通过总结邀请函的内容结构，掌握邀请函的语言特点和段落功能，使学生学会写一封电子邮件邀请函，锻炼语用能力。

（2）学情分析

在前两节课后，学生已经熟悉了口头邀请他人参加庆祝活动的常见语句。

他们关注庆祝活动的时间、地点、活动情况等基本信息。然而,随着各种社交软件的不断优化,生活中的庆祝活动多是口头或非正式方式的邀请。大部分学生对正式邀请函的撰写还比较陌生。因此,教师需要结合学生的学习基础,设置合适的阶梯,帮助他们掌握邀请函的语言特点和核心信息。

（3）教学目标

知识与技能	• 学生能看懂邀请信,能准确把握邀请函的结构和信息点; • 学生能运用恰当的词汇和句型描述庆祝活动,如 invitation/partner/on behalf of/play an important role in 等; • 学生能提取和概括关键信息,并调整阅读方法和速度。
过程与方法	• 通过观察、分析和比较,学生能感知口头邀请和书面邀请、私人邀请和商务邀请的表达特点和区别; • 通过展示思维导图,学生能清晰了解邀请函的基本结构和句式表达,并尝试撰写校园活动邀请函。
情感、态度与价值观	• 通过知识与生活实际的联系,让学生感知知识的价值; • 通过小组讨论与合作,培养学生的团队精神。

（4）教学难点和重点

①重点:让学生准确把握邀请函的信息点、词汇和句型。

②难点:学生能结合四个核心信息写出有逻辑的邀请信。

（5）教学方法:讨论法、讲授法、元认知教学法、任务驱动法。

2. 行动

课题	Celebrations	课程类型	阅读课	地点	/
教学步骤	教学内容			设计意图	
课前计划阶段	【教师活动】 1. 下发导学案,强调学习目标; 2. 播放课文录音,引导学生安静阅读。 【学生活动】 1. 浏览导学案中的学习目标; 2. 浏览导学案中学习内容和学习流程两部分; 3. 听课文录音并小声跟读。			使用导学案的目的是让学生明确学习目标,初步了解课文内容,为后面的阅读做好准备。	

续表

教学步骤	教学内容	设计意图
课中 监控阶段	Ⅰ.导入 1.教师提问:你们是用什么方式邀请别人参加活动的? 2.教师展示一封邀请函截图,引出本课主题。	通过联系学生自身的经历,引出本课主题,并激发学生对本节课的好奇心。
	Ⅱ.泛读 1.判断文本类型。 【教师活动】 展示邮件三种类型,提问区别:①私人邮件;②商务信函;③广告邮件。 2.思考问题 【学生活动】 勾选文本类型,完成导学练习1。 勘察错误:同桌之间互相检查核对,改正错误	完成练习1后,采用错误勘察的元认知教学策略,组织学生主动发现并纠正错误,明确不同邮件类型的特点和区别。
	3.展示下图,明晰区别,揭示所学内容是一封以商务邮件为载体的邀请信。 【教师活动】 | Type | Feature | Target group | |---|---|---| | business email | formal & rigorous | company & institution | | personal email | kind | friends | | Advertisement email | Flexible & novel | Potential/existing customers | 4.分析所学邀请函的结构 【教师提问】 Q1:What's the main idea of each part? Q2:How many parts can the passage be divided into? 【学生活动】 思考—交流—分享:思考问题,并主动在全班里讲述自己的思考过程和答案。 【教师活动】 教师评价:评价并反馈学生表现,展示参考答案,适当补充。	培养学生根据要求选择不同阅读策略的意识。 通过使用"思考—交流—分享"策略,促进学生发表观点,交换想法。 通过教师客观评价,学生及时了解自己的课堂表现。

续表

教学步骤	教学内容	设计意图
	Ⅲ. 精读 【教师活动】 展示，讲解，拓展重点词汇与句型，鼓励学生做笔记。 【学生活动】 思考—交流—分享：补充学习材料的思维导图和导学练习2，完成后在组内交流分享。 【教师活动】 可视化策略：检查学生完成情况，用PPT展示思维导图。	第二次"思考—交流—分享"策略的运用，有利于学生形成共识，提高自主学习能力。 这一部分是为了深入理解邀请函的内容。教师以思维导图的形式，采用可视化策略检查学生的阅读学习情况。
课后 评估阶段	Ⅳ. 小结与作业 【学生活动】 跟随教师总结回顾本节课所学知识。 学生自评：根据教师的反馈对本堂课的学习情况进行了口头自评。 【教师总结】 本课的学习内容是一封电子邮件的商务邀请函。我们分析了邀请函的基本结构，学习了词汇和句子，总结了邀请函的四个信息点。 【作业布置】 根据学习材料的要求，撰写校园活动邀请函。	通过教师评价和学生自评，学生可以检查自己的学习情况，从而总结本节课的收获，反思不足，及时调整和改进自己的学习策略和方法。

3. 效果

为了解元认知教学策略的实施效果，我们调研了学生在第一阶段行动研究中的感受和建议。第一轮行动研究结束后，以简单随机抽样的方式在班级中抽取了三名学生进行访谈。学生表示：

（1）导学案对学生的学习有帮助，但学生对其中的学习目标的关注较少。他们希望自己来制定学习目标。通过访谈可以看出，导学案对学生的学习是有帮助的。导学案对他们来说比较新颖，吸引了他们的注意力，使他们更加专注。然而，很少有学生达成所列的学习目标。有些学习目标难度较大，超出了学生的能力水平，实现起来有一定的困难，需要加以改进。

"导学案对我的学习有督促作用,我不会像以前那样看看课本就算预习了。虽然我会关注老师设定的学习目标,但我不会在阅读过程中督促自己实现学习目标。我希望老师和学生能一起制定学习目标,这样会更有挑战性和趣味性。"(学生1)

"我看到导学案上的学习目标,觉得不太可能完成,后来就忽略了。我想根据自己的英语学习情况来制定学习目标。这样制定的目标会比直接提出的学习目标更符合自己的水平,学习起来也会更有动力。"(学生2)

"我觉得提出的学习目标用处不大,很少有学生会重视它,但是会主动去记知识目标中罗列出的重点词汇。如果老师点名检查,答对了就可以加分,我们会变得很积极"。(学生3)

(2)"思考—交流—分享"这一教学策略有助于学生交流和反思,但小组讨论和个人思考的顺序需要调整。通过访谈可以看出,运用"思考—交流—分享"策略对学生的学习有很大帮助。他们交换了意见,扫清了理解障碍,共同完成了思维导图的制作。但由于制作思维导图时先进行小组讨论,有些学生隐藏自己的想法,且容易受到他人的影响,因此需要改进。更多的学生倾向于先独立思考,画出思维导图,再在小组讨论中分享,互相指出错误,帮助改进思维导图。

"我认为这个环节设置得很好。当我们补充思维导图时,我们小组分工协作,定位文章中的信息。另外老师给出了思维导图框架,这样可以快速完成思维导图。"(学生1)

"我喜欢小组讨论。当遇到不懂的单词和长句子时,我可以请群里的同学帮忙解决。但在补充思维导图的过程中,有学生不配合、不寻找答案、不参与讨论。所以我宁愿一个人做。"(学生2)

"这部分很有帮助。我喜欢用思维导图来更清楚地了解文章的内容,但我倾向于先自己做,然后去小组讨论看看其他同学是怎么做的。"(学生3)

(3)学生可以独立评价自己的学习情况,但口头自评并不能全面反映其学习情况。学生无法准确判断自己的学习情况。自评环节的设置让学生学会了如何评价自己的学习,并进行反思和改进。但口头自评方式过于简单,不能让学生发现更多问题,效果无法保证。因此,需要采取多种评价方式。

"我有点害羞评价自己,自评时我认为自己做得不好,但得到老师的表扬后我感到很高兴。"(学生1)

"自我评价可以让我发现并提出自己的不足,争取在下节课中表现得更加积极。"(学生2)

"我不知道从什么方面和以什么标准来评价自己,但我指出了自己的问题,并且会尽力改正。"(学生3)

(4)学生英语阅读习惯良好,但阅读速度和方法有待提高,且教师的指导不够。通过访谈可以看出,本堂课课堂效果较好,学生阅读文章的注意力较为集中。但教师忽视了相关阅读策略和方法的教授与指导,导致学生超时低质完成阅读任务,捕捉错误信息。

"我一般会快速阅读全文,跳过生词。先把文章的大概内容搞清楚,然后做题的时候再回到原文仔细阅读,但速度有点慢,而且正确率不高。"(学生1)

"我不知道有什么阅读策略。我会先阅读主题,然后浏览文章。有时题目太多,我会为了节省时间而盲目阅读。"(学生2)

"我不知道什么时候该使用什么样的阅读策略。希望老师在这方面多多指导,提高我们定位信息的能力。"(学生3)

4. 反思与改进

通过访谈得知,第一轮行动研究取得了一定的成果,课堂气氛活跃,学生普遍参与性比较高。但同时也存在一些不容忽视的问题。第一,在课前计划阶段,导学案并没有起到很好的促进学生预习的作用。导学案的设计只停留在词汇理解层面,缺乏与课文内容相关的练习。在确定学习目标和计划时,采用了直接呈现法。这种方法学生没有参与感,无法调动其主动性,不利于学生明确学习内容。第二,在课程的某些部分,教师对学生的指导不够,导致学生的疑惑无法及时得到解答。当回答问题时,学生往往只说出答案,并不会分享自己的思考过程。并且教师没有进一步提问,导致学生对文章产生误解。在运用思维导图进行教学的过程中,采用直接呈现思维导图框架的方式,阻碍了学生逻辑思维和独立思考能力的提高。第三,在评价阶段,由于学生的自我评价过于简单,教师的评价片面,学生无法全面和准确地评价自己。为此,行动研究计划有待进一步改进。

在下一轮的行动研究中,教师设计了更多与课文内容相关的练习,帮助学生的独立预习。在改进的教学中,学生主动设定学习目标。教师改进了导学案,支持学生制订阅读计划。针对"思考—交流—分享"策略中出现的弊端,教师应创造更多的机会,安排更多的时间,鼓励学生说出自己的思考过程,并加强指导。针对评价方式过于单一的问题,增加了学生互评、小组互评等多元化评价方式。并且要求教师明确评价标准,设计评价表,让学生的自评更有方向和依据。

(三) 第二轮行动研究

1. 调整元认知教学策略模型

(1) 改进了教学模型，采用了更丰富的元认知教学策略

针对第一次行动研究中学生存在的问题和困惑，以及研究本身存在的不足，教师对教学模型进行了修订。第二轮行动研究采用了更丰富的元认知教学策略。课前，教师向学生发放了阅读学习计划表，培养学生的计划习惯。同时，教师进一步完善了导学案，增加了有针对性的预习问题。①*Food and Drinks* 阅读学习计划表。在正式教学之前，学生在教师的指导下填写了阅读学习计划表，旨在让学生明确自己的学习目标，便于学生在后续的学习过程中进行反思。②*Food and Drinks* 导学案改进版。课前，教师指导学生完成了改进后的导学案，帮助学生整合新旧知识，明确学习内容，提升学习体验。改进后的导学案旨在督促学生课前预习，促进学生课上主动监控阅读过程，推动学生课后进行评价和反思。

表 3-4 *Food and Drinks* 阅读学习计划表

姓名：	小组：
学习目标：	
本节学习计划：	
采用哪些措施保障学习计划顺利进行？	
熟悉的重点单词、词组：	待掌握的生词、长难句：
阅读中遇到的问题：	解决的办法：
课后总结与反思：	

表 3-5 *Food and Drinks* 导学案

一、学习内容
1. 熟读、理解一篇关于餐馆选择的文章； 2. 阅读三家餐馆的广告； 3. 通过对信息进行比较和整合，用英文口头表述为他人推荐合适的餐馆，并阐述理由。
二、学习指南
1. 读前活动：讨论并勾选出你在选择餐馆时最注重的因素。 2. 读中活动： (1) 判断课文主题，选出最适合的标题——寻读策略； (2) 选择段落小标题——略读策略； (3) 制作思维导图——精读策略； (4) 完成信息表格——精读策略。 3. 读后活动： (1) 提炼出表达观点和说明原因的语言结构，解释原因； (2) 用所学句型为他人推荐合适的餐馆并阐述推荐理由； (3) 进行课后反思与总结。
三、自主学习：中英互译
注意   5. tend to 毁坏、破坏   6. a variety of 不理智的   7. apart from 在……范围内   8. contribute to
四、进阶学习：判断正误
1. Li Yanqing will have lunch with his co-workers during the noon break. He chooses a restaurant within 5 minutes' walk.　　　　　　　　　　　　　　判断：　　原因：
2. Liu Qianwen doesn't like spicy food. Her roommate chooses a Sichuan Cuisine restaurant for her birthday dinner.　　　　　　　　　　　　　　　　　判断：　　原因：
3. Mike Williams is a university student. He wants to spend 2 000 yuan on dinner with his girlfriend.　　　　　　　　　　　　　　　　　　　　　判断：　　原因：
4. Zhang Zihui is going to have lunch with his business partner. He chooses a restaurant with nice food but not very good service.　　　　　　　　　　判断：　　原因：

五、合作学习
两位法国友人要来中国访问。你负责接待他们并与他们共进晚餐,你需要选择一家餐馆,总预算在400元以内。 参考句式:It is good/wise/a good idea (for someone) to choose _____ cuisine for having dinner. That is because _____. Your group recommend:

课中,教师促进学生自我反思,并对阅读过程进行监控,增加了出声思维这一元认知教学策略。在课程结束时,增加了学生互评环节,帮助学生对整体学习情况进行回顾、检测和反思。修改后的元认知教学策略模式如图3-6所示。

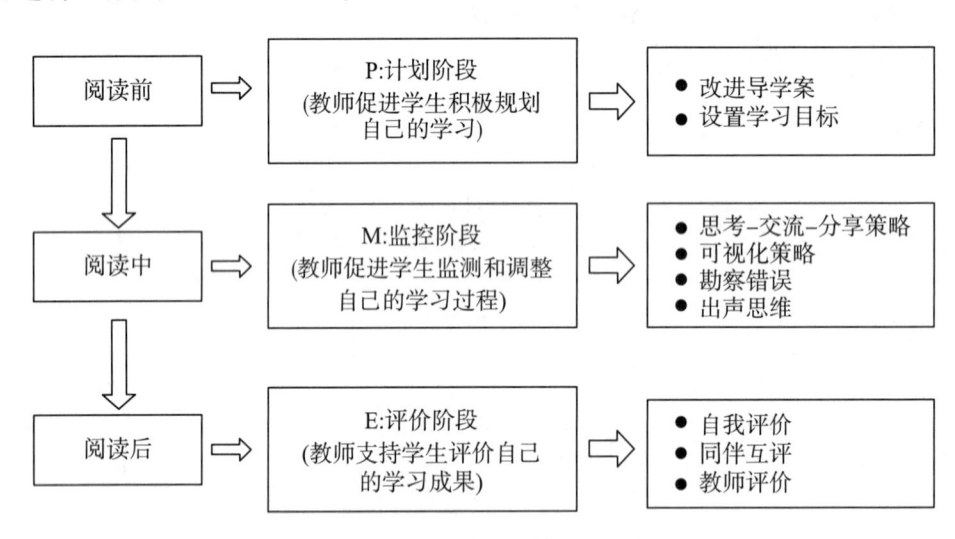

```
阅读前 ⇒ P:计划阶段        ⇒ • 改进导学案
        (教师促进学生积极规划    • 设置学习目标
         自己的学习)

阅读中 ⇒ M:监控阶段        ⇒ • 思考-交流-分享策略
        (教师促进学生监测和调整   • 可视化策略
         自己的学习过程)       • 勘察错误
                          • 出声思维

阅读后 ⇒ E:评价阶段        ⇒ • 自我评价
        (教师支持学生评价自己    • 同伴互评
         的学习成果)         • 教师评价
```

图3-6 修改后的元认知教学策略模型

2. 第二轮行动研究课程计划

(1) 教学内容

本课教学内容围绕如何选择餐厅展开。这是生活中经常出现的一种主动行为,需要综合各种因素做出明智的选择,并运用语言开展互动活动。这就要求学生能够阅读选择餐厅的相关信息,对信息进行比较和分析,并做出正确的判断。

在掌握重点词汇和句型的基础上,学生尝试用逻辑性强、清晰合理的短语表达选择餐厅的理由。本阅读部分旨在让学生了解并认识到饮食文化是我国传统文化的重要组成部分。学生掌握了选择餐馆的几个要素,学会尊重不同国家不同人的饮食习惯的差异,并为他人推荐合适的餐厅。

（2）学情分析

前两节课结束后,学生能够简要描述他们对中西食品和饮料的偏好。学生能够根据上下文有效讨论餐厅相关内容并完成点餐活动。但他们需要更多地学会综合多种因素,理性选择餐厅,并通过清晰的语言表达出来。

（3）教学目标

①阅读并理解有关选择餐厅的宣传广告,掌握相关词汇和句子的表达。

②学会使用不同的阅读策略进行阅读。

③从地点、食物、价格、服务和环境五个方面为他人推荐一家合适的餐馆。

（4）教学难点和重点

教学难点:了解议论文文体特点,围绕"选择餐馆"这一主题进行多角度思考。

教学难点:学生比较和分析信息要素,推荐合适的餐厅,并说明理由。

（5）教学方法:元认知教学法、讲授法、任务驱动法、合作学习法。

3. 行动

学生在计划阶段完成阅读计划表和导学案后,教师在阅读监控和评估两个阶段中按照以下教学设计完成元认知教学。

教学环节	教师活动	学生活动	设计意图
课中监控阶段	Ⅰ.热身 1. 播放视频:点餐方式的变化。 2. 教师评价:反馈学生的分享。 3. 共同设置学习目标。	1.观看视频,表达感受。 2. 讨论选择线上点餐的影响因素。 3. 结合自身情况,并在教师指导下,自主设置学习目标	1.通过观看和讲述点餐的经历,激活学生相关经验,为接下来的阅读活动做铺垫。 2. 制定学习目标有助于学生明确目标并向之努力
	Ⅱ.阅读前 【小组讨论】思考—交流—分享:组织学生分组讨论选择餐馆的各种影响因素。	小组积极讨论,小组代表向全班展示讨论结果。	采用思考—交流—分享策略,启发学生思考选择餐厅的因素。

(续表)

教学环节	教师活动	学生活动	设计意图
课中监控阶段	Ⅲ. 阅读中 • 扫读:选择合适的标题 1. 教师提问:Class, do you know what reading strategies are available? How can we use them? 2. 播放文本录音。 3. 出声思维:鼓励学生发言并说出他们的思考过程,然后揭示标题为:How to Choose a Restaurant? • 略读:匹配段落标题 错误勘察:讲解课文,关注学生的困惑,鼓励学生正确搭配段落小标题。(location, food, price, service, environment) • 细读 1. 运用可视化策略:要求学生结合文章关键内容,自行画出有关影响餐厅选择因素的思维导图。 2. 浏览三则餐厅宣传广告,讲解生词难句。 3. 出声思维:要求学生向全班展示他们的思考过程和理由。 【教师巡视,解疑,提供指导】 4. 巩固练习:判断对与错。 【形式:举手回答】 5. 勘察错误:组织全班学生大声朗读定位信息。	1. 弄清楚阅读策略的类型和作用,然后浏览文章。 2. 听录音,跟读。 圈画重点,正确匹配小标题。 1. 发散思维,绘制自己的思维导图。 2. 阅读三则餐厅宣传广告,完成表格。 3. 表达观点与想法。 4. 朗读定位内容。	教师扩展阅读策略选择的知识,以加强阅读指导。 使用出声思维策略检查学生的学习状态,同时训练他们的表达能力。 鼓励学生自己发现并改正错误,加深印象。 教师运用可视化策略,激发学生创造性思维。 采用出声思维的教学方法,引导学生主动表达,展示自己的思考过程。 使用错误勘察策略促进学生发现和独立纠正错误。

(续表)

教学环节	教师活动	学生活动	设计意图
课后评估阶段	Ⅳ.阅读后 思考—交流—分享:小组合作探究,为一位首次来华的法国客户推荐餐厅。(晚餐总预算400元以内) 【引导学生复习相关的句子表达,进行示范,指导学生应用,开展小组讨论】 Ⅴ.小结与作业 学生互评:根据评价标准学生先互评小组合作探究后的结果,教师之后评价。 	Evaluation criterion 1	When stating reasons, are the relevant vocabulary and sentence patterns used correctly? Are additions made?
---	---
Evaluation criterion 2	Is the presentation clear and logical? | 2.学生自评:学生自行总结本课所学内容,教师补充。 3.完成阅读学习评价表。	小组讨论,派代表说出餐厅推荐结果和理由;之后,学生根据标准互相评价。 1.写课后总结,对计划表执行情况以及课堂表现进行反思。 2.客观评价自己的表现,完成本节课的阅读学习评估表。	采用"思考—交流—分享"的策略,促进学生思想交流,增强群体合作意识,加深对知识点的理解。 教师采用学生互评和自评的策略,帮助学生内化给某人推荐某物的相关词汇、句型,并推动他们反思总结本课中学到的知识。

4.反思

(1)阅读学习计划表

从阅读计划表的完成情况来看,学生态度认真。在学习目标的设定上,学生根据教师的要求和自身情况进行了修改和补充。大部分学生的学习目标之一是认识生词,理解长难句。他们将自己的理解记录在"要掌握的生词和长难句"一栏中。

此外,学生在阅读中遇到的问题还包括:词汇量不足,语法不理解,阅读速度慢。学生普遍采取的解决办法有:标记单词,继续阅读并听老师讲解;学习语法规则,理解句子结构;监督并调整阅读速度。

(2)阅读学习评估表

随机抽取的三名学生的阅读学习评估表结果显示,改进后的元认知教学策略取得了良好的效果(见图 3-7、3-8、3-9)。学生能够更好地掌握新单词、词汇和句子表达。他们学会了谈论如何选择餐馆,也提高了快速掌握信息的能力。此外,还培养了学生客观评价自己学习的能力。在学习评价表的帮助下,学生及时进行了自我反思,总结了本节课的收获和进步。

After this lesson, I can	poorly	not well	okay	well	very well
use the key sentence structures, words and expressions;	☐	☐	☐	✓	☐
get information about food and drinks;	☐	☐	✓	☐	☐
talk about food and drinks I like;	☐	☐	☐	✓	☐
know how to choose a proper restaurant;	☐	☐	☐	✓	☐

图 3-7 学生 A 的阅读学习评估表

After this lesson, I can	poorly	not well	okay	well	very well
use the key sentence structures, words and expressions;	☐	☐	☐	☐	✓
get information about food and drinks;	☐	☐	✓	☐	☐
talk about food and drinks I like;	☐	☐	☐	✓	☐
know how to choose a proper restaurant;	☐	☐	☐	☐	✓

图 3-8 学生 B 的阅读学习评估表

After this lesson, I can	poorly	not well	okay	well	very well
use the key sentence structures, words and expressions;	☐	☐	☐	☐	✓
get information about food and drinks;	☐	☐	☐	✓	☐
talk about food and drinks I like;	☐	☐	☐	✓	☐
know how to choose a proper restaurant;	☐	☐	✓	☐	☐

图 3-9 学生 C 的阅读学习评估表

(3) 学生课堂回答

教师在增强课堂指导后,学生的疑惑得到了及时解决,回答问题的积极性提高,取得了更好的学习效果。在运用可视化策略促进教学的过程中,教师首先让学生思考问题,然后分析问题,引导学生结合教学内容绘制思维导图(见图3-10)。其次,在学生独立完成思维导图期间,教师边走边讲,给予提示,回答学生的困惑。最后,学生展示思维导图,教师进行反馈和拓展,从而促进学生阅读理解能力和思维能力的提升。

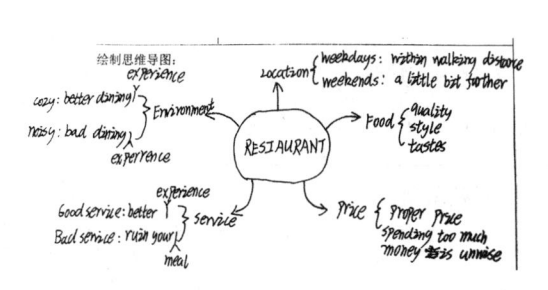

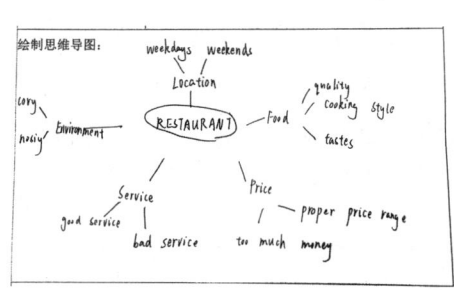

图 3-10　学生的思维导图作品

四、成效反思

(一)学生的阅读成绩

在两轮行动研究之前,学生的英语阅读考试成绩并不理想。在上学期期末考试中,半数学生成绩不合格,阅读题错误率非常高。第二轮行动研究结束后,为了检验元认知教学策略对学生元认知阅读能力培养的促进作用,教师进行了一次阅读测试。试卷是期中考试的阅读理解部分。测试共10题,满分20分。根据分数评定等级,A为优秀,B为良好,C为合格,D为不合格。结果如表3-6所示:

表 3-6　学生阅读成绩统计

分数	人数	等级	占比
16~20	35	A	72.92%
12~14	10	B	20.83%
10	2	C	4.17%
0~8	1	D	2.08%

从表3-6可以看出,阅读成绩优秀的学生占72.92%,良好的学生占20.83%,说明该班级学生在阅读测试中表现优异。大多数学生的选择题全部正确,或者只错1到4道题。两名学生答对了一半的选择题,只有一名学生不合格。总之,该阅读测验表明学生的阅读理解水平增强,一定程度上证明了元认知教学策略的实施对学生的阅读理解能力的提升产生了重要影响。

(二)学生元认知能力后测

行动研究结束后,教师再次向学生发放相同的元认知能力问卷,用于调查两轮行动研究后学生元认知能力的变化。

1. 提高了学生制订阅读计划的能力。学生能根据自身情况制定阅读目标,运用不同的阅读方法推测文章内容,并促进了对文章大意的理解。

表3-7 学生计划维度对比分析

计划维度		5(%)	4(%)	3(%)	2(%)	1(%)	平均分	标准差
问题1	前测	27.08	27.08	20.83	10.42	14.58	3.42	1.381
	后测	33.33	35.42	10.42	14.58	6.25	3.75	1.246
问题2	前测	12.5	27.08	25	14.58	20.83	2.96	1.336
	后测	22.92	20.83	20.83	20.83	14.58	3.17	1.389
问题3	前测	25	20.83	20.83	18.75	14.58	3.23	1.403
	后测	29.17	29.17	20.83	12.5	8.33	3.58	1.269
小计	前测						3.27	0.064
	后测						3.53	0.065

(5=非常符合;4=比较符合;3=不清楚;2=不符合;1=非常不符合)

通过对表3-7的分析,可以看出所有后测题目的平均值都比各自的前测项目有所上升。其中,第1题"我会在开始阅读前先明确此次阅读的目标(比如为捕捉信息、提高成绩、愉悦身心、掌握做题技巧等)",后测平均值最高,为3.75,这说明在实施第二轮行动研究后,大多数学生都能积极主动地理解阅读目标。第2题"我会制订适当的阅读计划,如规定阅读时间、数量等",平均值从2.96升至3.17,表明学生的阅读计划有了积极的变化。同样,第3题为"我会根据阅读目标选取适当的阅读方法或策略,如泛读、略读等",其平均值从 3.23 升至 3.58,表明更多学生根据自己的阅读目标选择了合适的阅读方法。

此外,对项目百分比的分析表明,研究后,关注并明确阅读学习目标的学生比例从 27.08% 上升到 33.33%。而不符合目标的学生比例则从 14.58% 降至 6.25%。在第 2 题中,43.75% 的学生学会了制订阅读计划、规定阅读时间等,说明越来越多的学生倾向于制订计划。在第 3 题中,50% 以上的学生会根据阅读目标选择合适的阅读方法,提高了阅读效率,这说明行动研究提高了大多数学生制订阅读计划的积极性。

2. 学生积极监控自己的阅读过程,注意标题和文本结构,识别文本主题句,做笔记,并通过自问检查来调整阅读速度和方法。

表 3-8 学生监控维度对比分析

监控维度		百分比					平均分	标准差
		5(%)	4(%)	3(%)	2(%)	1(%)		
问题 6	前测	20.83	27.08	14.58	16.67	20.83	3.10	1.462
	后测	27.08	31.25	22.92	12.5	6.25	3.60	1.198
问题 13	前测	18.75	18.75	14.58	20.83	27.08	2.81	1.497
	后测	18.75	35.42	16.67	16.67	12.5	3.31	1.307
问题 15	前测	16.67	31.25	12.5	14.58	25	3.00	1.473
	后测	22.92	35.42	14.58	12.5	14.58	3.40	1.364
小计	前测						3.06	0.023
	后测						3.34	0.026

(5=非常符合;4=比较符合;3=不清楚;2=不符合;1=非常不符合)

表 3-8 显示,所有后测问题的平均值均高于相应的前测。这说明有更多的学生主动监测自己的阅读过程。第 6 题"我会尝试找出各段的主题句、关键词"均值增加了 0.5,表明更多学生愿意画出主题句、圈出关键词和分析文章结构。第 13 题"我会进行自我提问来寻求答案"均值从 2.81 升至 3.31,这意味着更多学生会自问自答,以寻找答案并检验自己对文章的理解。第 15 题"我会及时检查阅读方法和速度是否恰当,随即调整不当方法和速度"均值为 3.40,表明大多数学生

会及时检查和调整自己的阅读方法和速度。

第 13 题的百分比统计显示,学生自我提问的百分比有了显著提高,从 18.75% 提高到了 35.42%。没有自我提问的学生比例明显下降,从 27.08% 降至 12.5%。同样,第 15 题显示,更多的学生在学习后学会了调节自己的阅读方法和速度。

总之,这些结果表明,行动研究促进了学生对阅读过程的监控,并显著提高了他们的元认知学习能力。

3. 与前测相比,第二轮行动研究后,大部分学生对自己的知识掌握情况进行了客观的评价,对阅读效果也进行了综合评价。

表 3-9 学生评估维度对比分析

评估维度		百分比					平均分	标准差
		5(%)	4(%)	3(%)	2(%)	1(%)		
问题 17	前测	14.58	14.58	18.75	35.42	16.67	2.75	1.313
	后测	14.58	50	14.58	12.5	8.33	3.50	1.149
问题 20	前测	22.92	29.17	10.42	18.75	18.75	3.19	1.468
	后测	27.08	29.17	27.08	2.08	14.58	3.52	1.321
小计	前测						2.88	0.071
	后测						3.42	0.068

(5=非常符合;4=比较符合;3=不清楚;2=不符合;1=非常不符合)

从表 3-9 的结果来看,与前测相比,所有后测的均值都有所增加,这意味着元认知教学策略对学生掌握英语知识和进行阅读评价产生了积极影响。具体而言,后测第 20 题"阅读结束后,我会问自己是否尽我所能学到知识,有哪些收获"均值最高,为 3.52,这表明大多数学生学会了在阅读后总结和巩固阅读知识。

根据问题 17"阅读结束后,我会评价阅读目标是否达到"的百分比统计,在开展行动研究后,养成评价阅读目标是否达成这一习惯的学生从 14.58% 大幅增加到 50%。因此,行动研究的成功之一即增强学生对阅读评价的关注和执行,从而促进了他们元认知水平的提高。

总之,研究结果证明元认知教学策略是促进学生理解阅读文章的重要工具,有助于学生元认知水平的发展。通过运用这些教学策略,学生提高了对阅读计划性、阅读过程监控和阅读成果评价的热情和兴趣,以及发展了自主学习能力和创新思维能力。

附件1：中学生英语阅读元认知能力调查问卷

元认知能力	序号	问题	非常符合	较为符合	不清楚	比较不符合	非常不符合
计划（阅读前）	1	我会在开始阅读前先明确此次阅读的目标（比如为捕捉信息、提高成绩、愉悦身心、掌握做题技巧等）。					
	2	我会制订适当的阅读计划，如规定阅读时间、数量等。					
	3	我会根据阅读目标选取适当的阅读方法或策略，如泛读、略读等。					
计划（阅读前）	4	我会先快速阅读文章，了解文章大意后再细读。					
	5	我会依据文章标题预测文章内容。					
选择注意（阅读中）	6	我会尝试找出各段的主题句、关键词。					
	7	我会通过做记号或画线来突出文章的重点。					
	8	我会注意文章内容的组织形式及篇章结构。					
	9	我会留意文章的印刷体，比如黑体、斜体，并使用它们判断文章的关键内容。					
	10	我会专注于理解每个单词的具体含义。					
监控（阅读中）	11	碰到生词时，我会马上查阅字典或者电子产品。					
	12	遇到长难句或者不理解的地方时，我会多次重读。					
	13	我会进行自我提问来寻求答案。					
	14	我会经常停下来思考自己是否理解先前内容，并在必要时倒回去看。					
	15	我会及时检查阅读方法和速度是否恰当，并随即调整不当的方法和速度。					

(续表)

元认知能力	序号	问题	非常符合	较为符合	不清楚	比较不符合	非常不符合
评价（阅读后）	16	阅读结束后，我会用中文或者英文总结文章的主要内容。					
	17	阅读结束后，我会评价阅读目标是否达到。					
	18	阅读结束后，我会评价自己对文章的理解程度。					
	19	阅读结束后，我会评价和调整所用阅读策略方法是否合适。					
	20	阅读结束后，我会问自己是否尽我所能学到知识，有哪些收获。					

（鸣谢华南师范大学利慧然、上海交通大学附属黄埔实验中学杨路平老师提供本案例）

案例 2 自我检错教学法在初中数学课堂的应用

一、案例背景

当前基础教育改革的重点是关注学生核心素养的培养,学校需要转变传统课堂侧重学科知识传授的教学方法,强调养成学生独立思考的习惯,发展学生的综合素质、自主学习能力和创新意识。《义务教育数学课程标准(2022 年版)》中指出,数学素养是现代社会每一个公民应当具备的基本素养。学生通过数学课程的学习,激发学习兴趣,养成独立思考的习惯,发展实践能力和创新精神。

在传统的数学教学中,大多数教师关注应付考试,以讲授为主要教学方式,让学生大量做题,而忽视了数学思维品质与逻辑体系的建立。这种以考试为导向的教学方式,过度追求"题海战术",在长期机械训练下学生容易失去对学习的兴趣,数学思维水平提高缓慢。

而教师消极面对教学创新也是课程难以获得实质性改善的原因之一。夏青峰(2017)通过访谈多位数学教师,发现他们非常关注学生成绩,担心改变教学方式会影响到学生的数学成绩。在这种教学方式影响下,在实际解题过程中,大多数学生缺乏对知识的深刻理解,难以主动将教师所讲和新情境进行连接,难以自主监控和校对答题过程,致使解题变得困难,正确率不高,学习效果大打折扣。[1] 章建跃(2015)提出,数学课堂教学改革的重点和核心仍然是"以学生为主体",教师要设计教学过程,启发学生自主学习、独立思考,将学生"卷入"数学的探索活动中来。[2]

本案例将自我检错教学法应用到初中数学课堂中,从具体问题出发,调动学生进行自我纠错,增强对学习过程的"理解",进而"理解"数学要义,达到对课程内容的反思、统整、深化、应用。

二、案例设计

理查兹和施密特(Richards & Schmidt,2003)将自我检错(或自我纠错)界定为学习者在没有老师或者其他学习者的帮助下,对自身学习中的错误进行纠

---

[1] 夏青峰.自主学习方式对小学生数学成绩影响的实证研究[J].课程.教材.教法,2017,37(10):106-109.
[2] 章建跃.全面深化数学课改的几个关键[J].课程.教材.教法,2015,35(05):76-80.

正的一种活动。① 王蔷(2006)指出自我检错与传统的教师纠错不同,是学习者对自己写作等学习行为的纠正。② 瓦希德(Wanchid,2013)强调教师的引导作用,认为自我检错是一种策略,学生根据这种策略,通过教师引导性问题或清单来阅读、分析、纠正并评价自己的学习成果,是学习者自己解决问题的过程。③

这些元认知技能可以帮助检测学习者答题所犯的错误,让学生成为自己学习的主导者,通过自我检错、分析和自我修正提升学习效果。例如,检测较复杂数学问题解决方案中的错误。然而,在大多数学校,让学生面对数学问题的错误答案并要求他们找出错误是相对少见的,许多教师因为课程进度紧张,对课堂上讨论错误持矛盾的态度。然而想当然的"教会"并不代表学生真正"学会",学生在学习中的各种问题仍然层出不穷。本案例旨在帮助学生通过检测和纠正问题解决方案中的错误来学习,提高学生在数学学习中的认知能力,以及他们在错误发现、纠错和自我监控方面的元认知能力。

我们将以上海七年级数学第十四章第二节"全等三角形"为教学内容,开展自我检错教学法的教学实践。教学过程主要包括:直观作答、自主检错、呈现错误示例、答案理据。

1. 直观作答

"直观作答"是指教师提出问题后,学生基于已有的知识和经验,直接对问题进行尝试性的回答或解答,学生会将答题过程写在练习本上。此环节鼓励学生将知识转化为实践能力,通过初步思考和实践,为后续的检错过程提供基础和方向。教师在这一环节中要提供足够的空间和机会,让学生自由地表达自己的想法和解题思路。

2. 自我检错

"自我检错"环节是进行自我学习,发展批判性思维的关键步骤。教师引导学生对自己的解题过程进行自我检测,识别出其中的错误或不足,对自己的学习状况有清晰的认知。学生如果发现错误,需要进行深入的分析,探究其产生的原因,并在分析错误的基础上,思考如何避免类似错误的再次发生。通过自我检

---

① Richards, J. C. & R. Schmidt. (2003). Longman Dictionary of Language Teaching and Applied Linguistics (3rd edition). Beijing: Foreign Language Teaching and Research Press.
② 王蔷.英语教学法教程[M].北京:高等教育出版社,2006:33-45.
③ Wanchid, R. (2013). The use of self-correction, paper-pencil and peer feedback and electronic peer feedback in the EFL writing class: Opportunities and challenges [J]. Academic Journal of Interdisciplinary Studies, 2, 157-164.

错,学生不仅能够发现自己的不足,还能够提高自我反思和解决问题的能力。

3. 呈现错误示例

"呈现错误示例"环节是教师为了帮助学生更好地理解和纠正错误,呈现这一题目的多种典型的错误示例,要求学生分析或纠正这些错误示例。这些错误的例子可以以多种方式呈现,如不同的反馈方式、辅导策略或学习材料顺序等,适应不同学生的学习特点。通过呈现错误示例,学生能够更加直观地了解错误的类型和原因,从而加深对知识的理解和记忆。

4. 答案理据

"答案理据"是教学过程的最后一步,也是巩固学习效果、提升思维能力的关键环节。教师会详细解释正确答案的推导过程、理论依据和实际应用,帮助学生理解答案背后的逻辑和原理。同时,教师还会针对学生在自我检错和呈现错误示例过程中发现的问题进行解答和指导,确保学生真正理解并掌握所学知识。教师还会引导学生将所学的知识和技能应用到实际问题中去,培养他们的应用能力和解决问题的能力。

三、案例实施

典型课程一:14.3(1)全等三角形的概念与性质

教学内容分析:本次授课内容为沪教版七年级数学第十四章第二节,教师带领学生在已掌握三角形基本概念和性质的基础上,进一步探讨三角形在大小和形状上的相等性。主要内容包括:通过图形演示和实际操作让学生直观感受全等的概念,如全等形、对应顶点、对应边、对应角;学习全等三角形对应边相等和对应角相等的性质;试题练习部分。本节课采用自我检错教学法,包括直观作答、自我检错、呈现错误示例和答案理据四部分,培养学生自己动手、独立思考的习惯,养成良好的数学思维,在发现错误和自我纠错中提高对自我学习过程的监控,增强对数学学习的兴趣。

学情分析:在知识储备方面,通过之前的学习,七年级的学生已经掌握了三角形基本的概念和性质,具备学习全等三角形的知识基础。在认知与实践方面,根据皮亚杰认知发展阶段理论,该阶段的学生大多数处于"形式运算阶段",能够根据逻辑推理、演绎或归纳的方式解决问题,注意力和观察力都有一定的发展。在学习特点方面,处于该阶段的学生动手能力较强,渴望自己探索新事物,但独立思考的能力较缺乏,容易受他人的影响。

教学目标：通过图形的运动、叠合，经历全等形概念的形成过程，理解两个全等三角形以及对应顶点、对应边、对应角的含义；会用符号表示两个全等三角形，初步掌握全等三角形的性质，会用性质进行简单的几何运算。

教学重点：理解全等三角形的有关概念和性质，会用符号语言表示全等三角形及其性质。

教学难点：准确找出全等三角形的对应边、对应角。

教学过程：

教学环节	教学过程	设计意图
复习引入	1. 图形有哪些基本运动？ 明确：图形的基本运动有平移、旋转、翻折。 2. 图形运动后什么改变了，什么没有变？ 图形经过运动后，位置发生了改变，但形状、大小没有改变。 3. 观察：下面的平面图形中，形状和大小完全相同的图形有哪几对？ 问：怎样判断两个图形的形状和大小完全相同呢？ 小结：两个图形通过图形的运动重合在一起，则它们的形状和大小相同；反之，若图形的形状和大小相同，经过基本运动一定能重合。	通过复习图形的运动，为接下去全等三角形的概念以及性质做铺垫。 这几组图形是为了让学生通过直观感知，体会如何根据图形的叠合，判断两个图形的形状大小是否相同；借助"方格"背景，有利于学生观察和想象。
新知讲授	1. 想一想：下图中每对图形中的一个图形经过某种基本运动后是否都能与另一个图形重合？ 图1　　图2　　图3　　图4 2. 概念的学习 全等形：能够重合的两个图形叫做全等形。	

(续表)

教学环节	教学过程	设计意图
新知讲授	全等三角形:两个三角形是全等形,就说它们是全等三角形。 两个全等三角形,经过运动后一定重合,相互重合的顶点叫作对应顶点,相互重合的边叫作对应边,相互重合的角叫作对应角。 △ABC 与△DEF 是全等三角形,记作:△ABC≌△DEF。 练习1:如何用数学符号表示图2中两个全等三角形?其对应顶点、对应边、对应角分别是什么? 归纳:寻找对应边、对应角的方法:(1)根据对应顶点确定;(2)当边的长度及角的大小区分明显时,可直接根据边的长短以及角的大小来确定对应线段、对应角。 3. 全等三角形性质的学习 思考:你能根据图2中全等三角形的对应边、对应角的数量关系,归纳全等三角形的性质吗? 得出性质:全等三角形对应边相等,对应角相等。 符号语言:因为△ABC≌△DEF 所以 $AB=DE,AC=DF,BC=EF$(全等三角形对应边相等) $\angle A=\angle D,\angle B=\angle E,\angle C=\angle F$(全等三角形对应角相等) 练习2:已知△ABC≌△AED,顶点 A、B、C 分别与顶点 A、E、D 对应,请写出两个三角形对应边和对应角的情况。 填空:因为△ABC≌△AED(已知) 所以 $AC=\_\_\_,DE=\_\_\_,AB=\_\_\_$(　　　　) $\angle BAC=\angle\_\_\_,\angle B=\angle\_\_\_,\angle C=\angle\_\_\_$(　　　　)	通过动态展示,直观感受每组图形中的一个图形是经过怎样的运动才能与另一个图形重合,体会全等形的概念,感知对应顶点、对应边、对应角的含义。 全等三角形的性质由概念直接得出,可让学生先说,然后进行概括。 利用填空的形式,是为了给学生架设阶梯,并熟悉全等三角形性质几何语言的书写。
例题讲解	1. 直观作答 教师在黑板上板书课题"全等三角形的概念与性质",同时让学生拿出昨天准备好的图形。 图1　　　图2 师:同学们,请你们动手试一试,每对图形中的一个图形经过某种基本运动后是否都能与另一个图形重合呢?	

(续表)

教学环节	教学过程	设计意图
	生：图形经过平移、旋转和翻转后，都能与另一个图形重合。 师：图形运动后什么改变了，什么没有变？ 生：图形经过运动后，位置发生了改变，但形状、大小没有改变。 教师进而引出全等和全等三角形的概念和数字符号表达形式。 师：两个全等三角形，经过运动后一定重合，相互重合的顶点叫作对应顶点，相互重合的边叫作对应边，相互重合的角叫作对应角。 △ABC 与△DEF 是全等三角形，记作：△ABC≌△DEF。 教师带着学生一起归纳寻找对应边和对应角的方法，接着进入全等三角形性质的学习。 师：同学们，你们能根据图 1 中全等三角形的对应边、对应角的数量关系，归纳全等三角形的性质吗？ 生：从图中观察出 $AB=DE$，$AC=EC$，$BC=DC$；$\angle A=\angle E$，$\angle B=\angle D$，$\angle BCA=\angle DCE$。 师：所以我们可以推断全等三角形对应边相等，对应角也相等，这是全等三角形的性质。 符号语言：因为△ABC≌△DEF 所以 $AB=DE$，$AC=DF$，$BC=EF$（全等三角形对应边相等） $\angle A=\angle D$，$\angle B=\angle E$，$\angle C=\angle F$（全等三角形对应角相等） 师：下面我们利用这个性质完成一道练习题，请同学们先用 5 分钟完成该题。 例 1.如图，已知△ABC≌△DEF，顶点 A、B、C 分别与顶点 D、E、F 对应，$AB=2\text{cm}$，$\angle A=60°$，$\angle B=70°$，求 DE、$\angle D$ 和 $\angle F$ 的值。 2. 自我检错 学生根据课堂学习的内容和储备的知识完成试题，待所有学生完成后，教师出示正确答案，引导学生用红笔进行自我批改，并反思做题的思路，对自己的解题过程进行自我检测，识别出错误或不足。 师：请同学们用三分钟的时间，自行批改试题并自我检测，做错的同学思考做题时的错误和不足之处，做对了的同学也想想自己做题的思路。	例 1 是利用全等三角形的性质和三角形的内角和性质进行计算求值，要求把计算与说理相结合，初步掌握含推理论证的几何计算。

(续表)

教学环节	教学过程	设计意图
	（教师在教室中走动,观察学生自我纠错的情况,同时找到学生普遍存在的典型错误。） 师:哪位同学愿意分享一下自己做错的思路? 生:老师,我做题时错误地将∠B 与∠F 对应,没有遵循全等三角形对应角相等的性质,导致结果出错。 师:很好! 你已经认识到自己做错的原因了,那改正后的正确答案应该是什么呢? 生:应该是∠E＝∠B＝70°,∠F＝50°,DE＝2cm。 师:回答正确! 3. 呈现错误示例 教师将一些学生的共性错误板书在黑板上,引导学生找出解答过程中存在的问题。 第一类错误示例: 生:老师,这位同学错误地将 AB＝DF,导致无法计算出 DE 的长度,但是∠D 和∠F 的值求对了,应该是只遵循了全等三角形对应角相等的性质,而忽略了全等三角形对应边也相等。 师:是的,你分析得非常全面。 第二类错误示例: 生:老师,这位同学没有算出∠F,但是 DE、∠D 的值都正确,可能是忘记了平面内三角形内角和为180°。 4. 答案理据 为了加深学生对该题的印象,教师会详细解释正确答案的推导过程、理论依据和实际应用,帮助学生理解答案背后的逻辑和原理。同时,教师还会针对学生在自我检错和呈现错误示例过程中发现的问题进行有针对性的解答和指导,以确保学生真正理解并掌握所学知识。 师:因为△ABC≌△DEF,且顶点 A、B、C 分别与顶点 D、E、F 对应, 所以∠D＝∠A＝60°,∠E＝∠B＝70°,∠F＝180°−∠E−∠D＝50°(全等三角形对应角相等,平面内三角形内角和为180°)。 又因为全等三角形对应边相等,所以 DE＝AB＝2cm。 师追问:根据这些条件还可以得出哪些结论? 生:∠C＝50°。 我们需要再夯实这里的知识点:两个三角形如果全等,对应边和对应角相等。	

(续表)

教学环节	教学过程	设计意图
	做题方法：等边和等角可以在两个全等三角形中用不同标识标出来。 练习：如图，已知 $\triangle ABC \cong \triangle DEF$，求图中 X、Y、Z 的值。 (1)　　(2)	
课堂小结	本节课你有哪些收获？	通过小结梳理知识，引起学生思考，巩固新知。
布置作业	1. 日常练习 14.3(1) 第一部分 2. 日常练习 14.3(1) 第二部分	

回家作业的情况：

练习 1. 如图，沿着 AO 将图形翻折，点 E 与点 D 重合，点 B 与点 C 重合。请你写出图中所有的全等三角形，并写出面积最大的一对全等三角形的对应角、对应边。

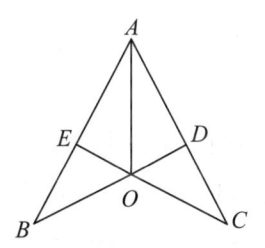

在第一道课后作业中，大多数学生能够找全图中包含的所有全等三角形，少数学生出错的原因主要是粗心导致遗漏全等的三角形，也有些学生将成对的全等三角形的对应角写错了，没有应用好全等三角形对应角相等的性质，本课所学知识有待进一步巩固。

练习 2. 如图，在 $\triangle ABC$ 中，$\angle C$ 是直角，将 $\triangle BCE$ 沿 BE 翻折，点 C 恰好落

在边 AB 的中点 D 的位置上；再沿 ED 翻折，△ADE 恰好与△BDE 相重合。写出图中所有的全等三角形。与线段 BC 对应相等的有哪些线段？

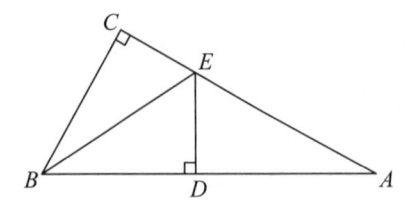

这个题目学生错误率很高，全对的学生只有 36%。题目的特点是：在学生刚学习了全等三角形概念与性质的基础上，本题给出的已知条件相对复杂——两组关系"△BCE 沿 BE 翻折，点 C 恰好落在边 AB 的中点 D 的位置上""沿 ED 翻折，△ADE 恰好与△BDE 重合"涉及相关信息较多。学生需要从△BCE 与△BED、△BED 与△ADE 的关系，推理出△BCE 与△ADE 的关系。

教师在下次课上，专门进行了点评，让学生用自我纠错法对自己的思考过程进行了复盘。

学生在求全等三角形时，出现了以下问题：(1) 读题不细致，理解题目不清晰；(2) 思考问题不够全面，全等的三角形没有全部发现；(3) 从问题出发，根据已知条件识别与推理出与问题有关的信息时出现了失误。教师把"细致读题""思考全面""根据已知条件推理"这三个思考要点写在了黑板上。

因此教师强调了：自己完成题目时，要随时反思自己对题目给出的条件是否做出正确的解读；是否依据规则（全等三角形定义）推理出边与边、角与角之间的关系；是否进行了全面的思考，有无遗漏。需要在日常的学习中，将自我检错变成一种解题的思维习惯，主动提升正确率。

典型课程二：14.3(2)画三角形

教学内容分析：本节课的教学内容为七年级数学第十四章第二节《全等三角形》，教师将引导学生掌握画三角形的方法，并通过实际操作深入理解决定三角形形状和大小的条件。课程设计分为三个模块：复习引入、新知讲授、例题讲解。通过三个模块的衔接，帮助学生巩固全等三角形的基本性质知识，激发其对三角形决定条件的思考，引导学生画三角形，进一步探究确定三角形形状和大小所需要的条件。本课采用自我纠错检验法，学生将通过直观作答、自我检错、呈现错误示例和答案理据四个步骤，养成独立思考的习惯，提升解决实际问题的能力，实现综合素质、自主学习精神、创新意识的全方位培养。

学情分析:在先前的课程中,学生们已经对全等三角形的基本性质有了初步的理解。然而,关于理解确定三角形形状和大小所需条件以及基于特定条件绘制三角形的能力,仍需通过进一步的教学指导来加强。处于该阶段的学生求知欲较强,对探究确定三角形形状和大小所需要的条件表现出一定的兴趣,但在实际绘制操作中可能会遇到一些挑战。在本次课堂中,学生将在教师的引导下,通过自我检错、分析和自我修正的过程,进一步提升其学习成效。

教学目标:

(1)掌握画三角形的方法,并通过画三角形来理解确定三角形形状和大小所需要的条件。

(2)培养学生根据已知条件正确画图的能力。通过画图、观察、交流,在条件由少到多的过程中逐步探索出最后的结论。

(3)培养学生合作的精神,形成有效的学习策略。

教学重点:掌握画三角形的方法。

教学难点:通过画三角形来理解确定三角形形状和大小所需要的条件。

教学实施:

教学环节	教学过程	设计意图
复习引入	1.复习巩固全等三角形的性质。 分别说出下列各对全等三角形的对应边、对应角。 (1) △ABC≌△DEF,A 与 D、B 与 E 是对应顶点; (2) △ABC≌△DEF,A 与 D、B 与 E 是对应顶点; (3) △ABC≌△EBD,A 与 E、B 与 B 是对应顶点;	通过复习全等三角形的性质,激活先备知识,与先前学习经验形成链接,为后续学习打下基础。

(续表)

教学环节	教学过程	设计意图
新知讲授	1. 一个三角形有六个元素(三条边,三个角)。 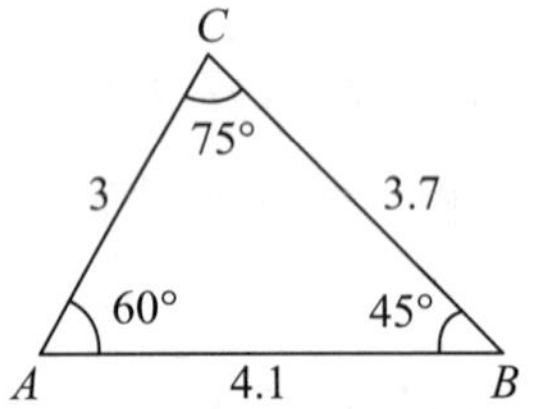 如图,在△ABC中,∠A=60°,∠B=45°,∠C=75°,AB=4.1,BC=3.7,AC=3。 给定一个三角形的边长和角的大小,这个三角形就完全确定了。 师:如果三角形的六个元素都确定了,那么这个三角形就唯一确定了。 2. 思考:小明不慎把如图的三角形模具打碎,他要到商店去配一块这样的三角形模具,他是否需要把三角形的六个元素都告诉商店配模具的师傅?若不需要,那么只要告诉几个怎样的元素就可以了? 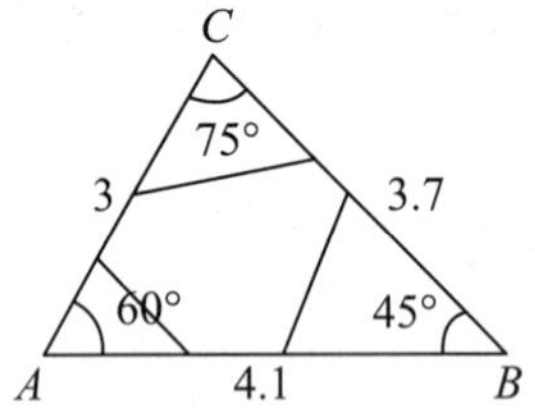 (通过一个实例引导学生思考:知道一个三角形哪些元素,就可以确定这个三角形了?) 学生肯定回答:不需要六个元素都知道。 师:那最少知道几个元素就可以了呢?一个元素可以吗? 学生同声回答:不可以。 3. 思考:给定三角形的两个元素,能配到一样的三角形模具吗? 取六个元素中的两个元素,会出现哪几种不同的情况? 一边一角、两边、两角。 取六个元素中的两个元素,学生意见出现不一致了。 学生自行探索,总结。 教师出示课件内容,学生很直观地发现两个元素是不可以唯一确定一个三角形的。	
例题讲解及巩固练习	1. 直观作答 教师在黑板上板书课题"画三角形",并在课题下方板书三角形的六个元素,准备引导学生们进入今天的探索之旅——画三角形。	学生对已知三角形两边及其一边对角来作

(续表)

教学环节	教学过程	设计意图
	师:既然同学们已经了解到只有两个元素是不可以唯一确定一个三角形,请大家思考,如果给定三角形的其中三个元素,我们可能配到一样的三角形模具吗? 生:可以。 师:任意三个元素都能确定唯一的一个三角形吗? 生:不能。 师:好的,那我们接下来就通过几个具体的例题来探索,究竟哪三个元素能唯一确定一个三角形。在开始之前,我想请大家准备好我们的绘图工具——圆规、量角器和尺子,这些工具将帮助我们更准确地作图。教师展示圆规、量角器和尺子,并简要说明每种工具的使用方法,随后在黑板上展示第一道例题,鼓励学生:"下面请大家根据题目给定的条件,合理运用我们的工具,用5分钟画出题目要求的三角形。" 教师出示课件:逐一探索条件。在学生尝试作图过程中,教师巡视指导。 以下以探索"两条边和一条边所对的角"的条件为例: 例题:画 $\triangle ABC$,使 $AB=3\text{cm}$,$BC=5\text{cm}$,$\angle A=40°$. 2. 自我检错 学生基于已有的知识和经验完成作图后,教师引导学生对自己的解题过程进行自我检测,识别出其中的错误或不足,并探究其产生的原因。 师:请同学们用3分钟的时间仔细检查自己的作图,思考是否每个角度和边长都符合题目的要求。 (教师在教室中走动,观察学生自我纠错的情况。) 生:老师,我觉得我的边长画得不太准确,AB 变得比 BC 长了。 师:非常好,你已经意识到了可能存在的问题。那么,你打算如何来修正它呢?	图时,作得不好,要再讲解,可转化为两边夹角来作图。 教师指导学生对照题目要求进行自查,教师巡堂,引导学生自己发现问题并想出解决方法。

(续表)

教学环节	教学过程	设计意图
	生:我想我需要重新用圆规配合直尺截取 $BC=5cm$,重新作图。 3. 呈现错误示例 3分钟的自我检错时间过后,为了帮助学生更好地理解和纠正错误,教师邀请两位学生到讲台上分享他们的作图。 师:刚才的自我检错使我们有机会重新审视自己的作图,但有没有可能还有之前没有注意到的问题呢? 现在,我想请两位同学上来分享他们的作图,其余同学仔细观察。 生1走上讲台,展示作图。教师鼓励其余学生指出错误。 生2:老师,我发现他的∠BAC角度和别人相比似乎有点小。 师:这是个非常重要的发现,角度的准确性对于确定三角形的形状至关重要。那么,你认为导致错误的原因可能是什么,应如何避免错误再次发生? 生1:我想可能是因为我没有正确地使用量角器,或者在画线时手抖了一下。在下次使用量角器时,我会确保它紧贴底边,并且读数准确。 接下来呈现第二类错误示例,生3走上讲台,展示作图。 生4:老师,我注意到生3的作图中只画了一个相交点。 师:没错,多个相交点的存在表明我们有多种可能的三角形,如果我们在作图中遗漏了一个相交点,那么我们的答案可能是不完整的。 生3:好的老师,下次我会仔细审题,并在画圆弧时考虑到所有可能的相交点。 4. 答案理据 为巩固学生的课堂学习效果、提升思维能力,教师详细解释例题中正确答案的推导过程,在黑板上演示正确的作图方法,帮助学生理解答案背后的逻辑和原理。同时,教师针对学生在自我检错和呈现错误示例过程中发现的问题进行有针对性的解答和指导。 师:首先,我们需要确定三角形的边长和角度,而题目中已经给出了 $AB=3cm, BC=5cm, \angle A=40°$。我们先用直尺画出 AB 边,然后以 AB 为基准再去画其余两条线,有没有哪位同学知道为什么? 生:因为 AB 边长已知,且 $\angle A$ 是已知的。 师:没错! 选择一个已知边和角度作为起点,可以帮助我们更快速而准确地作图。 师:接下来,我们需要用量角器确定 $\angle A$ 的大小,从而确定 AC 所在的射线。我们将量角器的中心对准 A 点,0°线与 AB 边叠合,用铅笔在 $40°$ 的位置定位,以 A 为端点画一条射线。	注意讲解,转化为两边夹角来作图。

(续表)

教学环节	教学过程	设计意图
	师:现在,我们使用圆规来确定 C 点。根据题目的要求,用圆规配合直尺截取 $BC=5\text{cm}$,接着以 B 点为圆心,5cm 为半径画出圆弧。 师:我们可以看到圆弧与以 A 为端点的射线相交于两个不同的点,这就是 C 点。 师:最后将 B 点和 C 点连接起来,这样就完成了△ABC 的绘制。 课内练习一: 1. 画△ABC,使 $AB=5\text{cm}, BC=4\text{cm}, AC=6\text{cm}$。 2. 画△ABC,使 $AB=4\text{cm}, AC=3\text{cm}, \angle A=45°$。 3. 画△ABC,使 $\angle A=40°, \angle B=45°, AB=4\text{cm}$。 4. 画△ABC,使 $\angle A=45°, \angle B=60°, AC=3\text{cm}$。 课内练习: 巩固按照要求画三角形的过程。学生自行完成,教师巡视。	
课堂小结	本课课堂小结: 师生共同小结本节课所学到的知识。 画三角形。已知三角形的六个元素中的三个元素—— 三条边;两边及其夹角;两角及其夹边,两角及其中一角的对边,那么画出的三角形的形状和大小是完全确定的。	通过小结梳理知识,引起学生思考,巩固新知。
布置作业	日常练习 14.3(2)	

回家作业的情况:

练习 1.如图,已知线段 $BC=5$ 厘米,以点 B 为圆心、4 厘米长为半径画弧,再以点 C 为圆心、3 厘米长为半径画弧,设两条弧在 BC 的上方相交于点 A,在 BC 的下方相交于点 D,连接 AB、AC、DB、DC.

(1) 请按上面的步骤画出△ABC、△DBC。

(2) △ABC 与△DBC 的形状、大小有什么关系?

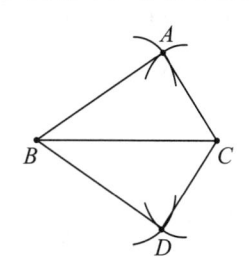

练习 2.画一个三角形 ABC,满足 $\angle A=35°$,$AB=4.5cm$,$BC=3cm$。如果先画 $\angle PAQ=35°$,在射线 AQ 上截取 $AB=4.5cm$,这样就确定了 $\triangle ABC$ 中两个顶点 A、B 的位置,只要能确定第三个顶点 C 的位置,就能画出 $\triangle ABC$。请你思考一下,点 C 的位置如何确定?思考后完成画图,并回答所能画出的 $\triangle ABC$ 的个数。

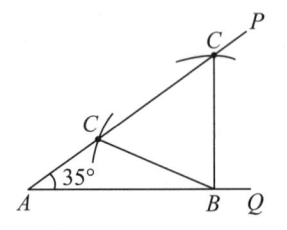

课后作业的第 1 题要求学生仔细审题,明确三角形的边长,并确保截取长度精确。大多数学生能够写对,而出错的原因主要在于忽视了题目的要求,没有用圆规截取长度或是不准确。

课后作业的第 2 题要求学生以点 B 为端点画圆弧时考虑到所有可能的相交点,以确保答案的完整。通过课堂上的自我检错与错误示例呈现,大多数学生能够写对,而出错的原因主要在于没有按题目要求截取 $BC=3cm$,而是任意取值,导致圆弧与 AC 相交点只有 1 个。

通过自我检错与呈现错误示例两个环节,学生们对三角形绘制的理解更加深刻,他们对错误进行深入的分析,探究错误产生的原因,并在分析错误的基础上,思考如何避免类似错误的再次发生。从课后作业完成的情况来看,大部分学生能够正确写出两道课后练习题,避免了课堂出现的典型错误,可见自我纠错检验法在课堂中的实践效果显著。

四、案例讨论

学习是一个不断出现错误和更正错误的过程。学生通过自我检错,在辨明正确与错误的过程中,解决问题并获得对数学知识的正确理解。我们将分析学生在数学学习中产生错误的原因,以及自我检错法发挥作用的机制。

(一)学生错误的原因分析

1. 外部干扰

初中生学习的专注度不高,抗干扰力不强。他们听课时较容易受到外界因素影响而分散注意力。这些干扰包括来自课堂外的噪声,同学间说话,课堂环境变化,手机、游戏等电子设备的诱惑等。初中生正处于好奇心强、注意力易分散的年龄阶段,这些外部干扰往往能轻易吸引他们的注意力,导致他们无法专注于数学学习。从心理层面来看,外部干扰可能引发学生持续的消极学习。在解题过程中,他们可能会感到心烦意乱,难以保持冷静和专注。这种焦虑情绪会进一步影响他们的思维能力和判断能力,导致他们更容易犯错。

在学习"全等三角形"的内容时,学生需要理解和掌握全等三角形的判定条件。然而,在学习过程中,我们发现个别学生上课走神,错过教师讲解的关键点,致使无法集中精力去理解和记忆这些判定条件。在后续练习中,可能因为对判定条件的理解不准确而出现错误。

2. 理解变形

理解的变形包括学生对数学概念的误解,对定理的片面认识或是对解题方法的错误应用等。在"全等三角形"整章的学习中,理解变形主要表现为以下几个方面:(1) 对全等三角形判定条件的误解。有些学生认为只要两个三角形的一组边相等,那么这两个三角形就一定是全等的。然而,这实际上是对全等三角形判定条件的误解,因为全等三角形的判定需要满足若干条件的组合,而不是单一条件。(2) 对定理的片面理解。在学习全等三角形的判定时,学生需要理解与掌握"SSS""SAS""ASA""AAS"和后续直角三角形中"HL"等判定全等三角形的方法。然而,有些学生只记住了定理的名称和公式,而没有真正理解其背后的含义和适用范围。解题过程中,可能因为对定理的片面理解而犯错。(3) 对解题方法的错误应用。在解决与全等三角形相关的问题时,学生需要灵活运用各种解题方法和技巧。然而,有些学生可能只掌握了某种特定的解题方法,而没有学会根据题目的具体情况选择合适的解题方法。

3. 计算失误

计算中不准确是学生在数学学习中普遍存在的问题。学生的粗心大意、缺乏耐心或对计算技巧的生疏等原因会造成计算失误。(1) 数值计算错误。在解题过程中,学生需要进行各种数值计算,如边长、角度的计算等。然而,由于粗心大意或缺乏耐心等原因,学生可能会在计算过程中出现错误,导致最终结果的偏差。(2) 单位换算错误。在解决与全等三角形相关的问题时,学生可能需要进行各种单位换算,如角度单位度、分、秒之间的换算。然而,由于对单位换算的遗忘、不熟悉或混淆等原因,学生可能会在运算过程中出现错误,导致解题过程的混乱和最终结果的错误。

(二)关于"自我检错"的讨论

1. 意识到自己的思维过程

在自我纠错的过程中,学生不再是被动的知识接受者,而是主动的探索者和问题解决者。学生需要意识到思维过程的重要性,在解题时,应该关注自己的思维轨迹,思考每一步的推理是否合理、严谨。例如在解决一个几何问题时,学生可以先回顾自己的解题思路,检查是否遵循了已知条件,是否利用了正确的几何定理。如果发现其中有任何疏漏或错误,就应立即进行修正,确保解题过程的正确性。

2. 进行自我反思

在解题结束后,可以运用出声思维,重述思考的历程进行检查。学生应该对自己的解题过程进行反思和总结,思考是否有哪些地方可以做得更好、更完善。检查出错误后,批判性分析哪里出了问题以及为什么出了问题。当学习者收到自我检错带来的负面反馈时,会触发认知过程,从而增强学习效果。大脑积极解决问题,并找到替代的解决方案。这种认知过程加强了与正确反应相关的思维联系,使学生更可能在未来记住并应用正确的信息。学生对问题的剖析可以整理到错题本中,并用红色字体显著标识自己的错误类型和原因,如审题、解题策略、方法选择、思维方式等。自我检错在元认知技能的发展中起着至关重要的作用,元认知技能涉及监督和调节自己学习的能力。通过接收关于错误的反馈,学习者会更加了解自己的长处和短处。这种意识使他们能够调整学习策略,设定现实的目标,并有效地分配资源。

3. 教师提供检错支架

在自我检错的过程中,教师的引导和帮助至关重要。教师可以为学生提供检错支架,帮助他们更好地进行自我检错。这些检错支架可以包括整理常见的错误类型、解题技巧、注意事项等,让学生在解题时有所依据和参考;书写板书提示要点,帮助学生对比检查。教师也可以指导学生对自己的练习本进行分区,左边三分之二的区域是答题区,右边三分之一的区域是思路再现区,学生需要完成左右两边内容,实现思维显性化。长期使用,有助于培养学生独立思考和反思总结的能力,进而提高学生的元认知水平和学习的效果。

4. 物理纠错期间与评估

当学生进行自我检错活动时,他们就进入了物理纠错期间(是指从错误发生到错误被纠正的时间)。对所有发现错误的学生元认知活动的分析表明,在物理纠错期间,学生的元认知活动会增加,这会提升修正错误的可能性。学生在元认知任务中,与出错前相比,在纠正错误期间到产生结果后,"评估"任务大大增加。在出现错误之前,学生需要做的评估主要是根据信息解决问题的适当性方面。随着重点进行方法评估以及发布答案,他们对这个主题的认识提高了,并且希望纠正。这一分析意味着,当评估水平提高时,学生往往能够纠正更多的错误。

5. 鼓励韧性和毅力

发现自己的错误可能难以接受,因为它突出了需要改进的领域,显示了自己在知识或技能上的不足。然而,当学生开始将错误视为成长和学习的垫脚石,而非绊脚石时,他们的心态就会发生转变。作为教师,应该积极鼓励学生面对错误,培养他们的韧性和毅力。通过正面的引导和反馈,帮助学生建立起正确的学习观念,让他们明白发现错误是为了避免再次出现错误,检查就是在错误产生之前,通过发现各种细微的偏差,达到更高的正确率。这有助于培养学生的独立精神,更能塑造他们的韧性和毅力,并在学习过程中克服障碍。

(鸣谢上海市阳光·胡桥联合学校谭秀丽老师、佛山市南海区石门实验学校卢怀裕老师提供本案例)

第四章　本科教育案例

案例　元认知教学对职教师范生教学能力的培养研究

一、案例背景

(一)引言

2019年国务院印发《国家职业教育改革实施方案》(简称"职教20条"),其中明确提到要推动职业教育发展,把职业教育摆在教育改革创新和经济社会发展中更加突出的位置。"职教20条"指出,目前我国的职业教育还存在人才培养质量水平参差不齐的问题,要培养高素质劳动者和技术技能人才,就要不断提高职业院校教师素质,建立具备理论教学和实践教学能力的"双师型"教师队伍。2020年,教育部等九部门联合印发《职业教育提质培优行动计划(2020—2023年)》,进一步提出要紧抓事关教育质量提升的关键要素,提升职业教育的质量和教师素质。

教学能力是教师专业素养的重要组成部分,职业教育师范生的教学能力事关未来职业教育的品质和高水平教师队伍的建设。2019年10月,《职业技术师范教育专业认证标准》出台,强调了职业技术师范教育阶段要培养职教师范生"学会教学"。基于此,师范院校相关专业要重视职教师范生教学能力的培养。然而,当前对职教师范生的教学模式较传统,教师多采用讲授方式教给学生有关教育教学的知识,而职教师范生的教学能力发展缓慢。元认知教学是一种培养学生计划、反思、监控和评价的教学法,本研究在《职业教育课程与教学论》这门本科生必修课中,采用元认知教学方法,发展职教师范生的自主学习能力,以提升他们的职业教育教学设计和实践能力。

(二)研究意义

1. 理论意义

随着教育与教学改革的不断推进,职业教育要实现高质量发展,提高职教教师专业能力和教学水平是培养高素质技术技能人才的基础。变革职教师范生的培养模式需要打破传统的传递式人才培养模式,提高职教师范生培养的自主化

（发展学生的元认知）、活动化（教学形式必须有充分的实践性、活动性）。元认知教学正是这种契合课程与教学变革内在需求的职教师范生培养形态。本案例对职教师范生教学的现状进行实证分析，了解目前存在的问题，有助于丰富职教师范生教育的理论内涵，促进并提升该理论的实践性。

本课题聚焦元认知教学模式的建构和实施过程研究，在课程实践的基础上，提出"计划—反思—实践—评价"的模式，发展了国内元认知教学的已有理论研究，将元认知教学引入职业师范教育领域，将元认知教学法引入高等教育领域，拓宽了元认知教学的应用范围。

2. 实践意义

职教师范生在职教改革中担当重任，作为一种特殊类型的师范教育，社会和产业发展对职教师范学生教学能力和实践能力提出了更高要求。元认知教学旨在培养学生自我管理、自我监控和自主改进所学技能的过程，可以促进学生具备学会发展、学会学习的能力，培养优良的职业教育师资。本案例中，教师将引导学生关注教学中凸显出的问题，针对发现的问题进行对话、引导，更有效地响应学生的自主学习需求，更好为学生自主发展提供支持，培养职教师范生的教学设计和实践能力。教师可逐渐改变他们在教学活动设计中的想法，发展他们的教学理念，将培养学生教学实践能力提升到课程的重要目标上，并在教学策略的选择上做出合宜的决定（Yuruk., Beeth. & Andersen., 2009）。[1] 本研究有助于提升职教师范生的教学能力，丰富高校职教师资培养的方式和手段，提升相关课程品质，并可以在职业师范教育领域进一步推广。

（三）教学现状分析

第一，职教师范生的教学能力不强。中职教育要培养出能工巧匠和各类人才以满足我国社会经济发展的需要，中职教师需要具备先进、富于创造性和能提升思维水平的教学能力。常枫（2021）指出，专业教师的教学能力水平存在滞后于当今中职学校的发展的情况。[2] 很多中职教师具有较强的专业基础理论知识，但难以应对实际的教学情境，教学技能方面有欠缺（刘媛，2021）。[3] 尤其是新进教师在备课、班级授课、教学组织和研究等方面的能力不足。这将影响教学效果

---

[1] Yuruk, N., Beeth, M., & Andersen, C. (2009). Analyzing the Effect of Metaconceptual Teaching Practices on Students' Understanding of Force and Motion Concepts. Res Sci Educ, 39(4), 449–475.
[2] 常枫.浅谈中职专业教师如何提升教学能力[J].安徽教育科研,2021(24):17-18.
[3] 刘媛.职教师范生职业理念培育的意义、内容及途径[J].职教通讯,2021(09):101-107.

和学生专业素养的提升,以及职业教育改革的完成。郭鹏(2021)认为,职教师范生的养成也是一个较长的反思实践的过程,既需要一定广度的教育教学理论的涵养,又需要形式多样的教育教学实践予以支撑。[①]

第二,职教师范生的培养方式有待改进。师范院校传统课堂已经难以满足时代发展的需要,职业教育的师资培养路径有待优化。束建华(2021)指出,一些高校对师范生与职教师范生的培养方式并无明显差异,均以理论教学为主,直接导致了学生专业能力和教学能力"似有非有",就业竞争力不强,人才培养目标契合度不够。[②] 在传统课堂下,教师是课堂的主角,师生缺乏交流互动,教师更多是"控制"着课堂,而学生则更多的是"观众"的角色(王益琳、吴伶俐,2020)。[③] 教师上课的"一言堂",使学生在上课期间难以主动参与课堂,学习较为被动。职教师范生对教学缺乏深度思考,认识和理解浮于表面,学习质量较低。

因此,要采用有效的教学方法和策略,提升学生的学习效果,让学生真正成为课堂的主体,课后能够进行自主学习,并对学习内容进行内化吸收,让学生成为自己学习的主人。由此可见,传统教学模式亟需改革,师范院校要重视对学生教学能力的培养,使其适应未来工作的需要。使用元认知教学模式是解决传统教学问题的一种潜在方式。

二、案例设计

本研究将以高校职教师资培养的专业必修课《职业教育课程与教学论》为例,通过元认知教学发展职教师范生的职业教育教学能力。《职业教育课程与教学论》的授课对象是英语(职业教育师范)、电子商务(职业教育师范)和网络工程(职业教育师范)专业的本科生,课程目标是探讨职业教育课程与教学的现象,学习职业教育课程与教学的理论知识,体验职业教育课程形成和实施过程,引导学生开展专业教学实践,使学生具备职业教育教学能力和素养。

元认知教学(metacognitive teaching)是指教师采用教学方法指导学生意识到自己的思维过程,对学习过程进行反思和监控,并评价所学。布朗(Brown,

---

[①] 郭鹏.构建"四维一体"中职教师教学能力提升体系[J].职业,2021(11):62-64.
[②] 束建华.专业认证视角下职教师范生的培养策略研究[J].职教通讯,2021(07):98-103.
[③] 王益琳,吴伶俐.中职教师"三教"改革实施中教师教研能力提升策略研究[J].现代职业教育,2021(01):50-51.

1987)认为元认知包括对认知的知识和对认知的调节两部分。[①] 对认知的认知包括描述性、程序性和条件性知识三类;对认知的调节包括计划、监控和评估。本研究将基于 Brown 的模型,即元认知教学包括计划、监控和评价三环节,围绕"计划、反思、实施和评价"四个模块(见图 4-1),让学生能确定学习/工作目标,反思策略的有效性,检查自己的学习效果,从而提升职教师范生的教学能力。这四个模块针对《职业教育课程与教学论》的实践部分展开,平行于本课程的理论学习部分。

《职业教育课程与教学论》元认知教学模式

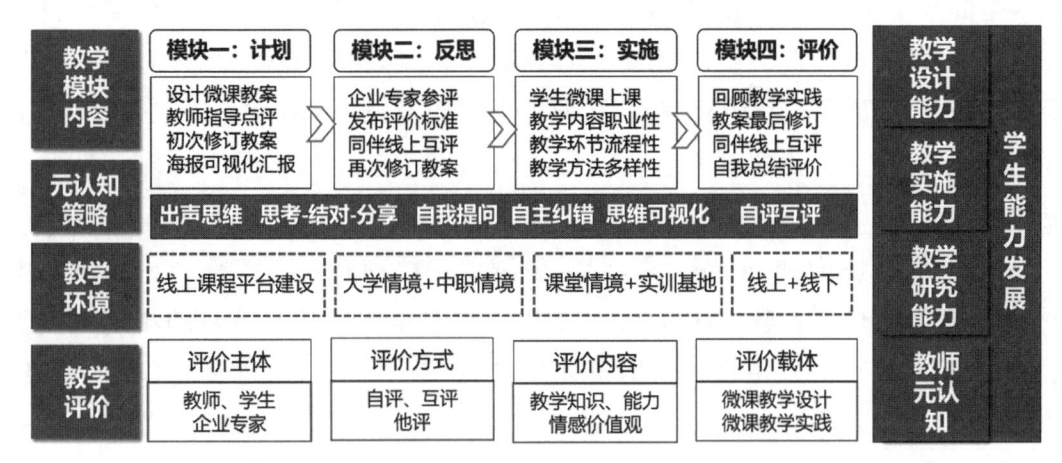

教学模块内容	模块一:计划	模块二:反思	模块三:实施	模块四:评价	教学设计能力	学生能力发展
	设计微课教案 教师指导点评 初次修订教案 海报可视化汇报	企业专家参评 发布评价标准 同伴线上互评 再次修订教案	学生微课上课 教学内容职业性 教学环节流程性 教学方法多样性	回顾教学实践 教案最后修订 同伴线上互评 自我总结评价	教学实施能力	
元认知策略	出声思维	思考-结对-分享	自我提问	自主纠错 思维可视化 自评互评	教学研究能力	
教学环境	线上课程平台建设	大学情境+中职情境	课堂情境+实训基地	线上+线下	教师元认知	
教学评价	评价主体 教师、学生 企业专家	评价方式 自评、互评 他评	评价内容 教学知识、能力 情感价值观	评价载体 微课教学设计 微课教学实践		

图 4-1 《职业教育课程与教学论》元认知教学模型

第一模块,计划(Plan),即学生设计并相互评价微教案。在第一模块中,教师会先向学生介绍课程教学的要点知识。接着,教师会设计一个活动:请学生以小组为单位,合作完成一份基于自己专业的微教案。学生完成一稿之后,教师会对每个小组的教学设计进行点评和反馈,继而学生初次修订。课程构建了一个网络互动学习平台,学生将修订的教案设计成海报进行全班汇报、上传,实现学生微课教案的可视化,便于教师和学生之间进行交流和评价。每位学生在阅读其他组别的微教案后,通过"点赞"和"评论"功能进行评价。这个过程将发展学生的教学设计能力,并引发他们深入思考和认识到一节好的课的标准是什么。

[①] Brown, A. L. Metacogntion, Executive Control, Self-Regulation, and Other More Mysterious Mechanisms. In Weinert, F., & Kluwe, R. Metacognition, motivation, and understanding. Hillsdale, NJ u. a.: Erlbaum. 1987.

第二模块，反思（Reflection），即学生反思，改进教案。海报将邀请企业专家参与点评。学生按照教师、企业专家的点评和其他同学的评价，反思教学目标、流程和方法等，将先前学习的职业教育理论、知识和自己的专业结合起来，对微课程进行再次修订。元认知教学促使学生形成反观和探究问题的心理表征，策略性地分析问题，并选用适当方法进行改进。这个过程将促进学生的教学研究和发展能力，这种能力将成为学生今后职业可持续发展的重要动力。

第三模块，实施（Implementation），即学生实施微课。每一小组进行 15 分钟微课程的上课，下一小组作为学生配合参与，其他小组进行观摩。这个过程锻炼了学生的教学实施、语言表达、课堂应变和信息技术应用等能力。学生需要自主完成整个授课过程，自动组织教学资源和教学设备，关注课程的每一环节，并与受教方积极互动。学生在整个过程中将身兼三重身份：课程实施者、其他小组上课的配合者、第三视角的观摩者。这些身份有利于学生从不同视角对教学形成更深层的认识。

第四模块，评价（Evaluation），即学生微课互评和自评。教师会给每位学生下发《职业教育微课程教学评价表》。学生互评是学生给自己结对的小组填写教学评价表，并填写个人建议。学生自评是围绕"教学目标、教学流程、教学策略、活动组织、教学效果"五个方面对本组表现进行评价，反思不足之处，总结自己的收获。此模块将发展学生的教学评价能力和批判性思维，为以后的真实教学积累经验。

三、实施过程

（一）制定微课教案

1. 学生制作微课教案

教师请学生以小组为单位，根据专业背景选择合适的教学内容进行 20 分钟的微课教学设计。以电子商务师资的学生为例，可选择的相关主题如：电子商务概论、网络零售、网络营销、移动电子商务、电子商务安全与防范和电子政务等。教师会提醒学生由于授课时间只有 20 分钟，需要聚焦更为具体的教学内容。学生自由结成小组，并作为固定成员完成后续模块任务。教师会下发《微课创新设计教案模板 1》，并进行解释，这份模板包括教学团队成员情况、教材分析、学情分析、教学内容与教法学法分析和教学设计（教学目标、重难点、教学过程）。小组需要讨论确定课题，并完成这份材料。学生还需要根据微课内容，采用多样化的教学方法,设计课程的每一环节。教师在学生完成之后进行反馈,并鼓励学生进行反思。表 4-1 显示了三个专业学生选择的微课题目。

表 4-1 三个专业学生的微课题目(部分)

英语 (职业教育师范)	网络工程 (职业教育师范)	电子商务 (职业教育师范)
• Let's go traveling • Shopping • Celebration • Transportation • School clubs • I saw a terrible movie • Green Earth • Make Your Own Drinks • Travel and hotel reservation	• OSI 参考模型 • VPN 基础 • Python 程序设计 • 局域网组建与维护 • arp 攻击与防御 • 人工智能的发展 • 防火墙 • 程序控制结构——while 循环语句教学	• 电子商务与传统商务的比较 • 社交电商营销——以小红书为例 • 移动社交电商服务平台——以拼多多为例 • 直播间前期准备及标准流程 • 海产品户外直播销售技巧 • 电商客户关系管理 • 网络营销推广方式——病毒营销 • 电商客户关系管理

学生在进行初次教学设计时,会出现教学目标设定不清晰的问题,如 I saw a terrible movie 一课,学生确定的教学目标是:"通过有趣的游戏帮助学生快速记住单元词汇;利用图片引导学生学会通过形象记忆来学习单词;小组比赛的方式有助于培养学生的发散思维,帮助学生掌握更多的词汇。"该目标没有说明学生具体要掌握哪些单词、词组,表达也不规范,教学目标的失焦易于造成教学内容的分散和教学效果难以达成。在比较了本组和他组教学目标的区别后,该组学生更改成了三维目标的设定。

学生根据课程主题,选取教学内容并进行了整体教学设计。尽管微课的时间有限,但教学设计还是要求完整,需要包括课程导入、学习内容展开和课程小结等基本要素。而合理地设计教学内容也是学生需要锻炼的关键能力。在《海产品户外直播销售技巧讲授课——户外直播》这一课中,学生设计的教学内容没有注重知识的复习和技能转化:在情境引入后,教师直接让学生对课前要求准备的活动方案进行展示。教师建议要进行简单的要点回顾,通过问答的方式明确户外直播的操作技巧,再进行海产品直播实践,这样可以唤醒学生的先备知识,明确要点,做好更充分的实操准备。

学生的教学设计采用了灵活多样的教学方法。这些教学方法包括演示法、案例教学、讨论法、游戏法、项目教学、世界咖啡馆等。在 *Make Your Own Drinks* 一课中,学生采用了问答法、整体语言教学法和探究式学习。而经过师生之间的讨论,发现课程内容非常适合开展体验式教学,因此教学过程更改为在制作饮品过程中进行学习,从而提升中职生的参与感和学习兴趣。

2. 将微课教案制作成海报进行交流

在上一阶段学生对《微课创新设计教案》进行初步修改之后,教师请学生将本组教案设计到一张海报之中,通过网络平台实时展示各组的教案;同时,每一小组逐一汇报微课设计的意图和内容5分钟;各个小组均可浏览其他小组的设计,相互借鉴学习。教师对汇报活动提出了明确的要求:(1) 需要讲解教学海报的设计用意、亮点;(2) 介绍微课题目、教学目标、教学重难点和教学过程;(3) 介绍微课设计的创新特色。在这个环节中,教师采用了设计思维、可视化、反思评估等元认知教学策略,调动学生内在的教学知识和本专业知识,通过社群化方式,促进知识向能力的转化。图4-2至4-4为三个专业学生设计的微课教案海报。

图4-2 网络工程(职业教育师范)专业学生的教学海报(部分)

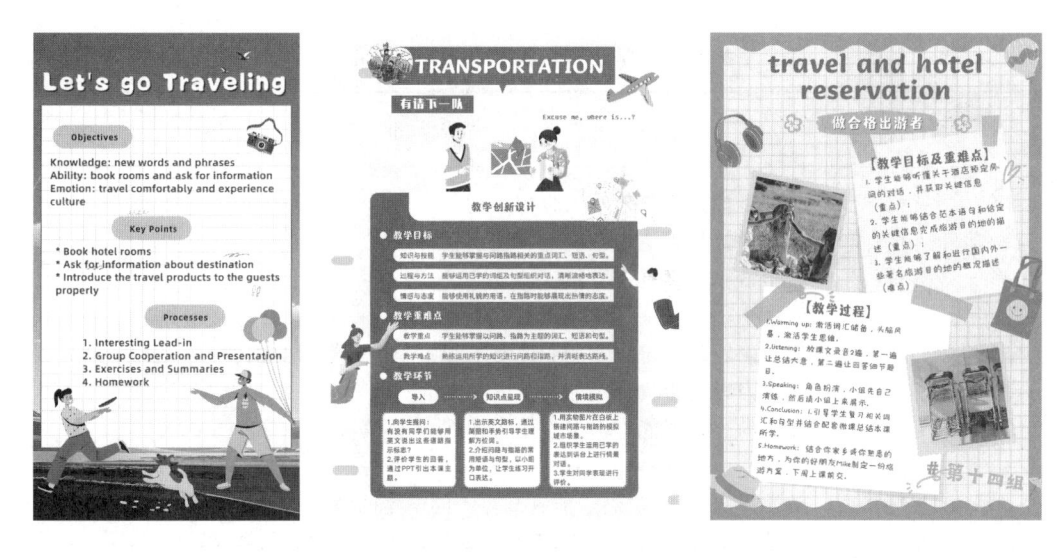

图 4-3 英语(职业教育师范)专业学生的教学海报(部分)

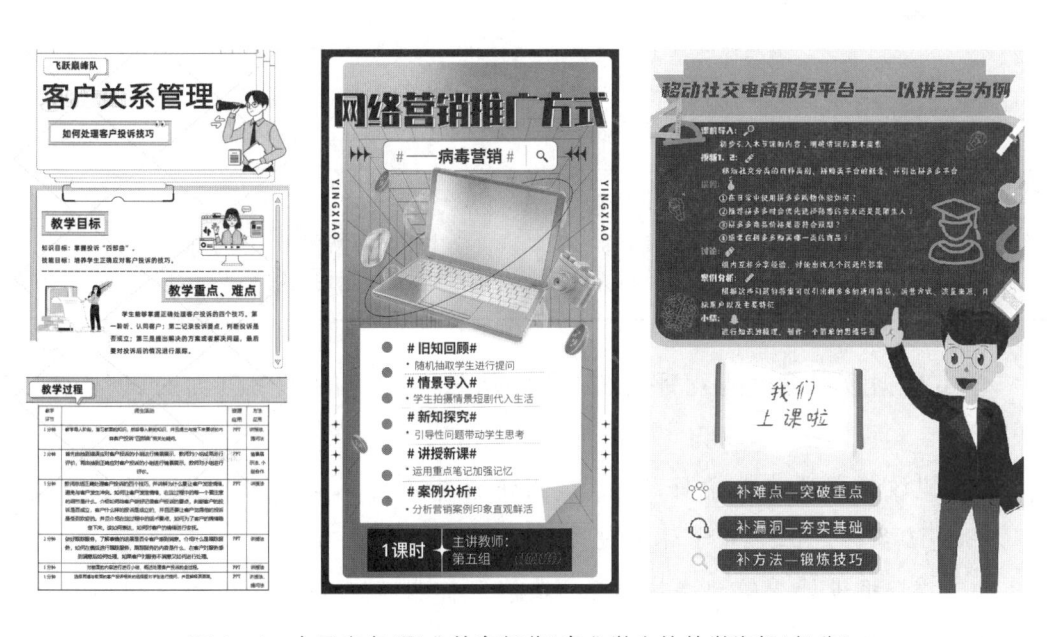

图 4-4 电子商务(职业教育师范)专业学生的教学海报(部分)

(二)点评和改进微课设计

1. 学生互评

在这个模块,教师请学生在课程平台上对其他小组的教学设计进行互评,同时触发学生对本组的微教案设计进行检视和改进。表 4-2 是教师给出的微课设计互评标准,支持学生做出全面、客观的评价。

表4-2　学生微课教学设计互评标准

教学设计	评价标准
教学目标	• 教学目标是否与教学内容相匹配？ • 教学设计是否清晰准确地表述了教学目标？ • 教学目标是否具体、可衡量？
教学内容	• 教学内容是否符合专业职业要求和中职生的学习需求？ • 教学内容是否具有足够的深度和广度？ • 教学内容是否能够引发学生兴趣，激发思考？
教学方法	• 教学方法是否多样化，能够满足不同学生的学习需求？ • 教学方法是否灵活运用，能够有效地促进学生的参与和互动？ • 教学方法是否能够激发学生的学习动机？
教学环节	• 教学环节是否合理安排，有序进行？ • 教学环节是否衔接流畅，有助于学生理解和消化知识？ • 教学环节是否详略得当，凸现出教学重难点的突破？
教学评价	• 是否关注了过程性评价，评价方式是否多样化？ • 教学评价能够全面客观地评价学生的学习情况吗？ • 教学评价是否和课内授课内容相关，能深化或拓展知识学习？

学生根据教师提供的互评标准，分别从教学设计的各个方面对其他小组进行了评价：

"该教学设计教学目标清晰，用情景短剧导入具有创新性，教学方法运用灵活多样。但是教学环节过多，可能20分钟讲不完。"

"海报设计得较为丰富多彩，教学目标明确，重点突出，教学过程比较细致，但是师生互动少了一些。"

"该海报整体的结构较为简洁清晰，主次分明。所表达的内容也比较精练完整。情景展示环节能让学生深入地了解到面对客户的正确方法。可以采用角色扮演讲解电商客服的内容。"

"海报页面温馨，具有网络页面设计元素。汇报人的语言流畅、清晰。教案的重难点突出。教学过程清晰有层次。建议增加教学评价。"

"教学目标及教学重点突出，教学过程细致，有基础知识、案例讲解和学生操练，关注了讲练结合，很好！"

2. 企业专家评价

本课程也邀请了企业专家,从行业对岗位技能要求的角度对学生的汇报进行了专业反馈并提出修改意见。例如,在《移动电子商务优点》一课中,学生设计了四个环节:新课导入、概念讲解、情境设计(两项对移动电子商务的体验——电脑打开淘宝网站和手机淘宝移动端)、教师总结。企业专家认为,教学设计中虽然包含了概念讲解和情景设计等环节,但缺乏具体的商业案例和行业前沿知识的引入。移动电子商务是一个快速发展的领域,商业模式的创新和前沿技术的应用不断涌现,教学设计仅停留在概念讲解和简单的购物体验上,难以让学生深刻理解和感受到移动电子商务的魅力和优势。

因此建议:第一,引入实际商业案例。可以在教学流程中增加实际商业案例的讲解和分析,帮助学生更好地理解移动电子商务的商业模式、运营策略以及市场竞争等方面的知识。可以介绍一些成功的移动电商企业,如拼多多、京东到家等,分析其成功的关键因素和运营模式,从而加深学生对移动电子商务的理解。第二,介绍行业前沿知识。可以在教学设计中增加对移动电子商务行业前沿知识的介绍,如移动支付、大数据分析、人工智能在移动电商中的应用等。引入行业前沿知识可以激发学生学习兴趣,拓宽学生的视野,培养创新思维和增加未来职业的可能性。

各个小组在收到了同伴和企业专家的点评意见后,将先前学习的教育学理论、知识和自己的专业结合起来,修订他们的教案。学生内在的知识外化成改进版教案,由隐性知识转化为显性知识。同时,学生也调动了元认知思维,关注教学内容与学习内容和技能训练的结合,关注教学设计的新颖性和应用性,关注教学方法的灵活多样。

(三)微课实践

在这一阶段,学生将实施他们设计的微课。模拟教学可以促进学生形成专业教学知识(Pedagogical Content Knowledge)(Shulman,2013)[①],职业师范生要在课程逻辑、学习者发展逻辑和职业能力逻辑之间取得平衡,培养职业教育实践能力和职业专业实践能力,依据临场实际情况进行调整,发展实践智慧和教学艺术。教师可以提供必要的支持和指导,如理论应用、修改意见或协助准备微课教

[①] Shulman, L. S. (2013). Those Who Understand: Knowledge Growth in Teaching. Journal of Education,193(3),1-11.

具等,但学生在自我管理、组织教学资源和设备、关注每一环节等方面承担主要责任。每一小组会进行录像,方便日后检视。

图 4-5 学生微课上课

而其他小组也会作为"学生"或"观摩者"参与到微课实施过程中,这为学生提供不同视角审视教学实践。每位学生在整个过程中将身兼三重身份:实施课程者、前一汇报小组的配合学生、第三视角的观摩者。这种身份转换有利于学生对教学产生更深层的认识,促进新的教学知识的生成。

学生的教学实践是在多次的反思和改进基础上形成的。以《海产品户外直播销售技巧讲授课——户外直播》为例,这是学生之前的教学设计:

表 4-3 学生之前设计的教学设计

一、教学目标、重难点

（一）教学目标
通过户外实地操作使中职生初步掌握直播的设计技巧以及实践本领,同时提高中职生对课本知识的转化能力,培养自身的专业技能。
（二）教学重点、难点
1. 重点:(1) 对直播方案的真实展现;(2) 产品介绍的表达技术;(3) 直播后的数据总结处理
2. 难点:(1) 直播过程中的意外事件的处理;(2) 顾客心理的分析与需求引导

二、教学过程

教学环节	师生活动	资源应用	方法应用
课堂回顾与新情景引入	抽取一名学生回顾上节课的学习内容。引入 & 情景设计:通过对直播环节的了解与相关的技巧的学习,同学们很想尝试进行一场直播,但是不清楚该怎么做	多媒体设备、PPT 课件、教学视频、课本	提问与指引,情景式教学法

(续表)

一、教学目标、重难点			
确定直播主题，分组展示直播过程设计	对课前要求准备的活动方案进行展示，同时让学生思考不同小组方案的差异，便于学生为下一环节的实操做好准备工作。同时教师对于实操规则再次进行解读和强调	多媒体设备、PPT课件	"教学做"施行。采用直播形式，使得学生兼具了教和学两种身份，将掌握的知识进行实践
模拟直播训练实操，学生操作展示	学生对本组的方案进行实践展示，通过多媒体进行记录和转播，教师并不对该活动进行干预，仅作为记录者和观察者，学生合理完成直播	多媒体设备、PPT课件、实物展示	直播实操
教师点评环节	教师对学生的直播设计与直播环节进行评价，指正相关错误并给出建议，同时选出优秀小组或个人进行表扬	多媒体设备、PPT课件、实物展示	奖励为主，帮助学生改进操作技术
总结	教师对本节课进行总结，学生反思课堂演练遇到的问题	/	归纳法

图4-6 直播

学生在进行反思和听取教师和企业专家意见后，首先修改了教学目标和重难点，使之更具体、清晰；将直播实操改为在生蚝基地进行，增加教学的真实情境性；直播训练结束后，邀请直播行业专家进行直播点评；最后课程由师生共同进行总结。以下是微课上课的教学设计。

表 4-4 学生改进后的微课教学设计

一、教学目标、重难点

(一)教学目标
1. 知识目标:理解直播理论知识,进一步掌握户外直播操作技巧
2. 能力目标:培养动手能力,掌握户外直播的实操能力以及遇到突发事件的应变能力
3. 素养目标:形成团队意识,激发学生对直播行业的兴趣,培养直播专业素养
(二)教学重点、难点
1. 重点:产品介绍的表达技术
2. 难点:具备户外直播的实操能力和遇到突发事件的应变能力

二、教学过程

教学环节	师生活动	资源应用	方法应用
新情景引入	引入 & 情景设计:播放"双十一"户外直播的视频,教师从之前所学引入本节课的主题——海产品户外直播销售技巧讲授,激发学生想尝试进行一场直播的意愿	多媒体设备、PPT课件、教学视频、课本	提问与指引,情景式教学法
确定直播主题,分组展示直播过程设计	【回顾要点】教师通过提问与学生明确:(户外)直播的设计技巧 【基地实训】进行现场教学:到实训基地——生蚝养殖场进行直播:"蚝美味不用等"。本次任务主要考察学生们对直播技巧的运用情况和应变能力。学生们提前分组,并准备好直播所需的脚本和相关的设备 对课前要求准备的活动方案(各组直播活动策划)进行展示。学生点评;评价不同小组之间方案的优劣,便于学生为下一环节的实操做好准备工作。同时教师对直播销售技巧再次进行解读和强调	电商直播实训基地,相机、麦克风等直播设备	"教学做"一体化教学。采用直播实操形式,使得学生兼具了教和学两种身份。这意味着学生将自己掌握的知识进行实践
模拟直播训练实操,学生操作展示	【实践展示】学生对本组的方案进行实践,注重直播技巧的展示,实践过程进行录像。教师不进行干预,仅作为观察者和记录者。在直播的环节当中,引进此专业方面的资深人士,对产品的内容进行更详尽、细致的解读,促进学生对基本技巧的掌握	直播实操多媒体设备、PPT课件、实物展示	通过"理论+实践+理论"的方式,帮助学生在已有认知的基础上完善直播技巧的知识架构

(续表)

一、教学目标、重难点			
教师与专家点评环节	【互评、专家评】学生点评其他小组直播的优点与不足。直播行业专家对学生的直播环节与直播技巧进行评价，指正相关错误并给出建议，同时选出优秀小组或个人进行表扬 【评价标准】以课堂所学的相关直播技巧知识为基础分；以直播各部门、环节的配合程度、创新性为浮动分	多媒体设备、PPT课件、实物展示	奖励为主，帮助学生改进操作技术
总结	学生反思课堂实操遇到的问题，师生共同对本节课进行总结	/	归纳法
课后作业	思考：你认为本场直播你遇到的问题还有哪些更好的解决方法？以Word文档的形式上传到课程云平台	/	/

（四）自评互评实践效果

改变传统课堂中教师作为评价主体的模式，采用学生自评和互评的元认知教学策略，令学生评价各小组课堂表现的效果。教师会下发《微课创新设计教案2》，学生需要提交最终教学设计，并在这份文件中，撰写自我评价、遇到的困难及解决方法，进行学习总结和自评。同时，每一小组完成微课实践后，其他小组会进行即时点评，分析优缺点、创新之处和提出建议。

学生自评：学生总结出自己教案的设计特点（参见表4-5），包括使用数字化技术、"教—学—做"一体化教学设计、分层教学、混合式教学、学生互评自评、体验式学习、任务导向教学法、角色扮演等方法手段，增加教学的灵活性，调动学生的学习兴趣，发展学生的认知、体验、操作。图6是根据学生提到的自己教学的特点制作的词云图。

表4-5 学生自我评价其教学设计特色

启发式教学	体验式学习	动画视频	"教—学—做"
因材施教	思考—结对—分享	自我反省	ChatGPT

(续表)

启发式教学	体验式学习	动画视频	"教—学—做"
学以致用	学生互评	问题导向	情景交融
分层教学	角色扮演	个人奖励	实物展示
游戏引入	整体语言教学法	情景剧	活动为中心
引用武侠故事	图文声像影合一	课程云平台	虚拟现实技术
混合式教学	任务导向教学	教师示范	KWLS 教学法

图 4-7 学生自我评价其教学设计特色的词云图

四、成效反思

（一）发展师范生元认知教学意识，培养具有高阶思维的职业教育师资

本研究逐步提升了职教师范生的教学能力和素质。通过使用元认知教学，促进学生对自己学习历程的关注，不断反思和修正课程设计的流程、方法等，进而推动对教学知识的诠释、理解与掌握，以及高阶思维（如反思、调节、评价）和教学实践能力的发展和提高。教师营造了良好的课堂氛围，组织了海报汇报、平台

互评和微课上课等活动,唤醒了学生自主学习意识,激发他们主动探索和分享的积极性;帮助学生了解自己的学习能力和潜力,增强自信心,使学生处于愿学、乐学、会学、善学的状态中。学生可以适时对如何进行教学设计,是否具备教学能力形成自己的反思,并通过与专业领域有机结合,促进学习效果的提升。更为重要的是,学生对理解教学的新方式保持了开放、乐纳的态度。

通过访谈学生表示,自己对教学实践过程的认识和反思提高了,在学习过程中能够更好地理解自己的学习策略和学习效果,从而在未来的教学中也能引导其学生进行有效的自我反思。结合教师、企业专家、其他小组给予的相应指导和建议,学生掌握了反思教学的方法,如教学设计的目标是否合理、教学资源如何寻找、采用何种教学方法、教学中的课堂控制、调控言语动作行为等。学生访谈提到:

"以前我不会主动反思自己的教学设计或者教学观点,这门课程令我形成了改进教学的想法,不断反思,总结不足,寻找更好的解决方法,渐渐地就能提高教学能力。"

"我能及时自我进行调整和反思,反思+经验=进步!尤其是在教学设计中,能够有自我监控意识,老师们也给了我建议,让我有更深刻的理解。"

"课程让我学会了独立思考,通过小组合作形成头脑风暴,激发了我的学习积极性,让我学会举一反三;在教学中会不断调整自己的教学策略,营造更加生动有趣的课堂。"

(二) 职教师范生的教学能力得到了提升

本课程提升了职教师范生在教学设计、教学方法方面的能力以及教学水平等。通过课程学习,学生可以批判性地分析自己的教学设计,结合他人点评,评估自己的教学效果。学生深入研究如何组织教学内容,分析运用哪些教学策略,仔细安排任务的进展,处理好遇到的困难。如学生设计了电子游戏:小组制作了触屏游戏,提问配置防火墙命令的两道小题,检验中职生对自主学习内容的掌握程度,同时激发了他们的学习兴趣。School Clubs 一课中,让中职生角色扮演社长与新生,模拟社团招新的情景,运用所学知识作对话,并且预设了道具。《VPN基础》一课的 VPN 职责讲解部分,用武侠故事中"镖局"形象做类比解释,分析讲解镖局运镖的过程和运镖中的注意事项以及镖局的职责,并将之与 VPN 传输数据的过程作对比,提炼出共同的职责要点。在 Green Earth 一课中,教师让学生两两分组,参与垃圾分类小游戏,写有垃圾单词的游戏卡片(可回收垃圾 bottles,其他垃圾 plastic packaging bags,厨余垃圾 eggshell、peel,有害垃圾 battery)投放到对应的分类垃圾桶中(Recyclable waste, Other waste, Kitchen Waste, Hazardous waste)。同时进行情景对话模拟练习:市民与指导垃圾分类的志愿者的对话。

表4-6显示了学生教学设计的改进历程。可以看出,学生之前教学设计出现了多种问题:教学目标不清晰、教学重点不突出、内容选择与主题相关性弱、教学设计缺少新意、教学环节不完整、职业实操性不强等。在学生自查、教师建议、企业专家建议的基础上,学生不断完善教学设计的合理性,调整教学目标、突出重难点、流畅教学环节、增加学生体验、利用数字化教学手段和丰富的教学方法。学生的教学设计能力在经过多次的打磨与改进后,有了显著的提升。他们不仅更准确地把握了教学目标,也更加注重教学内容的合理性、实用性和创新性,教学的自信心和成就感逐渐建立起来。

表4-6 学生改进教案统计表(部分)

教学设计改进前	问题种类	改进动因	教学设计改进后
教师带领做出一份旅游策划	脱离学情:中职生英语基础薄弱	本组自查	学生在教师的指导下进行对话练习,询问同伴旅行准备,并在教学过程中插入句型的学习
/	教学设计缺少新意	本组自查	提升趣味性,增添制作导游证、导游旗、登机牌等实物道具环节
学生进行互评,没有参考标准	评价没有标准	教师建议	出示评价标准:发音是否正确,升调或降调的使用是否正确,语法是否正确,句式表达是否恰当等
设置合作学习进行英语教学	教学设计缺少新意	教师建议 & 本组自查	融合 ChatGPT、合作学习、D-ID、Microsoft Azure 为一体,构建出一堂高效、有趣、生动的 AI 未来课堂
导入环节进行小组讨论	教学任务时机不当	教师建议	删掉了导入环节的小组讨论,避免过长导入环节,简短扼要地引入主题。小组讨论可在课中开展
讲解人工智能的技术原理和应用实践(AI的应用)	学生缺少高阶思辨	企业专家点评	添加讨论:人工智能对就业市场和劳动力需求的影响?人工智能技术中的偏见问题如何解决?

(续表)

教学设计改进前	问题种类	改进动因	教学设计改进后
导入部分的视频与本课主题相关性不大	内容与主题相关性不大	本组自查 & 教师建议	改成了与本课所要学习的单词高度相关的一个音频
教师进行单词讲解	学生主动性不足	教师建议	增加音频、视频等来代替原有的图片,提升趣味性
课程结束时没有总结	教学环节不完整	教师建议 & 本组自查	增加本课总结的环节,对所学单词进行总体回顾,有利于学生巩固知识
教学目标表述不清晰	教学目标不清楚	本组自查	将教学目标改成三维目标,包括知识目标、能力目标、情感态度与价值观目标
教师展示一系列商品和购物场所图片,提问,学生回答	学生参与性不强	教师建议	学生匹配:出示6张商品图片,学生将商品和6个购物场所(如 supermarket/convenience store/street market 等)进行匹配
教学任务一和任务二内容重复	内容过多,教学重点不突出	教师建议	任务一(教师询问学生兴趣与感兴趣的社团)与任务二(小组讨论:Talk with your partner about the School Club you like and transferred it to other students)内容重复,故删除任务二
教师通过截图已做成果来讲解配置防火墙命令	实操性体现不足	企业专家点评	随机挑选学生展示电脑实操的结果,并请同伴评判对错以及提出该命令需注意的要点
播放电子游戏视频,引出防火墙概念	课程思政融入不够	教师建议	播放《筑牢网络与信息安全防护墙》视频,提升网络安全意识,引出防火墙概念
1.电子商务与传统商务的特点;2.两者的区别;3.两者概念;4.两者的优缺点	教学内容的逻辑性混乱	教师建议 & 本组自查	教学内容调整为:1.电子商务概念和传统商务概念;2.两者特点;3.两者区别

(续表)

教学设计改进前	问题种类	改进动因	教学设计改进后
课件快速展示正确处理客户投诉的四个技巧	缺少板书设计	本组自查	板书写出标题"正确处理客户投诉的四个技巧"和四个技巧的内容，方便学生抓住教学要点

（三）发展了职教师范生的教学元认知能力

本课程的设计围绕职教师范生的"专业反思"，在初步教案设计基础上，进行教师、学生、企业方的评价，引发师范生对照教学设计标准进行深度反思，经小组探讨，进行修正完善。在进行了微课实践后，师范生对整个学习历程进行检视，总结出课程设计的亮点、特色以及在实践后发现的不足之处。

首先，学生对如何设计一堂好课有了更全面的认识。学生对此次项目进行计划，制定行动路线，这是进行教学设计的指针。学生还发展了自己的教学理念，有些小组秉持"以学生的发展为中心"，有些小组力求设计出"生动有趣的活力课堂"，有些组别聚焦"分层教学和差异化教学"，有的奉行"体验是走向职场的第一步"。

其次，师范生对自己的教学设计进行了检查和反思。反思是构建或重组体验、问题或现有知识的心理过程，本课程支持学生进行教学设计、回顾、特征归类、产生替代方案，这些步骤是对教学问题和观点的递归，以更好实现教学目标。教师、同伴和企业专家会带来新的、具有挑战性的信息，这些信息激发了师范生的探究和分析过程。最终学生的认同落实在教案的更新中。同时，课程在线上线下混合式教学模式的支持下，通过网络和现场学习相结合，给学生创设多层次的锻炼机会，建立师生、企业和学生、学生之间的交流渠道，让学生反思相关概念、技能、规则和流程等。

最后，师范生会进行评估和总结。评估涉及教师使用既定标准，再根据这些标准检查或判断学生在口头/书面环境中的表现。学生会积累大量与教学设计相关的工作方式、方法，从技术性到批判性，从字面形式到话语、课堂情境等多元形式。学生说："我们学习到了更多解决问题的方法。为保证中职生在看完电影片段和音频之后不分心，所选内容是符合中职生特征的；我们还在播放视频后让中职生跟读单词，保持注意力。我们担心中职生课堂活动时单词量可能不足，于是让他们在课前预习阶段查阅词典，增加词汇量，应对课堂教学内容的需要。"

"我们通过这次微课实践发现,对中职生教学要开发真实的职业情境,更多进行校企合作,利用实训场地,在课堂中夯实职业能力的培养。"学生通过评估和总结,及时捕捉到微课过程中的"学习"和"思考"的成果,内化为自己的教学智慧。

本研究制作了《职业师范教育教学能力调研问卷(前测、后测)》,调研职教师范生的教学能力程度和现状。通过SPSS软件对问卷进行信度和效度分析得出,该问卷的信度系数为0.950,大于0.9;效度系数KMO值为0.827,在0.7—0.8区间内,说明该问卷收集的数据信度质量较高,效度较好。我们采用配对样本t检验对问卷前测与后测的数据进行对比,检验学生经过微课设计和实践之后,教学能力是否得到提升。

表4-7 职业师范教育教学能力调研问卷(前测、后测)

		课程现状知识							
		P 成对样本检验					t	df	Sig.(双侧)
		均值	标准差	均值的标准误	差分的95%置信区间				
					下限	上限			
Q1	前测—后测	-.03125	.93272	.16488	-.36753	.30503	-.190	31	.851
Q2	前测—后测	-.31250	.82060	.14506	-.60836	-.01664	-2.154	31	.039
Q3	前测—后测	-.31250	.93109	.16460	-.64820	.02320	-1.899	31	.067
Q4	前测—后测	-.06250	1.13415	.20049	-.34640	.47140	-.312	31	.757

微课计划维度									
		成对样本检验						t	df	Sig.（双侧）
			均值	标准差	均值的标准误	差分的95%置信区间				
						下限	上限			
Q5	前测—后测	−.09375	.85607	.15133	−.21490	.40240	−.619	31	.540
Q6	前测—后测	−.43750	.80071	.14155	−.72619	−.14881	−3.091	31	.004
Q7	前测—后测	−.09375	.89296	.15785	−.41570	.22820	−.594	31	.557
Q8	前测—后测	−.25000	.87988	.15554	−.56723	.06723	−1.607	31	.118

实施监控维度									
		成对样本检验						t	df	Sig.（双侧）
			均值	标准差	均值的标准误	差分的95%置信区间				
						下限	上限			
Q9	前测—后测	−.28125	.72887	.12885	−.54404	−.01846	−2.183	31	.037
Q10	前测—后测	−.34375	.86544	.15299	−.65578	−.03172	−2.247	31	.032
Q11	前测—后测	−.03125	.96668	.17089	−.37978	.31728	−.183	31	.856
Q12	前测—后测	−.06250	.71561	.12650	−.32050	.19550	−.494	31	.625

微课评价维度									
		成对样本检验					t	df	Sig.（双侧）
		均值	标准差	均值的标准误	差分的95%置信区间				
					下限	上限			
Q13	前测—后测	−.03125	.78224	.13828	−.31328	.25078	−.226	31	.823
Q14	前测—后测	−.31250	.85901	.15185	−.62221	−.00279	−2.058	31	.048
Q15	前测—后测	−.03125	1.03127	.18230	−.40306	.34056	−.171	31	.865
Q16	前测—后测	.00000	.87988	.15554	−.31723	.31723	.000	31	1.000

从上表可见，除第16题持平之外，每一题目后测问卷的均值较前测都显出了上升。这说明，通过课程学习，学生能根据学情教情进行完整的教学设计，对教学设计进行及时反思，并对学生学习情况进行了系统评价。其中，如下题目的后测与前测相比呈现出显著提升。问题2：我知道如何调查职业教育课程的现状。问题6：我了解如何确定教学目标。问题9：我可以根据对象来确定合适的内容。问题10：我可以在反思的基础上改进课程内容。问题14：我可以根据课程目标和内容来评估学生的学习情况。这表明，学生在课程中关注教学设计的准备阶段，进行充分的现状调研，在进行教材分析和摸清学情基础上进行教学设计。学生在课程中学习了目标设定的方法和原则，包括确保目标具体、可衡量、可达成等方面的技能。教学内容能根据中职生的接受程度选取，以更好地满足中职生的学习需求。问题9的平均值显著提升，表明学生在微课实践中锻炼了如何进行有效的反思，并据此对课程进行调整和改进。学生更加关注评价时给出评价标准和工具，提升评价的实效性。

（四）促进职业技术师范教育的内涵建设，提升职教师范生的培养质量

本课程将元认知教学应用于职教师范生教育领域，建构了"计划—反思—实

施—评价"的教学模式。课程丰富了师范生培养的方式方法,并采用网络学习+模拟教学现场的方式,提升了学生学习的效率和成效。同时,元认知教学不是单向度的。本研究建构了有关元认知教学的综合教育场域,创设了课堂互动讨论的物理空间、后线上学习的虚拟空间和积极交流实践的心理空间,支持学生成为真正的自我管理者,自主学习者和创造性思考者,以期全面提升职教师范生的教学能力。

本项目对职教师范教育的课程与教学进行探索,促进职教师范教育课程更具科学性、实用性和创新性,有助于回应新时代对职业教育"双师型"教师的新要求,探索教师教育教学+专业技能应用的"双能力"培养、和职业教育教学+专业领域的"双素质"培养的可行路径。通过元认知教学的应用,提高职教师范生培养的科学性和创新性,为职业教育的发展奠定高质量师资的人才基础。

第五章 职业教育案例

案例1 自我提问法在"网络技术基础"课程的应用

一、案例背景

（一）引言

近年来，国家加快推动职业教育高质量改革，2019年，国务院印发的《国家职业教育改革实施方案》中提到，职业教育与普通教育是两种不同的教育类型，具有同等重要地位；"将标准化建设作为统领职业教育发展的突破口，严把教学标准和毕业学生质量标准两个关口"。2021年，中共中央办公厅、国务院办公厅印发了《关于推动现代职业教育高质量发展的意见》，提出职业教育是国民教育体系的重要组成部分，需要从育人方式、办学模式等方面进行深入改革，加快建立"职教高考"制度，推进不同层次职业教育纵向贯通，大力提升中等职业教育办学质量，对教学模式和方法、教学内容和教材进行创新和改进。2022年，《关于深化现代职业教育体系建设改革的意见》提到，要提升职业学校关键办学能力，及时把新方法、新技术、新工艺、新标准引入教育教学实践。职业教育高质量发展，需要进行教育教学改革创新，从中等职业教育开始，让社会对职业教育有所改观，让职业教育和普通教育具有同等重要的教育地位。

中等职业教育教学质量的提升，需要摒弃传统教学方法或教学模式，进行改革创新。自我提问法是一种促进学生反思和监控其问题解决过程的教学方法，具有促进学生自主生疑、自主思考，提升教与学效果的潜力。针对如今中等职业学校的在校生学习被动，学习效果较不佳的现状，[1]本案例将自我提问法应用于"网络技术基础"课程，培养学生的自主学习能力，提高中职计算机专业的课堂教学效果。

---

[1] 石磊.面向职业素养培育的中职语文阅读教学困境及策略研究[J].中国职业技术教育，2023(20)：52-57.

(二)"网络技术基础"课程教情现状

1. 教师的教学方式传统

案例中职学校计算机网络技术专业教师教龄在20年以上的占40%以上,教师很少出现岗位变动,梯队比较稳定。教师主要采用传统的讲授法,按照以往的教学经验组织教学,很少会采用新的教学理念、教学方式、教学方法等对自己的教学情况进行改善。而随着社会发展和教学改革的深入,传统教学方法已不能满足课程发展的要求和学生的学习需要。例如教师秉持"我讲你听"的教学方式,学生只是课堂的"被动配合者";课堂上缺少互动,学生很少有提问、质疑和主动学习的机会。

2. 教师提问方面,封闭性的主导提问居多

在"网络技术基础"课程的理论部分,教师基本采用传统的讲授法,几乎没有让学生进行提问、质疑和主动学习。尽管教师按照其教学习惯和教学模式,容易把握课堂节奏和进度,但学生对知识点的掌握并不理想,他们也不喜欢这样的教学模式,学习动机薄弱。如若没有听懂,学生也没有机会在课堂上向教师提问。学生表示"很多门课在课上能听懂的知识较少,大多靠自己课后自学,自学的学习效果也不好。上课的时候老师一直在讲课,我们几乎不用提问,也不用主动去设想问题。"

(三)学生现状分析

为更深入地了解"网络技术基础"课程的学情现状,选择东莞市某中职学校的计算机网络技术专业一年级学生进行调研,一共下发了56份问卷,有效问卷55份,有效率98%。本案例所使用的问卷——《中职生网络技术基础解题自我监控能力量表》,共设计了24道题,内容包括学习的计划性、意识性、方法性和总结性四个维度(问卷见本案例末尾)。

四个维度的调研情况是:1. 学生的学习计划性——解题前的准备工作体现出计划性不足,具备学习计划性的可塑性;2. 学生的学习意识性——对自身认知结构不够清晰,头脑中无法以恰当方式组织信息、形成相关知识框架;3. 学生的学习方法性——解题时不够重视方法性解题,一味追求结果导致在某些时候无可行的解题方法;4. 学生的学习总结性——缺乏反思、类比、归纳和总结的习惯,没意识到知识积累、解题方法总结和归纳的必要性。

二、案例设计

通过教学现状分析,我们发现当前的"网络技术基础"课程没有以学生为中

心,不够重视学生的自主学习;学生学习被动,在课堂上没有参与感,整体学习效果不尽如人意;学生在解题过程中计划性、意识性(自我监控)、方法性、总结性四个方面的水平比较薄弱。

自我提问法是学生通过向自己提问获得知识的理解和解答问题的一种教学方法。作为一种可以培养学生自主思考问题、解答问题的元认知教学法,它具有潜力改善当前中职生学习被动、效果较差的现状,可以应用于课堂训练其元认知监控能力,从而提高学生的学习效果。本案例的自我提问法也将从计划性、意识性(自我监控)、方法性、总结性四个方面进行研究,通过教师指导,更具体地、更有针对性地促进学生反思问题、自主思考,提升教与学的效果。

在元认知训练中,前期可以通过教师提供的问题清单,让学生掌握提问的思路;逐渐养成自我提问的习惯,不断地促进学生自我反省,理清思路,达到预定的学习目标。问题清单由教师或学生在课程实施过程中制作,用于学生主动向自己提出问题,并通过思考、回答和总结来促进知识的理解和内化。同时,问题清单也可以供学生自我观察、自我监控、自我评价,指向学生元认知监控能力的提高和发展,从而提高解决问题的能力。

自我提问法在"网络技术基础"课程的应用分为两个阶段,第一阶段的目的是使用自我提问单培养学生的自我提问习惯,教师会提供自我提问单辅助学生学习,帮助学生熟悉应当提什么问题。第二阶段是让学生脱离自我提问单,根据学习内容进行自我提问的学习。第一阶段和第二阶段分别包括课前、课中、课后,教学环节参见图5-1:

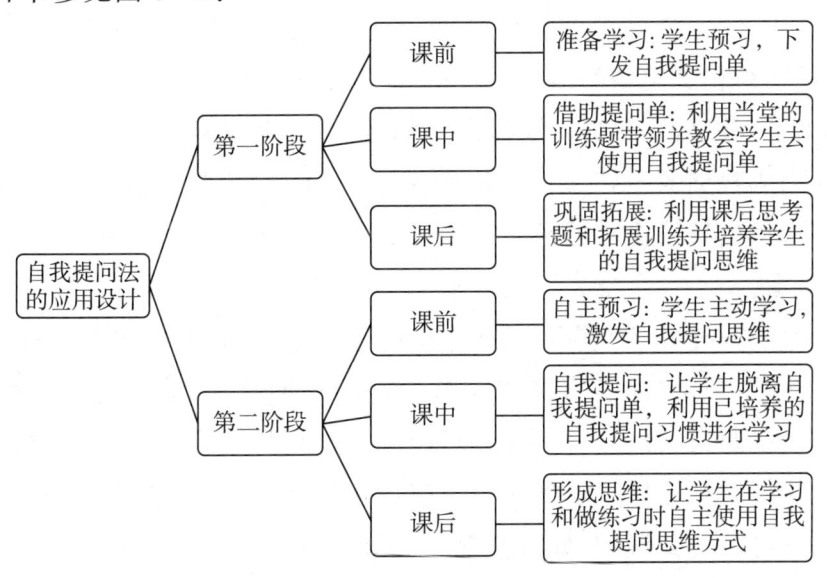

图5-1 自我提问法应用在"网络技术基础"课程的设计

以下是第一阶段和第二阶段的"课中"部分自我提问法的设计：

- 审题阶段

教师支持学生提问自己对题目的理解情况，具体问题包括：

(1) 已知条件可以直接确定未知量吗？

(2) 可以分解为几个小问题？

第一阶段和第二阶段设计了相同的自我提问的问题，目的是让学生通过问题更深入地学习本门课程，学会理解计算机网络的相关概念、原理和工作过程。第一阶段通过自我提问单来学会理解计算机网络题目要义，帮助学生更快地审好题目；第二阶段则是学生脱离自我提问单，自行在头脑中从头到尾演绎一遍自主提问的问题、回应，再进行程序性的审题，以及后面的解题、反思。学生能够思考如何通过已有条件寻找题目线索，通过分解问题，不断回应先提出的问题，再提出新问题，一步一步靠近线索，训练学习思维。另外，这两个自我提问的问题对应了布鲁姆目标分类理论中的理解层面，帮助学生理解题目要义，做好审题，可以更好地为下一个阶段解决问题做准备。

- 解题阶段

当学生进入解题阶段时，可以向自己提出三个问题，分别是：

(3) 这类问题的通常解法是什么？

(4) 这个问题的解答方法是什么？如何做？

(5) 这道题与其他类似题有什么不同之处？

在此阶段，学生会对自己提出的这三个问题进行思考。首先思索本门课程中的计算机网络相关问题的通解是什么，思考、回忆以往所学的解决方法并写在自我提问单上。然后自我提问更深入的问题，此题目的解答方法又是什么、要如何做，根据刚刚找到的通解方法来匹配本道题目，判断是否适用，本题有何特殊之处。最后，学生再根据这道题的特殊之处与其他类似题进行比较，逐一记录在自我提问单上。

第二阶段中，学生不使用自我提问单，进行独立解题，解题过程也不再需要在自我提问单上记录，而是直接在脑海里进行抽象演绎，分析题目和解决问题。这对应了布鲁姆目标分类理论中的理解层面、应用层面和分析层面，帮助学生在理解题目、审好题目之后把学到的知识应用于新情境中，再将复杂的知识整体分解为若干构成要素，并鉴别、分析其中的组织结构。

- 反思阶段

学生在解题后进行反思,反思问题包括:

(6) 这道题最难或我理解不足的地方在哪?

(7) 这次解题我有没有需要改进的部分?

(8) 还有无其他方法可以解决这个问题?

学生对此次训练过程进行反思,总结自己在整个审题和解题的过程中的难点,针对难点进行记录、反思、总结和改进,再细想是否还有其他方法来做这个题目,若思考不出另外的方法,可作好标记向教师提问。这对应了布鲁姆认知分类理论中的评价层面,帮助学生审视自己的解题过程,做出符合客观事实的判断,反思可以改进学习之处;进而思考其他创新性的解答方案,此为创造层面。

在课中教学阶段的自我提问法对应的思维层次如表 5-1 所示。

表 5-1 自我提问法对应的思维层次

课中教学阶段	自我提问	思维层次 (根据布鲁姆认知分类理论)
审题阶段	• 已知条件可以直接确定未知量吗? • 可以分解为几个小问题?	理解层面
解题阶段	• 这类问题的通常解法是什么? • 这个问题的解答方法是什么? 如何做?	理解层面 应用层面
	• 这道题与其他类似题有什么不同之处?	分析层面
反思阶段	• 这道题最难或我理解不足的地方在哪? • 这次解题我有没有需要改进的部分?	评价层面
	• 还有无其他方法可以解决这个问题?	创造层面

三、实施过程

(一) 交换机的 DHCP 技术(第一阶段代表案例)

本教学案例为第一阶段的代表案例,具体详细内容如下。

1. 教学内容与学情分析

本次授课教材选用张文库、肖学华主编的《网络设备管理与维护实训教程——基于 Cisco Packet Tracer 模拟器(第二版)》。该书的编写模式体现"做中学,做中教"的职业教育教学特色,内容采用了"项目——任务——训练"的结构体系,从工作现场需求与实践应用中引入教学项目,培养学生完成工作任务及解决实际问题的能力。该书包含六个项目,全部项目均紧密跟进先进技术,与真实的工作过程相一致,符合企业需求,贴近生产实际。授课内容参考任务三:交换机的常用技术的训练 4——交换机的 DHCP 技术,是 TCP/IP 协议簇中的一种,主要作用是给网络中其他计算机动态分配 IP 地址。

学情分析如下:(1)在知识和技能基础方面,此阶段学生在之前的学习中已经学会了 TCP/IP 模型、OSI 参考模型和 Cisco Packet Tracer 模拟器的基本使用方法,也学习了交换机的相关理论知识,已经掌握了交换机的工作原理、作用以及工作在数据链路层的相关知识,具备了一定的计算机网络基础。(2)在认知和实践能力方面,根据皮亚杰认知发展阶段理论,此阶段学生大多数处于"形式运算阶段",仅初步具备自主学习和探究学习新知识的能力,具有一定的抽象思维能力,能够根据观察到的现象总结出相应知识,因此需要引导学生提高自主学习的能力,学会自我提问的方法。(3)在学习特点方面,此阶段学生经过前面课程的学习对于计算机网络基础知识有一定认识,初步建立了对网络学习的兴趣,对更多更深层次的网络知识具有一定的好奇心。中职生喜欢动手实践,所以在面对模拟器的模拟现实机器操作的情况下,对设备的命令有更多的兴趣,有一定的探索意识,但是自主学习的能力较弱,相对应的自我提问的行为也非常少,缺乏自主学习的方法。

2. 教学目标与重难点

(1)教学目标:

- 素质目标:培养学生对网络通信原理的兴趣,提升对 ICT 行业所需技能的基础能力。
- 认知目标:理解并掌握 DHCP 原理及工作过程,掌握交换机 DHCP 配置的知识。
- 能力目标:能够自主解释 DHCP 的原理及其工作过程,能够应对多种情况下 DHCP 功能的配置,发展自主学习能力。

(2)教学重点:交换机的 DHCP 配置。

(3)教学难点:DHCP 的原理及其工作过程。

3. 教学设计

(1)课前。课前学习过程为学生回顾知识,特别是交换机相关的配置命令,同时预习本节课配置交换机 DHCP 的相关内容。需同时利用教师下发的自我提问单进行预习。

（2）课中。课中教学过程有三个阶段，分别是学生审题阶段、解题阶段（含教师点拨）和反思阶段。在审题阶段，学生拿到题目后使用自我提问单进行学习，自我提问单中设置了两个问题来帮助审题，理解题目要义。审题阶段之后是解题阶段，自我提问单设计了三个相关问题，帮助学生使用自我提问法进行解题。在此阶段，学生除了自我提问还可随时向教师提问，教师也会巡堂并及时解决学生的难题，同时收集普遍遇到的问题并在教师点拨阶段作统一讲解。之后进入教师点拨阶段，教师讲解本次训练的正确操作、纠正前面所收集的普遍问题、补充讲解 DHCP 的重难点理论部分与扩展部分，其间再让学生进行 DHCP 理论知识和实操知识的巩固。最后是学生反思阶段，此阶段的任务是学生完善自我提问单并反思刚刚训练过程的操作步骤、配置命令，总结理论知识，例如在哪一步骤或哪一个知识点是不懂的，哪一个步骤能优化，等等问题。总之，学生利用自我提问单进行实操练习，在审题、解题和反思阶段都有自我提问单进行辅助学习；教师会在学生解题后进行点拨，点拨完毕，学生进行反思总结。

（3）课后。课后学习过程中，学生需完成教师布置的作业，完成作业时也使用自我提问单按流程来解题。另外一个任务是预习下一节课的内容，预习的过程中也需要用到自我提问单进行辅助。最后是学生自行总结本节课的实操部分和理论部分的内容与收获。纵观整个教学过程，自我提问单贯穿始终，每个阶段学生都需要用到自我提问单进行自主学习。图 5-2 是三个阶段的具体流程图。

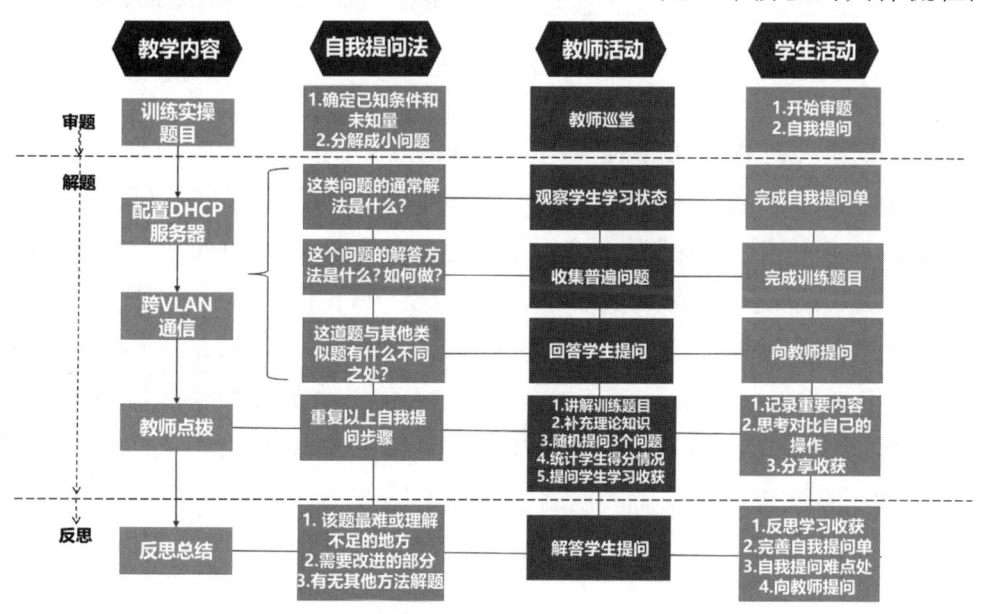

图 5-2 "交换机的 DHCP 技术"教学设计流程图

4. 教学实施

本次授课采用项目教学,本项目需要配置 DHCP,客户机登录服务器时就可以自动获得服务器分配的 IP 地址、子网掩码、网关和 DNS 地址。首先,网络中必须存在一部 DHCP 服务器,这个服务器可以采用 Windows Server 系统的计算机,也可以是交换机设备和路由器设备;其次,客户机要设置为自动获取 IP 地址的方式才能正常获取到 DHCP 服务器提供的 IP 地址。利用实验来学习交换机 DHCP 技术的应用及配置方法,实验拓扑如图 5-3 所示。

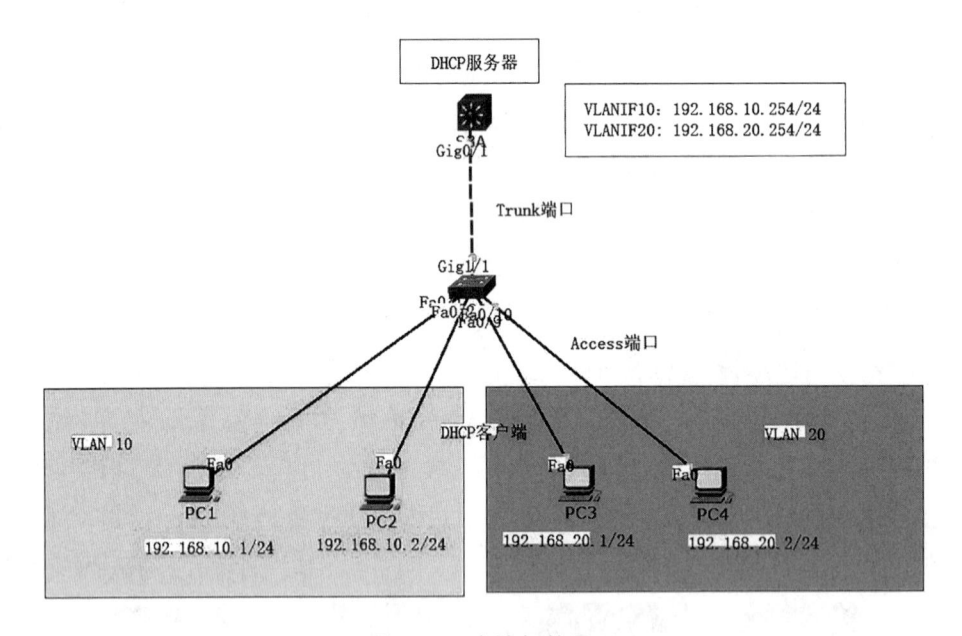

图 5-3 实验拓扑图

(1) 课前学习过程。在课前,学生完成教师前一节课上布置的预习本节课内容和复习上节课内容的任务,特别是利用教师下发的自我提问单辅助预习与本节课有关的交换机相关的配置命令内容,完成自我提问单的问题。如有问题利用自我提问单的解题思路都解决不了,可做好标记,在课上进行提问。

(2) 课中教学过程。教师在课上明确本节课的学习目标,是学会在计算机上利用 Cisco Paket Tracer6.0.1 进行交换机的 DHCP 的实操配置然后教师通过主机端下发实操训练题目到学生端,并提出本节课的实操训练要求。学生在训练的过程中利用自我提问单来解答题目。(见表 5-2)。

表 5-2　学生自我提问单的使用

审题阶段	学生拿到题目就进入审题阶段，对自我提问单已经设计好的问题进行审题。 　　自我提问单有两个问题：①已知条件可以直接确定未知量吗？②可以分解为几个小问题？教师在巡堂时发现许多学生迅速进入状态进行审题，其中有学生根据教师端下发的训练题目在计算机上进行标记、思考，然后在自我提问单上写下答案。 　　教师查看后发现这位学生在自我提问单上审题阶段的两个问题的后面空白部分写下"已知：vlan10、vlan20、DHCP 服务器、客户机地址等相关参数；分解出 2 个问题：①如何配置 DHCP 地址池；②如何跨 VLAN 通信。"这个阶段可以体现出学生利用自我提问单里面的提问思维来知晓任务要求，分解任务，获取解题必要的关键信息。
解题阶段	在获取了解题的关键信息后便可以开始解题了，自我提问单中的解题阶段也设计了相关问题帮助学生解题。 　　这些问题包括：③这类问题的通常解法是什么？这个问题属于理解层次，帮助学生在理解题目和审好题目之后，把学到的知识应用于新的题目情境中，即将开始解题。学生经过思考，给出的回答包括："在交换机上开启 DHCP 服务或者另外加一台专门的 DHCP 服务器""往路由表增加两个 VLAN 的路由条目"。 　　然后是④这个问题的解答方法是什么？如何做？这个问题属于应用层次，帮助学生回忆起学过的相关解题方法。一位男同学回答"在 S3A 交换机中开启 DHCP 服务，创建一个 DHCP 地址池，为客户机分配地址等参数再增加路由条目"，但是他刚开始操作实践没多久又迟疑了，发现无法分配两个 IP 地址段，于是划掉原来的答案，重新写上"在 S3A 交换机中开启 DHCP 服务，创建两个 DHCP 地址池，在 S3A 交换机上启用三层交换机的路由功能"。 　　接着是⑤这道题与其他类似题有什么不同之处？有学生的回答是"有跨 VLAN 通信，其他题目没有跨 VLAN 通信"，有的回答是"没有路由器做网络层交换""没有专门的 DHCP 服务器"。 　　部分学生在完成后觉得较为简单，并想要为同桌解答难题；有一些学生却紧锁眉头缓慢地解题。当学生在自我提问单的帮助下仍无法解决问题时，可以随时进行举手提问，教师在巡堂过程中会及时解答学生疑问，同时也会收集大部分学生所遇到的问题。有学生向教师提问了如何在 S3A 交换机上启用三层交换机的路由功能，教师引导学生回忆前几节课所学的交换机的基础配置命令："交换机自动启用二层接口，如果要启用三层交换机的路由功能就相当于让交换机能够在网络层工作，老师再给个提示，我们回忆一下路由的英文是什么？"学生沉思片刻便回答"routing，我想起来了，是 ip routing。" 　　【教师点拨】 　　练习题时间结束之后，进入教师点拨时间。教师打开本次实验的拓扑图和命令行界面进行穿插讲解，边讲解边纠正大部分学生遇到的问题，并着重讲解本次训练题目的重难点。

(续表)

	随后利用华为ICT学院的资源来进行DHCP理论部分的讲解,讲解过程中设置3个问题进行随机提问,难度逐渐增加。问题1:为了实现两个VLAN所连接的计算机分别获取不同网段的IP地址,在本实验中要先做什么?问题2:VLAN10和VLAN20的PC分别能得到什么网段的IP地址?问题3:VLAN10和VLAN 20的PC能互相通信吗?为什么?在讲的同时进行提问,有利于学生深入学习,印象深刻。 最后对本节课所学的DHCP配置命令、DHCP的原理及工作过程进行小结,并统计学生得分情况。学生在教师进行点播时,认真记录好重要内容,并思考、对比自己的操作,待教师点拨完毕,就开始自我提问单的完善,并分享自己的学习收获。
反思阶段	在此阶段学生需要完善和改正自我提问单中问题的答案,改正的目的是让学生把自己的答案和教师讲解的内容进行对比,明白自己在哪个步骤有遗漏或有错误。 自我提问单在反思阶段中也设有问题:⑥这道题最难或我理解不足的地方在哪儿?⑦这次解题我有没有需要改进的部分?有的学生回答"不知道如何启用三层交换机的路由功能"、"对跨VLAN通信理解不足""DHCP的工作过程较复杂""将多个端口放入vlan 10和vlan 20时,仅使用了最原始的方法,可以一次将多个端口放入相应vlan"。学生在反思总结后,基本感到愉快、满意,并能够与同桌进行讨论交流本次训练题目的有趣之处。 部分学生在反思时,仍被问题困住,便向教师提问,例如有位学生提问了"跨VLAN通信是怎样的?"教师作出引导性回答:"VLAN间通信属于三层通信,即网络层通信,那么网络层通信需要什么?"学生回答:"需要IP地址和路由表。"教师再次引导:"那么是什么功能才需要用到IP地址和路由表呢?"学生思考一番才回答:"三层路由交换功能吗?"教师再引导:"是的,那三层路由交换功能我们就要启用它,这样才能进行三层通信。"学生恍然大悟地回答:"我明白了!"

(3)课后学习过程。教师布置教材的课后思考题,要求学生利用自我提问思维方法来做题目。另一个重要的任务是让学生完成下一节课的预习,预习的过程中也要利用自我提问单进行辅助学习。教师会把这节课所用到的线上华为ICT学院的学习资源放在课程平台,并拷贝到教室的电脑上,在晚上自习课时,让课代表打开本节课的讲课内容,学生进行复习。最后学生总结本节课所学内容和本次实操的收获。

(二)交换机间的RIP动态路由配置(第二阶段代表案例)

本次课为第二阶段的代表案例,详细内容如下。

1. 教材与学情分析

教材分析:本次授课教材选用张文库、肖学华主编的《网络设备管理与维护实训教程——基于Cisco Packet Tracer模拟器(第二版)》。授课内容参考任务四:交换机间的路由配置的训练2——交换机间的RIP动态路由配置,路由信息协议(routing information protocol,RIP)是一种动态路由选择协议,它基于距离矢量算法(D-V),总是按最短的路由做出相应的选择。

学情分析:(1)知识和技能基础——此阶段学生在之前的学习中已经学习了交换机的基本配置、VLAN 配置、常用技术(如 STP、DHCP 等)、静态路由配置和相关理论知识,具备了一定的计算机网络基础,对网络层的知识已经掌握,而 RIP 动态路由应用于网络层,因此,之前所学对理解本节课的动态路由配置有所帮助;(2)认知和实践能力——学生具备了一定的自主学习能力和较好的探究学习新知识能力,在课堂上具有主动提问的意识,具备一定的抽象思维,能够自我提问、自我学习,还能根据观察到的现象总结出相应知识;(3)学习特点——此阶段的学生经过前面课程对于计算机网络基础知识和部分设备命令配置技术的学习,已经建立起了对计算机网络学习的兴趣,对更多更深层次的网络知识具有一定的兴趣与好奇心,并且中职生本身喜欢动手实践,目前的自主学习能力也较强,所以在面对模拟器的模拟现实机器操作的情况下,对设备的命令操作有更多的兴趣,有更多的探索欲望与意识。

2. 教学目标与重难点

(1)教学目标:
- 素质目标:培养学生对网络通信原理的兴趣,提升学生 ICT 行业所需技能基础能力。
- 认知目标:理解 RIP 原理及工作过程;掌握交换机间的 RIP 动态路由配置。
- 能力目标:能解释 RIP 原理及其工作过程,自主表述 RIP 特点,培养自主学习能力。

(2)教学重点:交换机间的 RIP 动态路由配置及其特点。

(3)教学难点:RIP 的原理及其工作过程。

3. 教学设计

(1)课前。课前学习过程是学生回顾知识,学生需要完成有关静态路由内容的复习,以及运用第一阶段中养成的自我提问习惯来预习本节课配置交换机 RIP 动态路由的相关内容。

(2)课中。课中教学过程有三个阶段,分别是学生审题、解题(含教师点拨)和反思阶段。在审题阶段,学生拿到题目后使用自我提问的方法进行学习,相对应的也能使用两个审题阶段所使用的自我提问的问题来帮助审题,理解题目要义。在审题阶段结束后,进入解题阶段,学生也能使用三个自我提问的问题帮助解题,在此阶段,学生除了自我提问还可随时向教师提问,教师也会巡堂并及时解决学生的难题,同时收集普遍遇到的问题并在教师点拨阶段作统一讲解。

当训练时间结束后,进入教师点拨时间,教师便讲解本次训练的正确操作、纠正前面所收集的普遍问题和补充讲解 RIP 动态路由协议的重难点理论部分与扩展部分,其间再让学生巩固 RIP 动态路由协议理论知识和实操知识。最后是反思阶段,学生会反思刚刚训练过程的操作步骤、配置命令,总结理论知识,例如在哪一步骤或哪一个知识点是不懂的,哪一个步骤能优化等等问题。总之,学生通过运用自我提问法在审题阶段、解题阶段、反思阶段进行学习,提高实操练习、理论题解答的效率,更有效地掌握知识和技能。教师会在学生解题后进行点拨,点拨完毕,学生开始反思总结。

(3) 课后。学生需完成教师布置的作业,同时也使用自我提问法按流程来解题;另外一个任务是预习下一节课的内容,预习的过程中也需要用到自我提问法;最后是学生自行总结本节课的实操部分和理论部分的内容与收获。图 5-4 是三个教学阶段的具体流程。

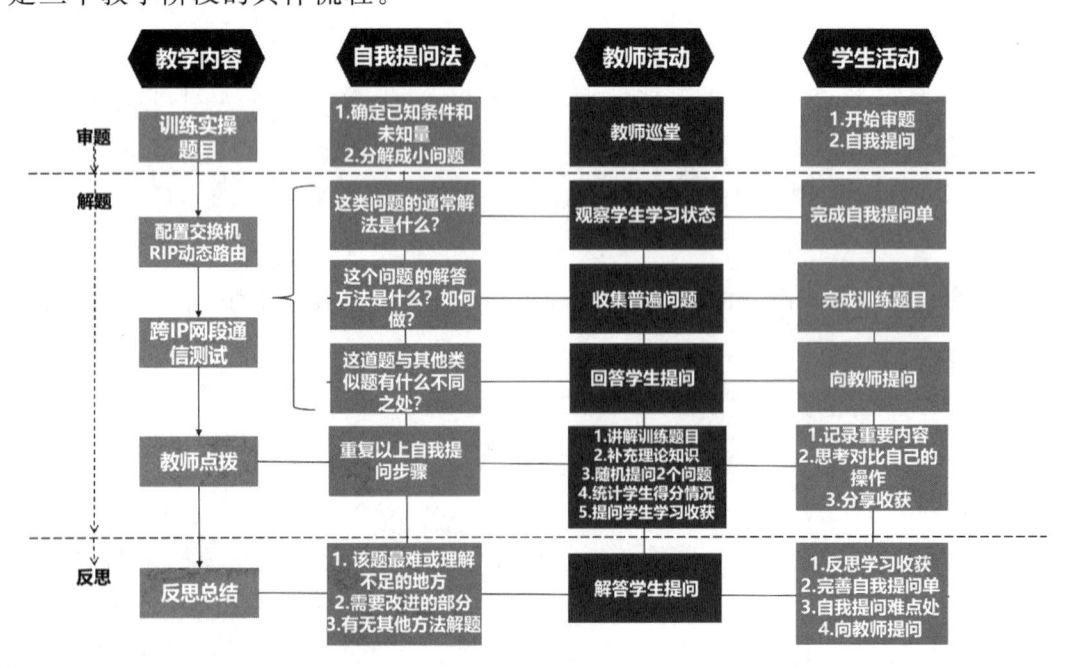

图 5-4 第二阶段"交换机间的 RIP 动态路由配置"教学设计流程图

4. 教学实施

本实验采用将链路汇聚接口改为三层接口的形式来实现,这是 Cisco 三层交换机特有的功能,和训练 1 实现的结果一样。当前网络中的所有计算机之间是不能通信的。本实验的主要内容是在交换机配置 RIP 动态路由以实现全网互通。重点掌握交换机 RIP 动态路由的配置方法,理解 RIP 动态路由的工作方式,实验拓扑如图 5-5 所示。

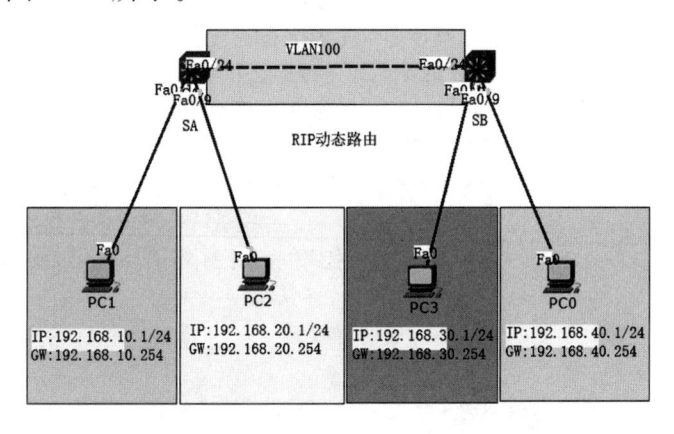

图 5-5 交换机 RIP 动态路由实验拓扑图

(1) 课前学习过程。在课前,学生完成教师的预习任务,复习上节课的内容,特别是与本节课有关的交换机相关的配置命令内容,同时用自我提问法进行辅助预习,并记录有疑问且自己解决不了的问题,在课上进行提问。

(2) 课中教学过程。教师明确本节课的学习目标,学会在计算机上利用 Cisco Paket Tracer6.0.1 进行交换机 RIP 动态路由的实操配置,然后通过教师主机端下发实操训练题目到学生端,并提出本节课的实操训练要求。学生在训练的过程中运用自我提问法来做题。

表 5-3　学生在训练的过程中运用自我提问法

阶段	内容
审题阶段	学生拿到题目就进入审题阶段，运用第一阶段养成的自我提问思维进行审题，还是自我提问两个问题： ①已知条件可以直接确定未知量吗？②可以分解为几个小问题？ 此阶段学生需要根据自己心中的这些问题自觉提问自己，教师在巡堂时发现许多学生迅速进入状态进行审题，许多学生根据教师端下发的训练题目进行深度思考，或查找书籍，并在计算机上用鼠标进行圈圈画画。 教师仔细查看后发现有许多学生能够在脱离自我提问单的情况下，经过深度思考就能够审好题，在训练题目的空白处进行标记和写下简短的文字，这些操作都是帮助学生理解题目要义的重要手段。有位学生在训练题目中的图中进行简短的文字描述，在客户机和交换机旁边写上了各自的 IP 地址和网关地址等已知条件。在自我提问思维里面的分解成小问题这一步，学生基本在脑子里演绎了，为了提高效率，并未像第一阶段那样每一个自我提问的问题都写出来。在这个阶段可以体现出学生利用自我提问法里面的提问思维来知晓任务要求，把任务进行分解，获取解题必要的关键信息。
解题阶段	在获取到解题的关键信息后便可以开始解题了，运用第一阶段养成的自我提问思维进行解题。 学生自我提问的问题依然是：③这类问题的通常解法是什么？④这个问题的解答方法是什么？如何做？⑤这道题与其他类似题有什么不同之处？这些问题的层次属于理解层次、应用层次、分析层次，帮助学生在解题的初始阶段，进行题目理解，把学到的知识应用于新的情境中。学生回忆起学过的相关解题方法，自觉进行自我提问，匹配本题目的相同之处，找出适合本题目的解决方法。得出答案后，直接在 Cisco Paket Tracer6.0.1 中给每一个设备进行命令的配置。最后是思考这道题的不同之处。学生不时与同伴小声交流，增进自己的理解。 大部分学生都能较快速地完成并想要为解题较慢的同学解答难题。也有一些学生在自我提问法的帮助下仍无法解决问题，可以随时举手提问，教师在巡堂的过程中及时解答了疑问，同时也会收集大部分学生所遇到的问题。 有学生向教师提问了"我已经配置好 ip routing 了，为什么进入交换机的端口之后还是不能配置 IP 地址？"，教师引导学生回忆前几节课所学的交换机的基础配置命令："IP 地址是在网络层起作用的，网络层属于第三层，交换机的端口自动启用二层接口，如果要启用三层接口就要先关闭二层接口，关闭的命令一般是什么？"学生的回答是："no 开头，我知道了，是 no switchport。" 【教师点拨】 练习题目时间结束之后，进入教师点拨时间。教师打开本次实验的拓扑图和命令行界面进行穿插讲解，边讲解边纠正大部分学生遇到的问题，并着重讲解本次训练题目的重难点。随后挑选中国大学 MOOC 资源中适合该学段学生的内容来进行 RIP 理论部分的讲解，讲解过程中设置两个问题进行随机提问，难度逐渐增加，问题 1：请问 RIP 允许的最大跳数是多少？问题 2：请问 RIP 的特点有什么？在讲的同时进行提问，有利于学生深入学习，印象深刻。最后对本节课所学的交换机 RIP 配置命令，RIP 的概念及特点、原理及其工作过程进行小结，并统计本次训练学生得分情况。

(续表)

	学生在教师进行点拨时,认真记录好重要内容并思考、对比自己的操作。待教师点拨阶段完毕,学生分享自己的学习收获。
反思阶段	在反思阶段,学生需要把自己的答案和教师讲解的内容进行对比,找出自己在哪个步骤有遗漏和思考有误。现在为自我提问教学法的第二阶段,学生在反思时也会使用自我提问法进行反思总结,也会向自己提问两个问题:⑥这道题最难或我理解不足的地方在哪? ⑦这次解题我有没有需要改进的部分? 　　有的学生能够自行思考出答案,而有的学生则需要教师的引导帮助。学生向教师提问了"不知道如何辨别路由表中的 RIP 路由"。教师对此作出引导性的回答:"首先在交换机中打开路由表,可以看到路由条目最左侧的大写单个字母,有 C,有 R,那再看看 RIP 的英文首字母是什么?"学生听了之后迅速反应过来说:"是 R,那么 C 就代表是直连的意思了吧。"教师表示赞同。 　　绝大部分学生在反思总结后,都感到愉快、兴奋,并能够与同桌讨论交流本次训练题目的有趣之处。

(3) 课后学习过程。教师布置教材的课后思考题,要求学生利用自我提问思维方法来做题目。另一个重要的任务是让学生预习下一节课的内容,预习的过程中也要运用自我提问法进行辅助学习。教师会把这节课所用到的线上中国大学 MOOC 的学习资源放在学习通平台和拷贝到教室的电脑上,在晚上自习课时,让课代表打开本节课的讲课内容,方便学生进行复习。最后学生思考总结本节课所学内容和本次实操的收获。

四、成效反思

为了解教学成效,我们仍然采用"学生现状分析"中使用的《中职生网络技术基础解题自我监控能力量表》开展调查。下发 56 份问卷,有效问卷 56 份,有效率 100%。效果数据可以与"学生现状分析"形成对比。根据调查结果得知,自我提问法在"网络技术基础"课堂上应用一段时间后,学生的学习计划性、意识性、方法性、总结性四个维度都得到了改善和提升。

(一) 学生计划性:计划性与自主学习能力有所增进

与前测相比,学生的计划性有所提升,表 5-4 显示的后测均值均高于前测。学生自主学习能力有所增进,学习基础绝大部分趋于一致,养成了自我提问的习惯,解题前能够重视慎重思考题目,有计划地解题。多数学生表示,在动笔之前,会慎重思考后才去解题;非常同意在分析题意时会先将该题所涉及的知识准确扼要表达出来,说明在解题前准备的学生人数越来越多。有 51.79% 的学生在分析题意时会非常注意弄清楚问题的已知条件、未知条件、隐含条件和待求量等信息,有35.71%的学生表示会注意,说明大部分学生养成了解题前了解题目信息为解题做准备的习惯,从侧面体现出学生具备了学习计划性。有41.07%的学生表示每一次都会在分析题意时回想知识点与题目的关联,有46.43%的学生会回想,比例比前测有较大提升,说明学生在解题之前更有意识地做出准备,学习的计划性明显提升。

表5-4 计划性前测和后测数据对比

题目	阶段	1(%)	2(%)	3(%)	4(%)	平均值	标准差
1)	前测	3.64	7.27	63.64	25.45	3.11	0.685
	后测	3.57	8.93	33.93	53.57	3.38	0.799
2)	前测	10.91	21.82	49.09	18.18	2.75	0.886
	后测	5.36	8.93	33.93	51.79	3.32	0.855
3)	前测	7.27	27.27	56.36	9.09	2.67	0.747
	后测	7.14	7.14	37.5	48.21	3.27	0.884
4)	前测	1.82	14.55	61.82	21.82	3.04	0.666
	后测	5.36	7.14	35.71	51.79	3.34	0.837
5)	前测	3.64	21.82	58.18	16.36	2.87	0.721
	后测	3.57	8.93	46.43	41.07	3.25	0.769
6)	前测	21.82	45.45	18.18	14.55	2.75	0.966
	后测	58.93	28.57	7.14	5.36	3.41	0.848

(1=非常不同意;2=不同意;3=同意;4=非常同意)

(二)意识性:监控学习的意识性增强,对知识结构非常清晰

在意识性方面,学生的后测问题的均分都高于前测。学生对所学的网络技术基础概念、规律和方法有清晰的整体把握,在解题中能回想起教师讲解此类题目的方法和思路,拥有常用的解题思维,头脑中能以恰当的方式组织信息形成该问题的整体的、形象的、清晰的知识框架,在解题时能意识到题目要考查的是哪

个知识点,对自身知识结构的认知更加清晰。具体数据如表5-5所示。有46.43%的学生表示对所学的网络技术基础概念、规律和方法有清晰的整体把握。对于在解题中是否能回想起教师讲解此类题目的方法和思路,有50%的学生表示都能回想起来,有37.5%的学生表示基本能回想起来,这表明学生在解题中对相关题目的方法和思路的意识有所增长,对知识框架有所完善。有50%的学生知道何时用什么样的方法解网络技术基础题,有37.5%的学生有一定程度的了解什么时候用什么样的方法解网络技术基础题,而前测中,只有10.91%的学生知道什么时候用什么样的方法解网络技术基础题,表明学生的头脑中已经能够以恰当的方式组织信息,形成该问题的整体的、形象的、清晰的知识框架。最后了解到有37.5%的学生在提交作业后,对自己成绩的估计与实际获得的成绩基本一致,有48.21%的学生对自己成绩的估计与实际获得的成绩相差较小,说明学生对自己学习效果的认知和判断较为客观准确。

表5-5 意识性前测和后测数据对比

题目	阶段	1(%)	2(%)	3(%)	4(%)	平均值	标准差
1)	前测	1.82	23.64	70.91	3.64	2.76	0.543
1)	后测	5.36	8.93	39.29	46.43	3.27	0.842
2)	前测	0	27.27	56.36	16.36	2.89	0.658
2)	后测	3.57	8.93	37.5	50	3.34	0.793
3)	前测	7.27	45.45	32.73	14.55	2.55	0.835
3)	后测	8.93	10.71	46.43	33.93	3.05	0.903
4)	前测	3.64	25.45	60	10.91	2.78	0.686
4)	后测	3.57	8.93	37.5	50	3.34	0.793
5)	前测	5.45	32.73	47.27	14.55	2.71	0.786
5)	后测	3.57	10.71	39.29	46.43	3.29	0.803
6)	前测	5.45	30.91	56.36	7.27	2.65	0.700
6)	后测	3.57	10.71	48.21	37.5	3.20	0.773

(1=非常不同意;2=不同意;3=同意;4=非常同意)

（三）方法性:学习方法多样化,解题尝试寻佳径

绝大部分学生解题时追求方法多样性,不再一味追求结果,这样解题时就很容易搜寻到恰当的可行的解题方法。下表显示了方法性前测和后测的数据对比。有39.29%的学生表示非常同意头脑中有许多网络技术基础相关基本题型(模型),解题时会把题目与这些题型相比较,说明学生在解题时不再一味追求结果,而是利用方法性来解题。有41.07%的学生表示非常同意解题时会充分利用等式、图像、图形以及表格等各种方法来帮助分析和理解题意、组织信息这一行为,有44.64%的学生表示同意这一行为,而前测中数据较低,表明了学生解题时利用多样性的方法来解题。有30.36%的学生表示能够听懂网络技术基础课,但不会出现解题时无从下手的情况;有55.36%的学生表示能够听懂网络技术基础课,但较少出现解题时无从下手的情况,说明学生找到了适合自身学习的方法,即自我提问法能够有效地提升学生的学习效果。

表 5-6 方法性前测和后测数据对比

题目	阶段	1(%)	2(%)	3(%)	4(%)	平均值	标准差
1)	前测	10.91	40	38.18	10.91	2.49	0.836
	后测	7.14	10.71	42.86	39.29	3.14	0.883
2)	前测	9.09	18.18	58.18	14.55	2.78	0.809
	后测	5.36	8.93	44.64	41.07	3.21	0.825
3)	前测	1.82	10.91	63.64	23.64	3.09	0.646
	后测	5.36	5.36	33.93	55.36	3.39	0.824
4)	前测	12.73	21.82	40	25.45	2.22	0.975
	后测	30.36	55.36	7.14	7.14	3.09	0.815
5)	前测	10.91	34.55	40	14.55	2.42	0.875
	后测	28.57	55.36	8.93	7.14	3.05	0.818
6)	前测	20	41.82	23.64	14.55	2.67	0.963
	后测	39.29	46.43	8.93	5.36	3.20	0.818

(1=非常不同意;2=不同意;3=同意;4=非常同意)

（四）总结性：学生总结性增强，反思归类提效果

表 5-7 显示，后测数据的平均值比前测的均有提高，这说明学生知道知识、解题方法总结和归纳的必要性，也习惯了对解题整个过程的反思，反思能力已经得到增强，还养成了题型与解法归类、类比归纳、对所犯的错误以及错误的原因进行整理的习惯，总结反思能力得到加强。有 50% 的学生表示在解题后会对该题所涉及的网络技术基础知识和所用的解题方法进行总结和归纳，有 37.5% 的学生表示较多时候在解题后会对该题所涉及的网络技术基础知识和所用的解题方法进行总结和归纳，选择这两项的学生比重较前测都在增加，这表明学生普遍知道知识、解题方法总结和归纳的必要性。有 28.57% 的学生表示解题后会考虑这种解法还能用来解决哪些类型的问题，有 57.14% 的学生表示较多时候会这样，而前测中只有 10.91% 的学生表示解题后会考虑这种解法还能用来解决哪些类型的问题，有 32.73% 的学生表示较多时候会如此。这两部分学生都在增加，另外两部分学生大幅减少，这表明学生习惯了对解题整个过程的反思。最后，有 42.86% 的学生会经常总结自己在做网络技术基础题时所犯的错误以及错误的原因，有 48.21% 的学生表示较多时候会总结，而前测中只有 16.36% 的学生会经常总结，有 45.45% 的学生较多时候会总结。不总结和较少时候会总结的学生大幅减少，这说明学生对题目进行整理，找出原因，减少犯错误，懂得总结的重要性。

表 5-7 总结性前测和后测数据对比

题目	阶段	1(%)	2(%)	3(%)	4(%)	平均值	标准差
1)	前测	5.45	27.27	52.73	14.55	2.76	0.769
1)	后测	5.36	7.14	37.5	50	3.32	0.834
2)	前测	9.09	47.27	32.73	10.91	2.45	0.812
2)	后测	3.57	10.71	57.14	28.57	3.11	0.731
3)	前测	10.91	41.82	32.73	14.55	2.51	0.879
3)	后测	5.36	7.14	53.57	33.93	3.16	0.781
4)	前测	10.91	45.45	34.55	9.09	2.42	0.809
4)	后测	3.57	10.71	57.14	28.57	3.11	0.731

(续表)

题目	阶段	选择占比(百分比)				平均值	标准差
		1(%)	2(%)	3(%)	4(%)		
5)	前测	10.91	27.27	45.45	16.36	2.67	0.883
	后测	3.57	5.36	48.21	42.86	3.30	0.737
6)	前测	10.91	36.36	43.64	9.09	2.51	0.814
	后测	3.57	8.93	60.71	26.79	3.11	0.705

(1=非常不同意;2=不同意;3=同意;4=非常同意)

本案例附件:中职生网络技术基础解题自我监控能力量表

亲爱的同学:

你好!下面是你在解答计算机网络技术基础相关题目时可能出现的一些想法或做法,请你根据自己的实际情况,比较你与这些想法或做法之间的符合程度,在对应的选项栏打"P"。本问卷只为教育研究之用,不是评价你学习的好坏,答案之间无对错之分,请你按照自己平时的习惯来诚实回答。

注意事项:(1) 请务必每道题都回答;(2) 每道题只能选择一个答案。

题号	题目	非常不同意	较不同意	较同意	非常同意
1	在开始解答网络技术基础题之前,我首先会认真读题并理解题意。				
2	我对所学的网络技术基础概念、规律和方法有清晰的整体把握。				
3	我头脑中有许多网络技术基础相关基本题型(模型),解题时会把题目与这些题型相比较。				
4	在解题后,我会对该题所涉及的解题方法进行总结和归纳。				
5	动笔之前,我会慎重思考后才做出如何去解题的决定。				
6	我在解题中能回想起老师讲解此类题目的方法和思路。				

(续表)

7	分析题意时我会先将该题所涉及的知识准确扼要表达出来。				
8	我清楚常用的网络技术基础解题思维方法。				
9	解题时我会利用等式、图形、表格等各种方法来分析和理解题意。				
10	在分析题意时我会注意弄清楚问题的已知条件、未知条件、隐含条件和待求量等信息。				
11	解题时我会根据问题的要求,选取有效的解题方法。				
12	解完题后,我会考虑这种解法还能用来解决哪些类型的问题。				
13	我知道什么时候用什么样的方法解网络技术基础题。				
14	解完网络技术基础题后,我会考虑还有没有更好的解法。				
15	分析题意时我会回想自己学过哪些网络技术基础知识与本题相关。				
16	求解网络技术基础题时,我能意识到题目要考查的是哪个知识点。				
17	我能够听懂网络技术基础课,但常出现解题时无从下手的情况。				
18	我会对做过的网络技术基础题的题型与解法进行归类。				
19	在做网络技术基础题时,只要想出一种解题方法我便满意。				
20	我常总结自己在做网络技术基础题时所犯的错误以及错误的原因。				

(续表)

21	提交作业后我会评估自己的成绩,再看与实际获得的成绩是否一致。				
22	解网络技术基础题时我常不知如何下手,只好乱套公式。				
23	我经常对做过的题目变换设问角度重新求解。				
24	在动笔前,无论题目难度,我看一遍题目就开始解题。				

注:计划性的题目包括1、5、7、10、15、24;意识性的题目包括2、6、8、13、16、21;方法性的题目包括3、9、11、17、19、22;总结性的题目包括4、12、14、18、10、23。

(鸣谢华南师范大学张展宏提供本案例)

案例 2　思考—结对—分享(TPS)教学策略在"Web 前端开发"的应用

一、案例背景

在科学技术飞速发展的今天，职业教育的发展为计算机技术带来了新的发展契机，但是在中等职业学校计算机专业的实际教学过程中，还是存在很多问题。许多中职学校的教学方法落后，教学策略不够与时俱进，课堂上往往存在"灌输式"的教学现象，导致课堂枯燥无味，学生在课堂上缺乏积极性。而且，计算机专业教学主要偏向于实践性，多以教师示范为主，实践操作过程中往往会出现学生只是简单地按照教师操作演示一遍，自己并没有掌握实际操作的要领和技术，这不仅不利于学生独立思维的培养，同时也会对课堂教学的有效性产生一定的影响。目前较为传统的小组合作学习模式，在教学中虽然可以激发学生的思维和合作沟通的能力，但在一些教学实践过程中，存在着组织混乱，学习能力稍差的学生在小组合作探究环节"摸鱼"、依赖同组的学习能力较强学生的情况，使得大部分学生的独立思考能力得不到锻炼。

陈旧的课堂教学方式已经无法适应现阶段中职学生的发展，需要结合新时代的要求不断创新教学策略，丰富课堂的趣味性，实现"趣味课堂"，使学生从被动学习转向主动学习，在课堂上培养自主思维和合作精神，使学生的主体性和教师的主导性得到充分的体现。思考—结对—分享(TPS)教学策略可以给学生创造充足的独立思考的机会，并且通过小组讨论进一步激发学生积极参与到课堂的活动中，既训练他们独立思考与团队合作意识，也可以培养他们学习的积极性。因此，有必要在中等职业学校计算机教学中开展思考—结对—分享(TPS)教学策略的应用研究，探究中等职业学校开展思考—结对—分享(TPS)教学策略对提高学生学习积极性和独立思考能力的影响，从教学策略改革创新视角改善中等职业学校的教学现状。

思考—结对—分享(TPS)教学策略是小组合作学习策略延伸而来，属于元认知教学策略的一种。它把合作学习和主动学习的相关理论知识有机地结合起来，通过自主思考，使学生的学习兴趣得到充分的发挥，并逐渐形成独立的思维能力；有效改善学生在课堂上的参与度，使他们能够共享观点和互相学习，从而在这个过程中收获新知识。

二、案例设计

本研究将思考—结对—分享(TPS)教学策略应用于中职"Web 前端开发"课程的课堂教学,进行两轮的行动研究,在此期间不断发现、分析、解决仍存在的问题,力争达到教学效果的优化。教学实施对象为 N 学校 2021 级计算机及其应用 2 班的学生,该教学班级共有 34 人,其中男生 27 人,女生 7 人。

(一)"Web 前端开发"课程的学习现状调研

调研采用问卷调查法,发放了《中职"Web 前端开发"课程的学习现状调查问卷》,问卷主要设置了 11 道题,包含了学生的学习兴趣、独立思考情况、小组讨论情况和学习主动性这几方面,且均为选择题。总计发放 34 份问卷,有效问卷 31 份,问卷回收率为 91%。通过分析可得出所调查班级的学生在"Web 前端开发"课堂上的现状:

1. 学生学习兴趣不高,缺少内驱力

关于学生对"Web 前端开发"课程的兴趣程度调查,如图 5-6 所示,6.45% 的学生表示对于"Web 前端开发"课程"非常感兴趣",29.03% 的学生表示"兴趣较大",61.29% 的学生表示"一般",同时有 3.23% 的学生表示"兴趣较小";在选择专业的原因方面,如图 5-7 所示,有 25.81% 的学生是因为"自己喜欢这个专业",6.45% 的学生是因为"父母长辈推荐",38.71% 的学生是"为了将来找份好工作",也有 9.68% 的学生是"和同学一起报的这个专业"以及 19.35% 的学生是因为其他原因报了这个专业。由此发现,尽管一部分学生对"Web 前端开发"课程表现出较高的学习兴趣,但大多数学生对该课程的学习兴趣不高。许多学生为了就业而选择这一专业,在没有内部推动力的情况下对专业本身的了解也较少。因此,教师应在教学过程中加强培养学生对该学科的学习兴趣,并帮助他们将外部推动力转化为内部推动力。

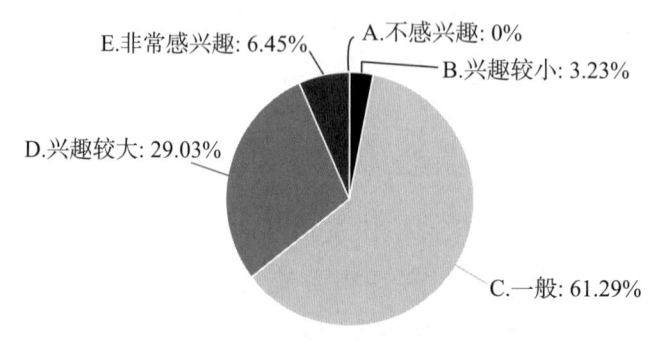

图 5-6 你对"Web 前端开发"课程的兴趣如何?

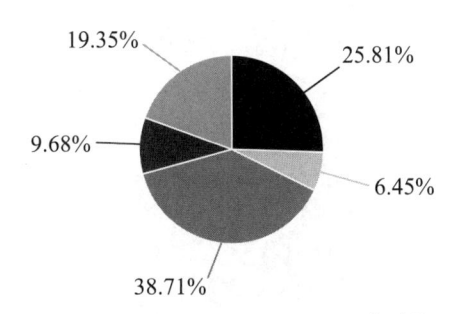

19.35%
25.81%
9.68%
6.45%
38.71%

● A.自己喜欢这个专业　　● B.父母长辈建议
● C.为了将来找份好工作　● D.和同学一起报的这个专业
● E.其他

图5-7　你选择该专业的原因是什么?

2. 学生对教师有依赖性,欠缺独立思考意识

关于在课堂上当教师提出问题后,学生是否会先独立思考的调查显示,48.39%的学生"偶尔"会独立思考,25.81%的学生选择了"很少",6.45%的学生"从不"独立思考,"经常"独立思考的学生仅占16.13%,仅3.23%的学生能做到"总是"独立思考;当教师提出的问题较难时,如图5-9所示,45.16%的学生"偶尔"习惯等待教师讲解,9.68%的学生"很少"习惯等待教师讲解,9.68%的学生"从不"习惯等待教师讲解,29.03%的学生"经常"习惯等待教师讲解,"总是"习惯等待教师讲解的学生占了6.45%。说明学生在课堂上缺乏独立思考的意识,对教师有较高的依赖性。在遇到困难时,学生更倾向于等待教师讲解,而不是先尝试独立思考。为了帮助学生养成独立思考的习惯,教师应该创造更多的机会,在提出问题后留出充足的时间让学生思考。这有助于学生摆脱对教师的依赖,学会独立思考。

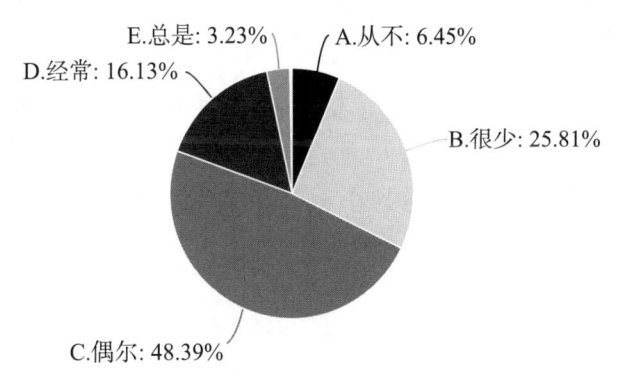

E.总是: 3.23%　　A.从不: 6.45%
D.经常: 16.13%
B.很少: 25.81%
C.偶尔: 48.39%

图5-8　老师提出问题后是否会先独立思考?

E.总是: 6.45%　　A.从不: 9.68%

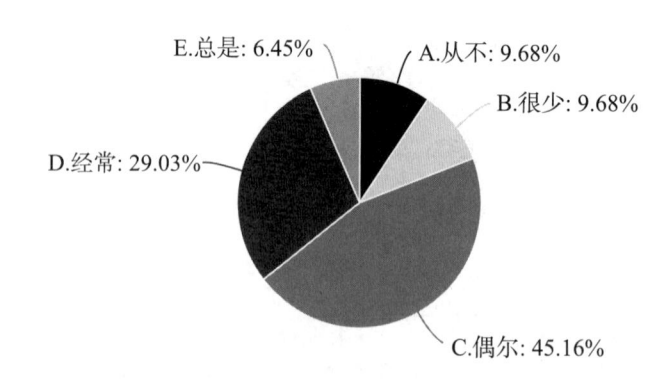

D.经常: 29.03%　　B.很少: 9.68%

C.偶尔: 45.16%

图 5-9　当老师提出的问题较难时,你习惯于等待老师讲解?

3. 学生小组讨论较为缺乏,参与度两极分化

对于课堂上进行小组讨论的频率调查,如图 5-10 所示,61.29%的学生表示"偶尔"会进行小组讨论,25.81%的学生表示"很少"进行小组讨论,选择"从不"的学生占比 6.45%,选择"经常"与"总是"的占比均为 3.23%;当提及小组讨论时的表现时,如图 5-11 所示,38.71%的学生表示在小组讨论中能够"积极参与,分享自己的看法",也有 38.71%的学生表示在小组讨论时"参与性差,基本上听同学的意见",表示"不参与"和"参与性差,害怕发表自己的看法"占比均为 3.23%,剩余 16.13%的学生选择了其他;另外,在问及与小组其他人员一起学习的感受时,如图 5-12 所示,74.19%的学生都认为在这个过程中"有收获",9.68%的学生认为"收获较大",3.23%的学生认为"收获很大",仅 12.9%的学生认为"收获较小"。

由此可知,该班学生在课堂上进行小组讨论的频率并不高,在小组讨论中有部分学生能够积极参与并分享自己的看法,也有部分学生参与性较差,讨论效果不佳,学生在小组讨论过程中参与度存在两极分化的现象。不过大部分学生对于小组讨论的态度都比较积极,认为小组讨论有一定的收获,说明小组讨论在教学中具有积极的作用,但需要对其进行更灵活的使用,才能更好发挥效果。因此,教师应该在教学过程中更多地应用小组讨论的形式,让学生相互交流,进行观点的碰撞,并引导学生积极参与到小组讨论中,让每位学生都能在小组讨论中收获知识。

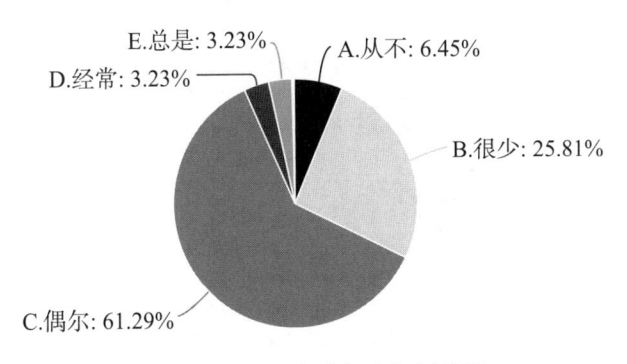

E.总是: 3.23%　A.从不: 6.45%
D.经常: 3.23%
B.很少: 25.81%
C.偶尔: 61.29%

图 5-10　课上会进行小组讨论吗？

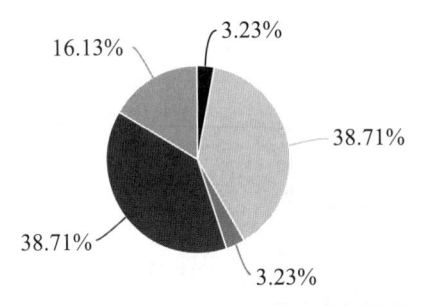

16.13%　3.23%
38.71%
38.71%　3.23%

● A.不参与　● B.参与性差，基本上听同学的意见
● C.参与性差，害怕发表自己的看法　● D.积极参与，分享自己的看法
● E.其他

图 5-11　在小组讨论中，你通常会怎么表现？

4. 学生学习主动性较差，主动发言情况不乐观

图 5-12 显示，课上 29.03% 的学生能够做到"认真听课、做笔记并积极参加活动"，45.16% 的学生"听课但不做笔记，不参与活动"，6.45% 的学生表示"做自己的事，不参与课堂"；如图 5-13 所示，从"Web 前端开发"课堂上面对教师的提问，学生主动发言的情况来看，58.06% 的学生"偶尔"主动发言，22.58% 的学生表示"很少"主动发言，19.35% 的学生表示"从不"发言，而选择"经常"主动发言和"总是"主动发言的学生占比为 0%。上述数据表明，许多学生上课时主动性较差，大部分学生偶尔才会主动发言。这说明，学生的学习主动性需要提高。为了提高学生的学习主动性，教师应在教学中积极鼓励和引导学生，让学生主动分享自己的观点，把课堂还给学生，发挥学生的主体作用。

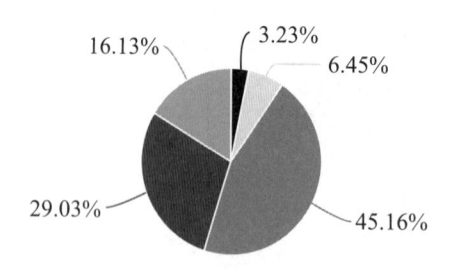

- A.做自己的事，不参与课堂 ● B.经常发呆、走神
- C.听课但不做笔记，不参与活动 ● D.认真听课、做笔记并积极参与活动
- E.其他

图 5-12 你在"Web 前端开发"课程的表现为？

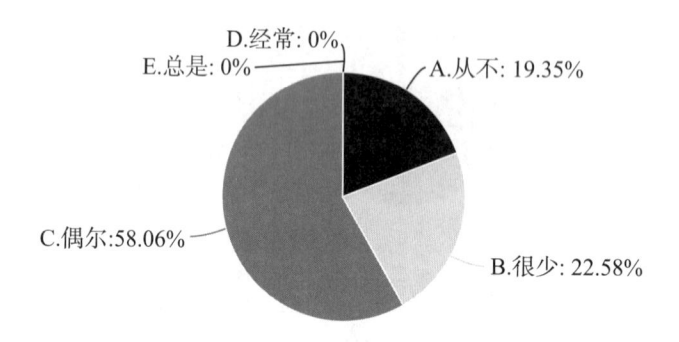

图 5-13 课上面对老师的提问，您会主动发言吗？

综上所述，通过此次调查我们了解到，课程的学习普遍存在着学生学习兴趣不高，缺少内驱力；学生对教师有依赖性，欠缺独立思考意识；学生小组讨论较为缺乏，参与度两极分化；学生学习主动性较差，主动发言情况不乐观等现状。因此，教师应该时刻关注学生的学习状况，并不断创新教学方法，以激发学生的学习兴趣。

（二）教学环境准备

研究安排在计算机机房，每台电脑已安装好本课程相关的编程软件，并且保证了每位学生都有一台电脑使用。同面邻座的四位学生为一组。

图 5-14 电子教室

在研究开展前,教师端和学生端均已安装了"电子教室"软件,提高教师在课堂中的管理效率,对于开展思考—结对—分享(TPS)教学策略具有重要的推动作用。如图 5-14 所示,在学生独立思考阶段,可以使用"监控"功能观察每位学生的学习情况,并利用"文件收集"功能收集学生个人作品。在小组讨论阶段,可以利用"分组"功能将班级学生分成多个小组,并且为每个小组指定一个组长。在学生发言阶段,可以使用"学生演示"功能将发言学生的作品共享到其他学生的电脑桌面上,以保证发言的流畅性并便于其他学生和教师观看。

(三)评价工具准备

为了更直观地观察学生在思考—结对—分享(TPS)教学策略下的学习效果,促进学生学习和提供及时的反馈,我们设计了评价量表。在评价的过程中通过独立思考、小组讨论和交流分享三个维度对学生学习效果进行打分,包括自评、他评和师评。他评由小组组长进行评分。总分由自评 30%、他评 30% 和师评 40% 组成,其中,每个模块的分数占总分的 90% 为优秀,80% 为良好,60% 为及格(见表 5-8)。

表 5-8 思考—结对—分享(TPS)教学评价表

评价指标	评价内容	分值			自评(30%)	他评(30%)	师评(40%)	总分
独立思考(T)	能够很好地完成任务	优秀(8—10分)	良好(5—7分)	一般(0—4分)				
	能够自主探索并发现问题	优秀(8—10分)	良好(5—7分)	一般(0—4分)				
	能够独立解决遇到的问题	优秀(8—10分)	良好(5—7分)	一般(0—4分)				

(续表)

评价指标	评价内容	分值			自评（30%）	他评（30%）	师评（40%）	总分
小组讨论(P)	能够认真聆听组员的意见	优秀(8—10分)	良好(5—7分)	一般(0—4分)				
	能够发现并提出问题	优秀(8—10分)	良好(5—7分)	一般(0—4分)				
	能够吸收组员意见并优化作品	优秀(8—10分)	良好(5—7分)	一般(0—4分)				
	能够与组员交流顺畅、合作顺利	优秀(8—10分)	良好(5—7分)	一般(0—4分)				
交流分享(S)	能够主动发言分享作品	优秀(8—10分)	良好(5—7分)	一般(0—4分)				
	能够积极评价他人的作品	优秀(8—10分)	良好(5—7分)	一般(0—4分)				
	能够借鉴他人的作品并进行完善	优秀(8—10分)	良好(5—7分)	一般(0—4分)				
合计								

三、实施过程

（一）第一轮行动研究

1. 计划

本轮行动研究以教材第六章《CSS设计页面模式（购物网站）》为例介绍教学实践过程。本章节以开发"购物网站"的首页为目标，笔者依据教材的案例进行自主设计。本案例共包含4个任务，通过对4个基本任务的实施，确保所有的学生都能正确地理解和掌握所学的知识，并观察在中职计算机课堂中采取思考—结对—分享（TPS）教学策略对学生各方面的影响。在课堂中着重观察学生的学习积极性、独立思考情况、小组讨论情况和发言情况，通过学生任务完成的情况和评价量表进行教学反思,并对教学环节进行调整。

2. 行动

(1) 课前

①教学目标分析

知识与技能目标:

- 学生能够掌握CSS选择器的定义和功能、CSS中的单位、字体样式、文本样式等。
- 学生能够掌握CSS的区块、网页布局属性的功能,以及盒子模型。
- 学生能够综合应用CSS设计页面样式技术,开发"购物网站"的首页。

过程与方法目标:

- 学生能够通过独立思考,初步完成"购物网站"首页的开发。
- 学生能够通过小组讨论,发表观点和意见,修改完善"购物网站"。
- 学生能够主动发言,积极分享作品。

情感态度与价值观目标:

- 培养学生独立思考、团队协作和主动发言的能力。
- 培养学生对网页开发的兴趣,感受计算机的魅力和价值。

②教学重难点分析

教学重点:CSS选择器、单位、字体、文本、颜色表示方法、背景、布局、盒子模型的使用。

教学难点:综合应用CSS设计页面样式技术,开发"购物网站"的首页。

③教学前准备

分组准备:该班共34人,分为8小组,每组4—5人,让学生自由选择队伍,并选好组长。提前收集学生组队名单,在电子教室为学生的电脑分好组,学生按分好的座位入座。

④资源准备

将课件、"购物网站"案例素材等提前下发给学生,让学生提前预习,以保证课堂的连贯性。

(2) 课中

在《CSS设计页面模式(购物网站)》课堂的实施过程中设计了创设情境、导入课题、提问、布置任务、独立思考(T)、小组讨论(P)、交流分享(S)、总结评价等环节(见表5-9)。

表 5-9 《CSS 设计页面模式(购物网站)》课堂的实施

环节	教学内容	教师活动	学生活动
创设情境	马上"双十一"了,我们如何设计一个美观的购物网站,让用户一目了然,方便购物?	教师引导学生进入情境并提出问题。	学生跟随教师进入情境并积极思考。
导入课题	通过展示本章节的"购物网站"案例,引导学生观察,从而导出课题。同学们,你们想编写出图文并茂、漂亮的购物网站吗?这个案例由哪些基础结构组成?	教师展示"购物网站"案例: 教师引导学生分析购物网站的页面基础结构,包括导航栏、正文、底边栏。	学生思考并观察教师展示的案例。 学生分析购物网站的页面基础结构。
发布任务	建立导航栏:商品分类。左边栏:广告大图和新品列表。右边栏:商品销量排行列表和促销商品列表。底边栏:版权声明信息和"返回顶部"链接。	教师说明本章节案例"购物网站"首页的任务要求。	学生积极思考。
独立思考(T)	根据布置的 4 个任务进行案例编写,并把个人编写的案例提交到教师端。	教师巡堂,观察学生学习情况,指导学生学习中遇到的问题,并在学生需要时对步骤进行演示操作。一两遍演示操作之后,再逐步减少对学生的帮助,让学生自己实操。	学生根据教科书、课件、案例素材等进行独立思考,并按照任务的步骤尝试编写"购物网站"案例。
小组讨论(P)	对编写过程中出现的问题进行讨论,小组探讨完之后对自己的案例再进行优化,并把优化后的案例重新提交到教师端。	教师引导学生根据课前的分组进行讨论,并巡堂观察每组的讨论情况。	小组成员积极参与小组讨论,积极提出自己的观点,倾听组内同学的建议,并对学习有困难的学生给予积极的帮助。

(续表)

环节	教学内容	教师活动	学生活动
交流分享（S）	各组派代表分享作品，其他同学对作品进行评价。	教师通过极域电子教室对发言人的电脑端进行广播，听学生分享，并让其他小组进行评价。小组分享结束后，教师对该组作品给予肯定和鼓励，并指出改进意见。	小组代表阐述本组作品，指出编写过程中遇到的困难及解决方法，组内其他同学可以进行补充，并对其他组作品进行点评。
总结评价	梳理总结知识点，对学生作品进行评价。	教师对本节知识点进行梳理总结，对学生作品进行点评。	学生积极思考。

（3）课后

根据课堂上布置的任务和目标，学生对自己所学知识的掌握程度进行反思和总结，并完成评价量表的填写。教师基于学生在课堂上的表现和提交的作品，对学生知识点掌握情况进行归纳总结和评价。

3. 观察

在第一轮的教学实践中，笔者通过思考—结对—分享（TPS）教学策略的三个维度来观察学生的行为。

（1）学生独立思考情况（T）

初步观察学生提交的作品可以发现，尽管部分学生仍然无法准确还原教材中的案例，但大部分学生能够根据教师布置的任务进行独立探索和编写案例，学习积极性有明显提高。在编写过程中，有一些学生表现出较高的创造性，如通过对作品中的导航栏和广告大图标题的修改，使作品具有较强的个性特色。

通过对评价量表中独立思考模块的分数进行汇总，发现大多数学生都能够进行独立思考，但也有少部分学生未能达到任务要求，作品完成度较低。这可能是由于所选择的知识点难度高于总体学生的平均水平。教师应该重点关注基础较差的学生，并适当降低任务难度。如表5-10所示，班级独立思考的平均分在良好以上（24—26分为良好），说明学生独立思考的情况较为良好，但仍有提高的空间。

表 5-10　独立思考班级平均分

	自评(30%)	他评(30%)	师评(40%)	总分(30 分)
班级平均分	23.5	24.1	25.6	24.32

(2) 学生小组讨论情况（P）

在小组讨论后提交的作品中,可以看到学生积极倾听其他成员的意见并积极思考如何优化作品。例如,在第一次提交后,我们发现学生 A 在导航栏、左边栏、右边栏和底边栏的编写方面已经基本掌握,但左边栏的布局有一些问题,导致右边栏被挤到了页面的下方。这是由于对网页布局和盒子模型不够熟悉导致的。在小组讨论后,学生 A 在组内成员的帮助下发现了问题的根源并最终解决了困难。如图 5-15 所示为学生 A 的作品。

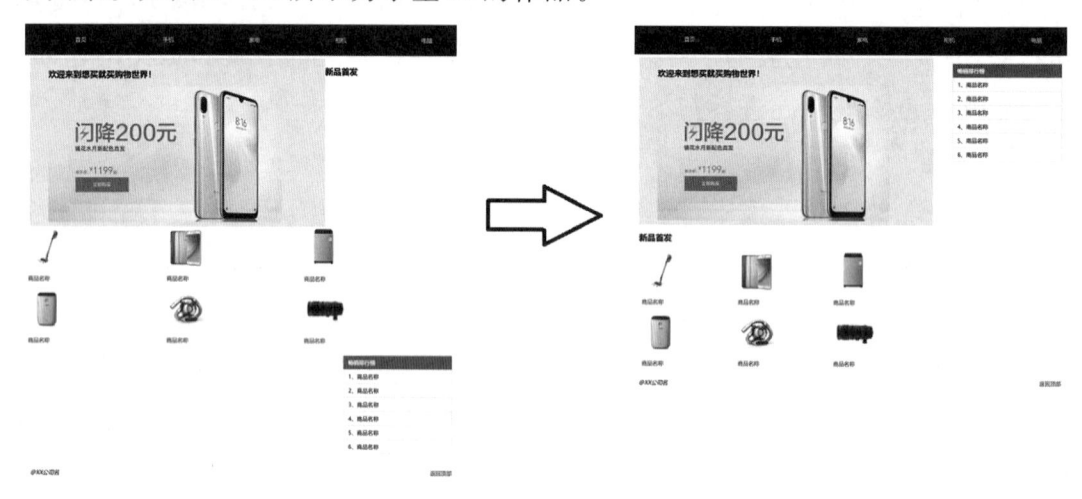

图 5-15　小组讨论学生作品

从评价量表也可发现,小组讨论效果显著,这也得益于独立思考环节,正是这一环节让学生更好地发现了问题,并通过讨论在小组其他成员的帮助下得以解决问题。如表 5-11 所示给出了小组讨论的班级平均分信息,可以看到小组讨论达到了良好的水平(32—35 分为良好),说明学生都能积极参与到小组讨论中。

表 5-11 小组讨论班级平均分

	自评(30%)	他评(30%)	师评(40%)	总分(40 分)
班级平均分	32.8	33.1	33.8	33.29

(3) 学生交流分享情况（S）

各组的发言人基本上能很好地表达自己在案例编写中遇到的问题，以及遇到问题时的解决方法，发言比较流畅，对知识点掌握全面。如表 5-12 所示的数据表明了学生在分享过程中仅达到了及格的水平(18—23 分为及格)，经了解发现，原因在于部分学生因为自己不是发言人，在该环节表现出来的积极性不高，不能很好地做到主动发言和点评他人的作品。

表 5-12 交流分享班级平均分

	自评(30%)	他评(30%)	师评(40%)	总分(30 分)
班级平均分	23.5	24.4	23.1	23.61

4. 反思

从本轮的教学实践可以看出，与传统的"教师讲授与学生练习为主"的教学模式相比，思考—结对—分享(TPS)教学策略有着更大的优点和灵活性。它能够最大限度地激发学生的学习热情，并能充分发挥教师主导和学生主体的作用，让学生在学习中找到乐趣，从而更加积极主动地学习知识。但在实施的过程中仍然存在着一些问题，通过反思，我们总结出了一些改进措施，如表 5-13 所示。

表 5-13 第一轮行动研究存在的问题及改进措施

存在问题	改进措施
从思考—结对—分享(TPS)的任务布置上，由于学生对知识的理解层次不同，一些基础薄弱的学生无法很好地完成教师布置的任务。	增设教师讲授环节，对较难知识点进行讲解。 选择难度适中的知识单元进行实践，适当降低任务难度。 重新进行分组，根据学生的水平差异，把基础较好的学生和基础较差的学生分配到一个小组内，促进学生更好地学习以及提高解决问题的能力。

(续表)

存在问题	改进措施
在"分享"环节,有些学生由于不是发言人,在交流分享中存在"搭便车"的现象,没有积极参与到课堂中。	通过随机点名的方式,选择发言和点评的学生,提高学生的参与度。

(二)第二轮行动研究

1. 计划

第二轮行动研究以教材第十三章《CSS3 新特性开发移动端页面样式(电商平台网站)》为例介绍教学过程。本章节以开发"电商平台网站"的首页为目标,本案例共包含 2 个任务,涉及移动端静态页面的开发。由于上一轮行动研究部分学生基础较差,不能及时完成课上的任务,本轮行动研究将增设教师讲授环节和选择难度适中的知识模块让学生实践,并根据学生的水平进行重新分组,发言和点评环节采用随机点名的方式。

2. 行动

(1) 课前

①教学目标分析

知识与技能目标：

- 学生能够了解在移动端静态页面中 CSS3 选择器、边框新特性、新增颜色和字体的功能。
- 学生能够熟练使用 CSS3 选择器、边框新特性、新增颜色和字体。
- 学生能够综合应用移动端静态网页中的 CSS3 新特性,开发"电商平台网站"。

过程与方法目标：

- 学生能够通过独立思考,初步完成"电商平台网站"的开发。
- 学生能够通过小组讨论,发表观点和意见,修改完善"电商平台网站"。
- 学生能够主动发言,积极分享作品。

情感态度与价值观目标：

- 培养学生独立思考、团队协作和主动发言的能力。
- 培养学生对网页开发的兴趣,感受计算机的魅力和价值。

②教学重难点分析

教学重点:熟练掌握在移动端静态页面中CSS3选择器、边框新特性、新增颜色和字体功能的使用。

教学难点:综合应用移动端静态网页中的CSS3新特性,开发"电商平台网站"。

③教学前的准备

分组准备:为解决上一轮实践中存在的部分问题,本次分组前先根据学生的水平高低进行混合分组,划分为4—5人一组,并在极域电子教室为学生的电脑分好组,学生按分好的座位入座。

④资源准备

将课件、"电商平台网站"案例素材等提前下发给学生,让学生提前预习,以保证课堂的连贯性。

(2)课中

在《CSS3新特性开发移动端页面样式(电商平台网站)》课堂的实施过程中设计了创设情境、知识点讲授、导入课题、提问、布置任务、独立思考(T)、小组讨论(P)、交流分享(S)、总结评价等环节。其中根据第一轮行动研究的反思,增加了知识点讲授环节,在小组讨论前对学生进行了重新分组,交流分享环节采取了随机点名的方式。具体实施过程如表5-14所示:

表5-14 实施过程

教学环节	教学内容	教师活动	学生活动
创设情境	同学们已经学过CSS3选择器、边框新特性、新增颜色和字体功能的使用了,那如果想在移动端静态页面也就是手机端进行使用,应该怎么做呢?	教师引导学生进入情境并提出问题。	学生跟随教师进入情境并积极思考。
知识点讲授	CSS3新特性开发移动端页面样式的基本知识。	教师讲授知识点,并对难点进行深入讲解。	学生认真听课,学习并理解知识点。

(续表)

教学环节	教学内容	教师活动	学生活动
导入课题	展示本章节的"电商平台网站"案例,引导学生观察。	教师展示"电商平台网站"案例:	学生思考并观察教师展示的案例。
提问	这个案例由哪些基础结构组成?	教师引导学生分析电商平台网站首页的基础结构——分为两部分,包括标题搜索栏和商品列表栏。	学生分析电商平台网站的页面基础结构。
布置任务	标题搜索栏:搜索框和注册链接。 商品列表栏:商品名称、价格、交易数量和1张商品缩略图。	教师说明本章节案例"电商平台网站"首页的任务要求。	学生积极思考。
独立思考（T）	根据布置的2个任务进行案例编写,并把个人编写的案例提交到教师端。	教师巡堂,指导学生学习中遇到的问题,并在学生需要时对步骤进行演示操作。一两遍演示操作之后,再逐步减少对学生的帮助,让学生自己思考、实操。	学生根据教科书、案例素材等进行独立思考,并尝试编写"电商平台网站"案例。
小组讨论（P）	对编写过程中出现的问题进行讨论,小组探讨完之后对自己的案例再进行优化,并把优化后的案例重新提交到教师端。	教师引导学生根据课前重新分好的组别进行讨论,并巡堂观察每组的讨论情况。	小组成员积极参与小组讨论,积极提出自己的观点,倾听组内同学的建议,并对学习有困难的学生给予帮助。

(续表)

教学环节	教学内容	教师活动	学生活动
交流分享（S）	各组派代表分享作品，其他同学对作品进行评价。	教师随机点名，或学生主动发言，通过电子教室对发言人的电脑端进行广播，听学生分享，并随机点名让学生进行评价。小组分享结束后，教师对该组作品给予肯定和鼓励，并指出改进意见。	发言人阐述本组作品，指出编写过程中遇到的困难和解决方法，组内其他同学补充，并对其他组作品进行点评。
总结评价	梳理总结知识点，对学生作品进行评价。	教师对本节知识点进行梳理总结，对学生作品进行点评。	学生积极思考。

（3）课后

根据课堂上布置的任务和目标，学生对自己所学知识的掌握程度进行反思和总结，并完成评价量表的填写。教师基于学生在课堂上的表现和提交的作品，对学生知识点掌握情况进行归纳总结和评价。

3. 观察

（1）学生独立思考情况（T）

通过反思第一轮行动研究存在的问题，在学生进行独立思考之前增设了教师对知识点的讲授环节。通过这一环节对知识点进行铺垫，学生在独立思考时的表现有了显著改善，他们能更好地理解课程内容，甚至知识水平较差的学生也都能独立完成案例的初步编写。通过整理独立思考模块的评价量表发现，如表5-15所示，学生在课堂上的独立思考表现虽然是处于良好水平（24—26分为良好），但相比第一轮行动研究学生独立思考的总分为24.32分，提高了1.22分，他们的成绩有了提高。

表5-15 独立思考班级平均分

	自评(30%)	他评(30%)	师评(40%)	总分(30分)
班级平均分	26.3	25.1	25.3	25.54

（2）学生小组讨论情况（P）

根据学生的知识水平重新分组后，小组内的讨论产生了一些新的变化。基础较好的学生通过帮助基础较差的学生解决问题,对知识有了更深入的理解。而基础较差的学生在其他同学的帮助下也有了学习的动力,能够主动思考存在的困难并解决。在学生小组讨论后提交的作品中,也可以看到学生能更积极地优化代码。如图 5-16 所示,B 学生在独立思考阶段已经编写出了大致的网站结构,但存在明显的 CSS 文件导入错误,导致页面样式出现差异。在其他组员的帮助下,B 学生逐步优化代码,找到了问题的根源,并解决了页面的样式问题。

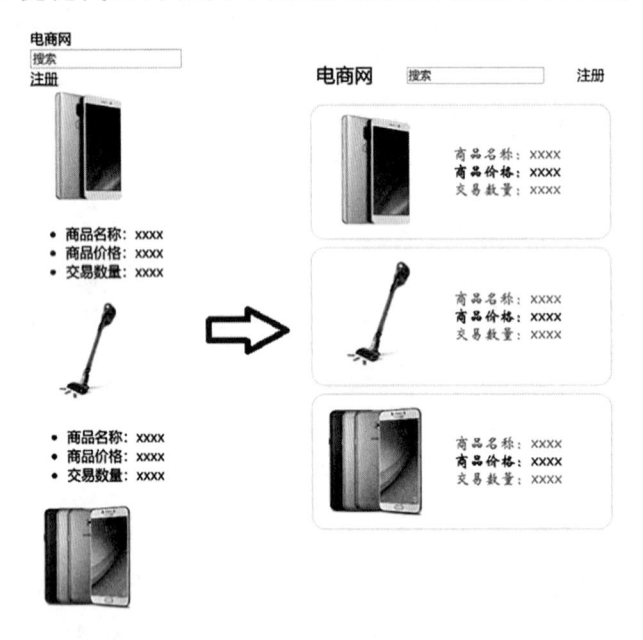

图 5-16 小组讨论学生作品

如表 5-16 所示为小组讨论的班级平均分,从数据来看学生在小组讨论中的参与度有所提高,这为学习氛围的形成和学习积极性的提高提供了有利条件。特别是对于基础较差的学生来说,在小组讨论时能够得到同一小组水平较好学生提供的有针对性的改进意见,进而修改了自己的作品,这是一个非常显著的进步。

表 5-16 小组讨论班级平均分

	自评(30%)	他评(30%)	师评(40%)	总分(40 分)
班级平均分	33.6	34.8	34.6	34.36

(3) 学生交流分享情况(S)

通过随机点名的形式,学生的积极性得到了显著的提高,他们不再依赖同组成员,而是积极主动参与到课堂中。也能够主动发表观点并评价他人的作品,使课堂氛围更加的活跃。如表 5-17 所示,本轮的学生交流分享平均分比上一轮有了进步,上次交流分享总分为 23.61 分,仅达到及格水平,而这次达到了良好的水平(24—26 分为良好),也表明学生在这一环节的积极性有了明显提高。

表 5-17 交流分享班级平均分

	自评(30%)	他评(30%)	师评(40%)	总分(30 分)
班级平均分	24.6	24.9	24.8	24.77

4. 反思

在第一轮研究的基础上,本次研究进行了调整。针对学生的学习情况选取难点适中的知识单元、增加知识点的讲授环节、按学生知识水平进行合理分组、随机点名进行交流分享等,使得思考—结对—分享(TPS)教学策略更加的灵活,营造了活跃的课堂氛围,学生的自主思维和团队合作的能力也得到了极大的提升。但是,目前仍存在着一些问题,如学生的创新意识不足,交流分享环节只有少数学生能够得到及时的反馈,这就需要在今后的教学中不断地探索。

四、成效反思

(一)学生成绩

通过对评价量表数据的整理,笔者将学生的自评分数、他评分数和师评分数按照 30%、30% 和 40% 的比例分别相加,从而得出了每位学生的成绩。所有学生的成绩均在 60 分以上,在"60—79 分"区间内的学生人数有所减少,而"80—89 分"和"90—100 分"两个区间内的学生人数则有不同程度的增加。总的来说,思考—结对—分享(TPS)教学策略显然发挥了积极作用。

1. T(Think)——独立思考

在第一轮行动研究中,独立思考的成绩刚达到及格水平的学生较多;在第二轮行动研究后,良好和优秀的学生人数超过了及格人数,如图 5-17 所示。在课堂的观察中,笔者也注意到,学生在接受任务后能够快速进入状态,专注地完成作品,并且在遇到棘手问题能主动向教师寻求帮助,逐步完成任务的编写。这些都表明,学生在这段时间内慢慢养成了独立思考的习惯,并培养出了独立解决问题的能力。可以看出,独立思考环节在培养学生独立思考能力方面非常有帮助。

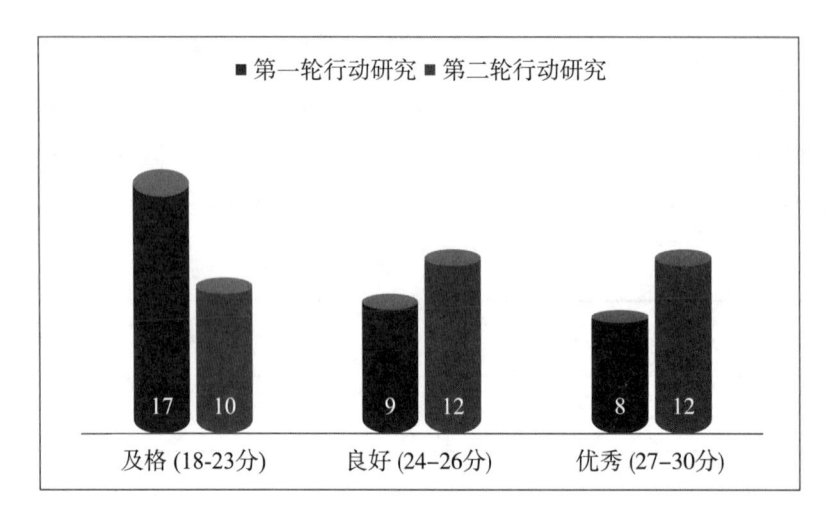

图 5-17 学生独立思考的成绩分布情况

第一轮行动研究 / 第二轮行动研究
及格 (18-23分): 17、10
良好 (24-26分): 9、12
优秀 (27-30分): 8、12

2. P(Pair)——小组讨论

图 5-18 显示了学生小组讨论的成绩情况。从图中可以看出，两轮行动研究相比，及格和良好的学生数量逐渐减少，且学生逐渐往优秀的方向转化。从优秀学生名单来看，在第一轮行动研究中，成绩最好的人基本都是小组的组长，他们更愿意与其他成员分享自己在完成作品过程中的经验和观点；在第二轮行动研究中，优秀学生名单中不是小组组长的学生比例明显上升。这表明，小组讨论中所有学生都能够积极表达自己的观点，对观点的输出和输入都比之前有了明显的提升。

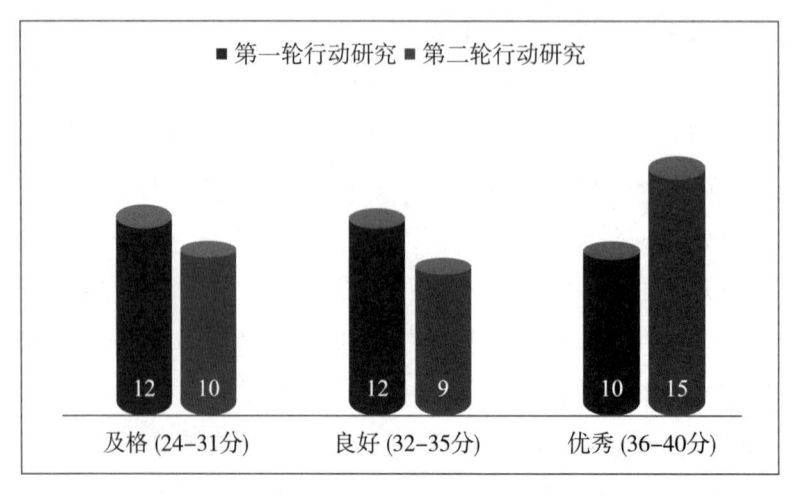

第一轮行动研究 / 第二轮行动研究
及格 (24-31分): 12、10
良好 (32-35分): 12、9
优秀 (36-40分): 10、15

图 5-18 学生小组讨论的成绩分布情况

3. S(Share)——交流分享

通过课堂上的观察发现,在交流分享环节中学生的交流学习氛围有很大的改善,学生从开始的不愿意主动发言变为后来能够主动分享作品和指出别人作品的不足,对于教师提出的问题,学生也能做到主动发言回答。从图 5-19 可以看出,学生的交流分享成绩在及格区间的人数明显减少,而处于良好区间的学生数量显著提高。

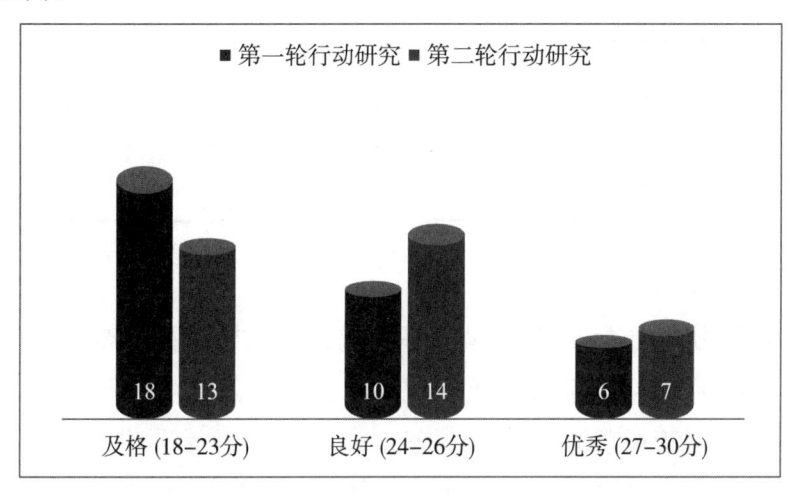

图 5-19 学生交流分享的成绩分布情况

(二) 调查问卷分析

经过两轮的行动研究后,笔者对实践班级学生进行了《中职〈Web 前端开发〉课程的实施效果调查问卷》的调查。该问卷由 17 道选择题组成,使用了李克特量表形式的 5 级量表,把选项划分为非常不符合(1 分)、比较不符合(2 分)、不清楚(3 分)、比较符合(4 分)、非常符合(5 分),采用问卷星线上作答的方式,在学生自习时间发布,学生在教师的严格监督下完成调查问卷。总计发放 34 份问卷,有效问卷 30 份,问卷回收率为 88%。问卷分为 6 个维度如表 5-18 所示。通过 SPSS 软件对问卷进行信度和效度分析得出,该问卷的信度系数为 0.989,大于 0.9,效度系数 KMO 值为 0.750,在 0.7—0.8 区间内,说明该问卷收集的数据信度质量较高,效度较好。下面将对问卷的 5 个维度展开具体的分析。

表 5-18 问卷维度

问卷维度	题号
学生学习兴趣	1、2、3
独立思考情况	3、4
小组讨论情况	5、6、7
主动性与发言情况	8、9、10、12、13
学习效果	14、15、16、17

1. 学生学习兴趣

在学生的学习兴趣方面,问卷调查和实践观察结果显示,学生对"Web 前端开发"课程的学习兴趣很高,平均值均在 4 分以上,如表 5-19 所示。在"我对'Web 前端开发'课程更感兴趣了"中,有 56.67% 的学生表示非常符合,23.33% 的学生表示比较符合,说明学生对"Web 前端开发"课程的感兴趣程度有了正向的变化。在"我对'Web 前端开发'教学内容更感兴趣了"和"我对'Web 前端开发'教学方法更感兴趣了"这两项中,分别有 50% 和 46.67% 的学生表示非常符合,这表明了思考—结对—分享(TPS)教学策略的实施,让学生对该课程的教学内容更加感兴趣,同时也对思考—结对—分享(TPS)教学策略产生了浓厚的兴趣。从该维度的数据分析可知,思考—结对—分享(TPS)教学策略有助于培养学生对于计算机课程的学习兴趣,在计算机教学中具有一定的积极作用。

表 5-19 学生学习兴趣

问卷问题	非常不符合	比较不符合	不清楚	比较符合	非常符合	平均值
1. 我对"Web 前端开发"课程更感兴趣了	6.67%	3.33%	10%	23.33%	56.67%	4.200
2. 我对"Web 前端开发"教学内容更感兴趣了	3.33%	6.67%	10%	30%	50%	4.167

(续表)

问卷问题	非常不符合	比较不符合	不清楚	比较符合	非常符合	平均值
3.我对"Web前端开发"教学方法更感兴趣了	3.33%	6.67%	10%	33.33%	46.67%	4.133

2. 独立思考情况

通过思考—结对—分享（TPS）教学策略的独立思考环节的开展，学生的独立思考情况如表5-20所示，平均值在3.9分左右，说明学生在面对问题时能先进行独立思考，独立思维有了提升。在"课堂上，当老师提出问题后，我会先独立思考"中，有40%的学生选择了非常符合，在"当老师提出的问题较难时，我会先独立思考，而不是等待老师讲解"中，有46.67%的学生选择了非常符合，也有13.33%的学生表示非常不符合。表明学生在遇到问题时，从依靠教师的解答逐渐过渡到自己进行思考回答，而不是对老师的过度依赖，但少部分学生还是不能很好地做到独立思考。以上数据分析说明，思考—结对—分享（TPS）教学策略能很大程度地提高学生的独立思考能力，活跃学生的思维，发挥学生的主体地位，但是，对于个别学习困难的学生而言，独立思考仍然是困难的，这与他们的知识基础有很大关系，因此，教师需要花更多的时间和精力来帮助这些学生进行独立思考。

表5-20 独立思考情况

问卷问题	非常不符合	比较不符合	不清楚	比较符合	非常符合	平均值
4.课堂上，当老师提出问题后，我会先独立思考	6.67%	6.67%	10%	36.67%	40%	3.967
5.当老师提出的问题较难时，我会先独立思考，而不是等待老师讲解	13.33%	6.67%	6.67%	26.67%	46.67%	3.867

3. 小组讨论情况

在小组讨论方面，问卷从"更认真听同学们阐述观点""积极回答老师的问题"和"更清楚地表达自己"来获取反馈，如表5-21所示，结果显示平均值都在4

分以上,说明学生都能够积极参与到小组讨论中,发表自己的观点,吸取他人的意见。从小组讨论维度的数据也可看出,思考—结对—分享(TPS)教学策略能够培养学生的团队协作能力,让学生在课堂上营造出良好的学习氛围,促进学生之间的互帮互助,培养他们的集体责任意识。学生在小组讨论中更好地进行学习,提高了整体效率。总之,思考—结对—分享(TPS)教学策略能够有效地培养学生的团队协作能力。

表 5-21　小组讨论情况

问卷问题	非常不符合	比较不符合	不清楚	比较符合	非常符合	平均值
6. 在小组讨论中,我比之前更认真听同学们阐述观点了	6.67%	3.33%	10%	33.33%	46.67%	4.100
7. 在小组讨论中,我比之前更积极回答老师的问题了	6.67%	6.67%	6.67%	30%	50%	4.100
8. 在小组讨论中,我能够更清楚地表达自己了	6.67%	0%	16.67%	26.67%	50%	4.133

4. 主动性与发言情况

在学习主动性和发言情况方面,对学生预习、巩固、反思知识和发言态度层面进行问卷调查,如表 5-22 所示,平均值均大于 4,表明通过思考—结对—分享(TPS)教学策略学生的学习主动性都表现得较为良好,学生比在实施 TPS 教学策略之前对于发言的态度更加积极了。但在"我比以前更主动去预习当天所学的知识""我比以前更主动去巩固当天所学的知识"和"我比以前更主动去反思当天所学的知识"这几项中,均有 10% 的学生选择比较不符合,3.33% 的学生选择非常不符合,通过课下了解发现,是由于部分学生走读,学习设备不够完善等因素造成的。在"在课堂上,老师提出问题,我比以前更主动发言了"中,有 46.67% 的学生表示非常符合,说明思考—结对—分享(TPS)教学策略调动了学生发言的主动性;在"在发言时,我比以前更善于表达自己的观点了"中,有 46.67% 的学生表示非常符合,说明学生在发言过程中表达能力有了提高,对课堂发言能够更加从容和自信。通过以上的分析可以得出,思考—结对—分享(TPS)教学策略能够在一定程度上提高学生的学习主动性,但还需要结合多方面因素的考虑。另外,实施思考—结对—分享(TPS)教学策略也能够推动学生在课堂上的发言与交流，学生通过在课堂上交流与分享，能够找到成就感，并能更加深入地理解知识。通过这种方式，学生就能更好地参与课堂活动，推进学习进度。因此，思考—结对—分享(TPS)教学策略能够推动学生在课堂上的发言与交流，从而促进他们的学习。

表 5-22 主动性与发言情况

问卷问题	非常不符合	比较不符合	不清楚	比较符合	非常符合	平均值
9.我比以前更主动去预习当天所学的知识	3.33%	10%	13.33%	26.67%	46.67%	4.033
10.我比以前更主动去巩固当天所学的知识	3.33%	10%	10%	26.67%	50%	4.100
11.我比以前更主动去反思当天所学的知识	3.33%	10%	6.67%	33.33%	46.67%	4.100
12.在课堂上，老师提出问题，我比以前更主动发言了	6.67%	3.33%	10%	33.33%	46.67%	4.100
13.在发言时，我比以前更善于表达自己的观点了	3.33%	6.67%	10%	33.33%	46.67%	4.133

5. 学习效果

在学习效果方面，从学生对知识的理解程度、学习能力、学习效率和对知识的掌握程度四个层面来分析，如表 5-23 所示，平均值均大于 4，表明学生在思考—结对—分享(TPS)教学策略下的学习效果比较良好，在计算机教学中应用思考—结对—分享(TPS)教学策略，能够使学生对知识点有更深入的理解，学习能力和学习效率都得到了提升，对知识点的掌握也能更加牢固。总之，应用思考—结对—分享(TPS)教学策略能够提高学生对知识点的理解能力，促进他们的学习。

表 5-23　学习效果

问卷问题	非常不符合	比较不符合	不清楚	比较符合	非常符合	平均值
14. 我对课堂的知识点能够更理解了	3.33%	6.67%	6.67%	33.33%	50%	4.200
15. 我的学习能力得到了极大的提升	3.33%	6.67%	6.67%	33.33%	50%	4.200
16. 我的学习效率得到了极大的提高	3.33%	3.33%	13.33%	30%	50%	4.200
17. 我对课堂知识点的掌握更牢固了	6.67%	6.67%	10%	23.33%	53.33%	4.100

（三）学生学习作品分析

作品是学生对知识掌握程度的最佳反映。学生将作品提交到电子教室，观察这些作品可以发现，CSS设计页面样式技术和移动端静态页面开发技术在作品中有较好的呈现，作品的完成度较高，达到了预期的教学效果。图5-20所示是第一轮行动研究部分学生的作品，从这些作品来看，学生基本上能够运用CSS选择器、文本样式、CSS的区块、网页布局属性、盒子模型等，完成"购物网站"首页的开发。图5-21所示是第二轮行动研究部分学生的作品，从这些作品来看，学生能够较灵活地将CSS3选择器、边框新特性、新增颜色和字体功能，融入"电商平台网站"的开发中。

通过比较两轮行动研究学生所呈现的作品，可以看出学生基本达成了教师在课堂上设计的教学目标，学生的学习能力和动手操作能力得到了增强，并且经过小组讨论环节后，学生在作品上均有不同程度的改进和优化，作品得到了很好的完善。这也表明，学生对于观点和意见的吸收能力有所提升。

图 5-20　第一轮行动研究部分学生作品

图 5-21 第二轮行动研究部分学生作品

另外,从学生在课堂上分享的作品来看,学生有了更多机会参与课堂学习,能够珍惜每次的发言机会,并从中学习到更多的知识。如图 5-22 所示,学生在发言分享过程中,展示出来的作品基本都是比较完整的,对于每个任务的实现逻辑比较清晰,在点评时也能各抒己见。总的来说,这种交流分享的学习氛围,有助于提升学生的学习兴趣和学习效果,也为学生的未来发展奠定基础。

图 5-22 部分学生发言作品

综上所述,通过调查教育实习班级的现状、开展两轮行动研究,以及对教育实习班级开展思考—结对—分享(TPS)教学策略后的效果分析,我们总结出在"Web 前端开发"课程中应用思考—结对—分享(TPS)教学策略的四点教学效果:

(1) 培养了学生对计算机专业课程的兴趣,使学生能够主动学习。

(2) 丰富了中职课堂的教学方式,活跃课堂氛围,使课堂更富有多样性。

(3) 提高了学生独立解决问题的能力、团队协作能力和表达能力。

（4）从作品角度看，学生通过综合应用课堂知识完成了课堂作品，并从中体会到了计算机的魅力和价值。这不仅实现了教师在课堂上的教学目标，而且发展了学生的专业技能。

（鸣谢华南师范大学郑凯林提供本案例）